BERND VETTER • FRANK VETTER

Die deutschen Heeresflieger

BERND VETTER · FRANK VETTER

Die deutschen Heeresflieger

Geschichte, Typen und Verbände

Einbandgestaltung: Nicole Lechner unter Verwendung eines Fotos von Frank Vetter.

Das Foto auf der Titelseite zeigt eine Bo 105P (PAH-1)

Fotonachweis:
P.Blume (3), BMVg Medienzentrale (15), W.Böhm (4), H.Bussiek (1), K.P.Deibert (3), F.Deininger (19), Eurocopter (4), M.Griehl (5), G.Lang (7), Laupheimer Nachrichten (1), N.H.Industries (2), M.Schmeelke (6), Dr.Spetzler (1), Archiv Vetter (20), F.Vetter (61), B.Vetter (31), WTD 61 (3), Fotostelle Heeresfliegerwaffenschule (17), H.Wolter (1), Fotostelle Heeresfliegerverbindungs- und Aufklärungsstaffel 400 (2).

Die Farbgrafiken und Zeichnungen erstellte Ralf Swoboda.

Die teilweise geminderte Bildqualität ist auf das Alter der Abbildungen und die Umstände ihres Entstehens zurückzuführen.

ISBN 3-613-02146-3

1. Auflage 2001
Copyright @ by Motorbuch Verlag,
Postfach 103743 D-70032 Stuttgart.

Ein Unternehmen der Paul Pietsch Verlage GmbH & Co. Nachdruck, auch einzelner Teile, ist verboten. Das Urheberrecht und sämtliche weiteren Rechte sind dem Verlag vorbehalten. Übersetzung, Speicherung, Vervielfältigung und Verbreitung einschließlich Übernahme auf elektronische Datenträger wie CD-ROM, Bildplatte usw. sowie Einspeicherung in elektronische Medien wie Bildschirmtext, Internet usw. sind ohne vorherige Genehmigung des Verlags unzulässig und strafbar.

Lektor: Wolf Westerkamp
Innengestaltung: Schwertberger GmbH, 86687 Kaisheim
Reproduktion und CTP: Schwertberger GmbH, 86687 Kaisheim
Druck: Schmid-Druck, 86687 Kaisheim
Bindung: Conzella, 84347 Pfarrkirchen
Printed in Germany

Inhalt

Vorwort 7

Frühe Jahre

Die Geschichte der Heeresflieger bis 1945
Die Luftschiffer 8
    Die Flieger 10
    Kampfeinsatz von Heeresfliegern 17
    Zwischen den Weltkriegen 19
    Heeresflieger innerhalb der Luftwaffe 25
    Hauptaufgaben und Gliederung der
    Nahaufklärer 25
    Erste Hubschrauber 34

Neuaufbau der Heeresfliegertruppe

Die Heeresflieger – eine bewegte Geschichte
Turbulente Anfangszeit 38
    Heeresstruktur 1 46
    Die Heeresfliegerwaffenschule entsteht 47
    Heeresstruktur 2 50
    Heeresstruktur 3 55
    Heeresstruktur 4 59
    Übernahme des Heereshubschrauberkontingentes der NVA und die Truppenreduzierung
    in den 90er-Jahren 64
    Heeresstruktur 5 65
    Neues Heer für neue Aufgaben 66
    Die Heeresflieger im neuen Jahrtausend 71

Die Verbände

Heeresfliegerwaffenschule 77

Geschichtliche Zusammenfassung 77
Auftrag und Organisation 80
Lehre und Ausbildung 80
Gruppe Weiterentwicklung und Heeresfliegerversuchsstaffel 910 86
Hightech – Das neue Ausbildungskonzept
der Heeresflieger 88
Hubschraubermuseum Bückeburg 90
Heeresfliegerregiment 6 91
Heeresfliegerregiment 10 94
Heeresfliegerregiment 15 97
Heeresfliegerregiment 16 99
Heeresfliegerregiment 25 102
Aufbau und Gliederung 105
Fliegende Abteilung 251 106
Luftfahrzeugtechnische Abteilung 252 107
Unterwegs in den Alpen 109
Heeresfliegerregiment 26 114
Heeresfliegerregiment 30 117
Heeresfliegerregiment 35 119
Heeresfliegerregiment 36 122
PAH – Kämpfen in Baumwipfelhöhe 124
Scharfer Schuss 127
**Heeresfliegerverbindungs- und
Aufklärungsstaffel 400** 131

Heeresflieger im Einsatz

Hilfs-, Katastrophen- und KRK-Einsätze im
In- und Ausland
Nationale Hilfs- und Katastopheneinsätze 133
    Internationale Katastopheneinsätze und
    humanitäre Hilfe 136
    Kurdenhilfe in der Türkei und im Iran 137
    UNSCOM – Einsatz im Irak 137

UNOSOM II – Einsatz in Somalia 138
Lawinenkatastrophe in Österreich 139
Krisenreaktionskräfte (KRK) der Heeresflieger
und deren Auslandseinsätze 140
Der jugoslawische Bürgerkrieg 141
IFOR-Einsatz in Bosnien-Herzegovina 141
Ein Kroatisches Tagebuch 142
SFOR 156
KFOR – Einsatz im Kosovo 157

Die Typen

Schwergewicht – Mittlerer Transport-
  hubschrauber Sikorsky CH-53G 158
Entwicklungsgeschichte 159
Technischer Aufbau der Sikorsky CH-53G . . 160
Einsatz bei den Heeresfliegern 161
Zukunftssicherung 161
Leichtgewicht – Bell UH-1D Iroquois 164
Entwicklungsgeschichte 164
Technischer Aufbau der UH-1D 164
Einsatz bei den Heeresfliegern 165
Zukunftssicherung 166
Multitalent – Eurocopter Bo 105M/P 169
Einsatz bei den Heeresfliegern 170
MBB Bo 105M (VBH) 170
MBB Bo 105P (PAH-1) 171
High-Tech-Trainer – Eurocopter EC 135 . . 177
Entwicklungsgeschichte 177
Technischer Aufbau der EC 135 178
Einsatz bei der Heeresfliegerwaffenschule . . 179

Anhang

Standortkarte 183
Organigramm der Heeresflieger 184
Luftfahrzeugbestand der Heeresflieger 185
Technische Daten Sud-Aviation Alouette II 186
Technische Daten Sikorsky H-34G 186
Verbandswappen 187
Literaturhinweise 190
Dank 191

Vorwort

*Brigadegeneral
Dr. Dieter Budde*

vom General der Heeresflieger und Kommandeur der Heeresfliegerwaffenschule

1957 traten die ersten Freiwilligen ihren Dienst in der Heeresfliegertruppe an – bei einer der jüngsten Truppengattungen des Heeres. In der folgenden Zeit, die geprägt war vom Kalten Krieg, ging es für die Heeresflieger darum, im Gefechtsstreifen mit Transport-, Verbindungs- und Beobachtungsflügen zu unterstützen und später mit Panzerabwehrwaffen den Kampf von vorn zu führen. Seit dieser Zeit hat unsere Bundeswehr ihr Gesicht oft verändert. Sie ist moderner geworden, aber sie ist auch im Umfang Stück für Stück geschrumpft. Und dieser Prozess ist längst noch nicht abgeschlossen. Wir werden in den nächsten Jahren einschneidende Veränderungen erfahren, die zu einer weiteren Reduzierung führen und eine modernere und damit effektivere Armee hervorbringen werden. Das Einsatzspektrum hat sich mit den Jahren von der reinen Landes- und Bündnisverteidigung hin zu einer Verteidigung gemeinsamer Werte im Bündnis entwickelt. Und gerade die Heeresfliegertruppe ist und wird zukünftig hierzu besonders beitragen.

Ihr Einsatzspektrum umfasste bereits im Rahmen der *Verbundenen Kräfte* die Evakuierung von deutschen und anderen Staatsbürgern aus Albanien unter Einsatz von Schusswaffen, die Unterstützung der Vereinten Nationen im Irak bis hin zur Brandbekämpfung in Griechenland.

Die Aufgaben sind vielfältig.

Auch die Einsatzorte variieren – von der Bekämpfung von Flutkatastrophen im Oderbruch bis hin zur Unterstützung von IFOR, SFOR und KFOR auf dem Balkan.

Um für diese neuen Herausforderungen gerüstet zu sein, sind einschneidende Veränderungen in der Heeresfliegertruppe notwendig im Hinblick auf die Binnenstruktur, die Ausrüstung und die Ausbildungsqualität; sie werden in den kommenden Jahren vollzogen.

Mit der Einführung des Kampfhubschraubers TIGER und des leichten Transporthubschraubers NH-90 mit seinen Missionsausrüstungspaketen beginnt für das Heer der Einstieg in die Luftmechanisierung; d.h. die Heeresflieger sind nicht mehr nur unterstützend, sonders ganz vorn im Gefecht der *Verbundenen Waffen* eingesetzt, sowohl Teilstreitkraft-übergreifend als auch im multinationalen Rahmen. Um die zukünftige Generation der Piloten auf den modernsten Hubschraubern, die sich zurzeit auf dem Markt befinden, auszubilden, bedurfte es auch der völligen Umstellung des Ausbildungssystems. Mit Hilfe des neuen Schulungshubschrauber EC-135, den neuen Sichtflugsimulatoren und der computerunterstützten Ausbildung im Hörsaal wird die Ausbildung effizienter, kürzer und Umwelt schonender durchgeführt.

Die Einführung der neuen Hubschrauber, aber vor allem die Neustrukturierung und Straffung der Streitkräfte erforderten eine Strukturplanung der Heeresflieger, die fast nichts mehr beim Alten belässt. Die Heeresfliegerkräfte mit der *Luftmechanisierten Brigade 1* und der *Heeresfliegerbrigade 3* werden zukünftig in je drei Regimenter gegliedert und mit mittel- und langfristig verbesserter materieller Ausstattung truppendienstlich unter einheitlicher Führung der *Division Luftbewegliche Operationen (DLO)* zusammengefasst.

Die Umstrukturierung, die Einsätze im In- und Ausland sowie die Aus- und Weiterbildung qualifizierten Personals werden erhebliche Kraftanstrengungen erfordern. Ich bin jedoch sehr zuversichtlich, dass die Heeresflieger die anstehenden Aufträge mit Engagement, Durchsetzungskraft und Professionalität umsetzen und meistern werden.

Dr. Dieter Budde
Brigadegeneral

General der Heeresflieger und Kommandeur der Heeresfliegerwaffenschule

Frühe Jahre

Die Geschichte der Heeresflieger bis 1945

Schon seit jeher war es ein Anliegen von Heerführern, Informationen über die aktuelle Lage und die zu erwartende Strategie des Gegners in Erfahrung zu bringen. Waren es in frühen Zeiten die Feldherrenhügel, von denen aus man den besten Überblick über das Geschehen auf dem Schlachtfeld hatte, folgten später Späher, die den Feind beobachteten und gewonnene Erkenntnisse schnellstmöglich meldeten.

Revolutioniert wurde die Gefechtsfeldaufklärung, als die Brüdern Montgolfier mit ihrem Heißluftballon im Jahre 1783 der Welt bewiesen, dass es möglich war, mit so einer »kugelförmigen Maschine« in die Luft aufzusteigen. Nachdem der englische Forscher Henry Cavendish dann festgestellt hatte, Wasserstoff sei vierzehn mal leichter als Luft, war der Weg frei, die Theorie von Lana de Terzi zu verwirklichen, eine Hülle mit diesem Gas zu füllen, sie abzudichten und aufsteigen zu lassen. Einen ersten Versuchsballon mit einem Fassungsvermögen von 33 Kubikmetern Wasserstoff entwickelten die Brüder Jean und Noël Robert und ließen diesen Ballon am 27. August 1783 in Paris vor einer riesigen Menschenmenge aufsteigen. Bereits am 01. Dezember 1783 stiegen Professor Charles und Noël Robert mit einem solchen wasserstoffgefüllten Ballon in den Himmel über Paris. Die mutigen Ballonfahrer fanden auch schnell heraus, wie man Höhe halten und durch Ausnutzung von Luftströmungen Distanzen überbrücken konnte. Immer neue Strecken- und Höhenrekorde wurden aufgestellt.

Die Luftschiffer

Ein Ballon wurde zum ersten Mal im Jahre 1794 von den Franzosen als Kriegsgerät an der belgischen Grenze eingesetzt. Dort beobachteten zwei Soldaten aus dem Korb eines Fesselballons die gegnerischen Stellungen. Die Nachrichten wurden aufgeschrieben, die Notizzettel mit Sandsäckchen beschwert und am Halteseil hinabgelassen oder mit Flaggensignalen der Bodenmannschaft übermittelt.

Den dichten Belagerungsring deutscher Truppen rund um Paris überwanden zwischen dem 23. September 1870 und dem 28. Januar 1871 66 Ballone, die wichtige Nachrichten, Postsäcke und Brieftauben für die provisorische Regierung in Tours in ihrem Gepäck hatten.

Doch erst ab 1884 interessierte sich auch die deutsche Heeresführung für die Aufklärung mit dem neuen Medium Fesselballon beziehungsweise mit dem Luftschiff. Eine Versuchsabteilung wurde in Berlin aufgestellt und damit beauftragt, die Verwendbarkeit von so genannten »Kugelfesselballonen« zu untersuchen. Viele Möglichkeiten wurden untersucht, bis man sich im Jahre 1896 für den Drachenballon von Parseval-Sigsfeld entschied. Es handelte sich hierbei um eine zylindrisch geformte, mit Wasserstoff gefüllte und gefesselte Gummihülle mit zwei seitlich angebrachten Steuersegeln. Am Ende befand sich ein raupenartig umgreifender Steuersack, mit dem man die Richtung halten konnte. Durch den in Windströmung ausgerichteten inneren Luftsack blieb der mit 600 Kubikmetern Wasserstoff gefüllte Fesselballon stabil in der Luft stehen. Als Beobachtungsplattform konnte man mit ihm aus einer Höhe von etwa 500 m das Gelände beobachten.

Diese Technik wurde weiterentwickelt, und bald schon war man in der Lage, aus solchen Höhen auch verwertbare Lichtbilder zu erhalten. Ausgerüstet mit solchen Fesselballonen wurden Luftschifferbataillone aufgestellt wie zum Beispiel das Luftschifferbataillon Nr. 1 oder das Bayerische Luftschifferbataillon. Doch waren solche gefesselten Beobachtungsplattformen für einen moderne Bewegungskrieg nicht geeignet.

11 300 m³. In zwei Gondeln befand sich je ein wassergekühlter 10,3 kW (14 PS) Daimler Benzinmotor. Am 02. Juli 1900 erfolgte – mit fünf Personen und 350 kg Ballast an Bord – der erste Aufstieg des LZ1.

Diese Technik des nicht gefesselten, lenkbaren Luftschiffs schien dem Militär die interessantere Variante. So setzte das deutsche Heer große Erwartungen in das neue strategische Aufklärungsmittel. Im Jahre 1906 wurde unter Major Groß eine Versuchskompanie für Motorluftschifffahrt aufgestellt, die unter anderem die Aufgabe hatte, die Erprobung eines solchen motorgetriebenen Luftschiffs vorzunehmen und die mittlerweile entstandenen unterschiedlichen Bauweisen zu vergleichen. Starrluftschiffe von Zeppelin und Schütte-Lanz gewannen wegen ihrer überlegenen Leistungen hinsichtlich Reichweite, Geschwindigkeit und Nutzlast die Oberhand.

Die Heeresführung beschloss, das junge Luftschiffwesen auszubauen und auf drei Bataillone zu erweitern. Im Jahre 1913 erfolgte eine weitere Aufstockung auf nunmehr fünf

Das Armee-Luftschiff LZ38 hatte eine Länge von 163,5 Metern und einen Durchmesser von 18,70 Metern. Seine Standorte waren Königsberg, Schneidemühl, später Düsseldorf und Brüssel-Evere.

Parallel dazu waren auch Entwicklungen im Gange, einen Ballon lenkbar zu machen. Zuerst wurde damit begonnen, Fortbewegung und Lenkung durch angebrachte Segel zu erreichen, was jedoch misslang. Handgetriebene Luftschrauben brachten auch nicht den gewünschten Erfolg. Erst der Benzinmotor gab der Luftschiffentwicklung einen kräftigen Schub nach vorne. Um die Jahrhundertwende arbeitete der über 50-jährige Generalleutnant a.D. Graf Zeppelin zusammen mit dem jungen Ingenieur Kober an der Entwicklung eines großen Starr-Luftschiffs. In einer schwimmenden Holzhalle bei Manzell am Bodensee entstand das erste große, von der Industrie mit 800 000 Mark geförderte Zeppelin-Luftschiff LZ1. Es hatte eine Länge von 128 m, einen Durchmesser von 11,7 m und einen Gasinhalt von

Luftiger MG-Stand eines Armee-Luftschiffes.

Viele Hände waren nötig, um diese Führergondel auszurichten.

Luftschiffbataillone. Sie unterstanden der neu geschaffenen »Inspektion der Luftschiffertruppen«.

Am Tage der Mobilmachung, dem 01. August 1914, formierten sich aus den Luftschifferbataillonen Luftschiffkommandos unter je einem Luftschiffkommandanten. Ihm unterstanden seine Besatzung und das Bodenpersonal.

Der Obersten Heeresleitung standen fünf Zeppelin-Luftschiffe im Westen, zwei Zeppelin-Luftschiffe und ein Schütte-Lanz-Luftschiff im Osten zur Verfügung. Sie wurden zeitweise den Heeresgruppen oder Armeen zur Fernaufklärung oder auch zum Bombenangriff zugeteilt. An die Leistungsfähigkeit der Luftschiffe wurden immer höhere Ansprüche hinsichtlich Flughöhe, Geschwindigkeit, Nutzlast, Schlechtwettertauglichkeit und dergleichen gestellt, sodass die Werften ununterbrochen damit beschäftigt waren, größere Typen mit mehr Reichweite und gesteigerter Nutzlast zu entwickeln. Im Jahre 1915 wurden Luftschiffe mit einem Rumpfdurchmesser von 15 bis 25 m und 25 000 m^3 beziehungsweise im weiteren Kriegsverlauf bis 68 500 m^3 Rauminhalt gebaut und der Truppe zugeführt. Die Länge der Schiffe betrug 150 bis 227 m. Die weiterentwickelten Motoren erbrachten mittlerweile Leistungen von 125 kW bis 154 kW (170 bis 210 PS). Da die Zeppelinbauer die Nutzlast von 8700 kg auf über 51 000 kg steigern konnten, war man nun bei der Auswahl von Abwurfmunition sehr flexibel. Bis zu 2000 kg an Bomben von unterschiedlichstem Kaliber konnten nun mitgeführt werden.

Durch verbesserte Abwehrmethoden des Feindes wurden in den Folgejahren jedoch die Einsatzmöglichkeiten der gewaltigen Wasserstoffzigarren stark eingeengt. So war es nicht verwunderlich, dass die Oberste Heeresleitung den Luftschiffeinsatz bis zum Jahre 1917 stark einschränkte, zumal der Einsatz aus der Luft verstärkt durch Flugzeuge wahrgenommen wurde. Ein Wandel zeichnete sich ab. Bis Ende des Krieges verfügte das Heer noch über 50 Luftschiffe, von denen 17 durch Feindeinwirkung und 9 durch andere Ursachen verloren gingen.

Die Flieger

Als Otto Lilienthal im Sommer 1891 in den Krielower Bergen westlich von Potsdam mit seinem Fluggerät der erste Gleitflug gelang, konnte noch keiner ahnen, dass mit solch einem Gerät – schwerer als Luft – eine Revolution in der Fortbewegung einsetzen würde.

In den Vereinigten Staaten dagegen wurde vielerorts die Idee von motorgetriebenen Flugapparaten weiterverfolgt und in die Tat umgesetzt. Schließlich waren es die Gebrüder Wright, denen es im Jahre 1903 gelang, ein Flugzeug mit Motorantrieb in die Luft zu bekommen. Wilbur Wright gelang am 17. Dezember 1903 ein Motorflug über eine Strecke von 280 m. Leider nicht so spektakulär und auch von der Presse nicht beachtet war der eigentlich erste Motorflug, der von Gustav Weisskopf am 14. August 1901 in Bridgeport/Connecticut durchgeführt wurde: Ihm gelang ein Flug in 12 m Höhe über eine Strecke von 900 m.

Von deutscher Seite unbeachtet wurden in den USA und vor allem aber in Frankreich die motorgetriebenen Fluggeräte stetig weiterentwickelt. Die aufeinander folgenden Rekorde in Bezug auf Geschwindigkeit, Reichweite und Höhe bewiesen dies.

Feldmäßig in einem Zelt abgestellt ist dieser DFW Mars-Doppeldecker. Die Tragflächen sind an den Enden abgeklappt, um Platz zu sparen.

Heeresluftschiffe im Vergleich

Bezeichnung	Länge in m	Inhalt in m³	Nutzlast in kg	Geschwindigkeit in m/s	Baujahr	Motoren Hersteller	Leistung	Anzahl
LZ 3 »Z I«	128	11 300	2800	11	1906	Daimler	63 kW	2
LZ 5 »Z II«	136	15 000	4600	13,5	1908/09	Daimler	77 kW	2
LZ 9 Ersatz »Z II«, LZ 12 »Z III«	132	16 500	4600	21,7	1911	Maybach	107 kW	3
LZ 15 Ersatz »Z I«, LZ 16 »Z IV«	158	22 500	9500	21,2	1912/13	Maybach	121 kW	3
LZ 19 Zweiter Ersatz »Z I«,	158	22 500	9500	21,2	1913	Maybach	122 kW	3
LZ 20 »Z V«	158	22 500	9500	21,2	1913	Maybach	122 kW	3
LZ 21 »Z VI«	148	20 900	8800	21	1913	Maybach	132 kW	3
LZ 22 »Z VII«, LZ 23 »Z VIII«	156	22 100	8800	20	1913/14	Maybach	133 kW	3
LZ 25 »Z IX«	158	22 500	9200	22,4	1914	Maybach	147 kW	3
LZ 26 »Z XII«	161	25 000	12.200	22,5	1914	Maybach	154 kW	3
LZ 29 »Z X«, LZ 30 »Z XI«,	158	22 500	9200	22,4	1914	Maybach	155 kW	3
LZ 34, LZ 35, LZ 37	158	22 500	9200	22,4	1914/15	Maybach	155 kW	3
LZ 38	163,5	31 900	15 000	25	1915	Maybach	156 kW	3
LZ 39	161,4	24 900	11 100	23,6	1915	Maybach	157 kW	3
LZ 42 (LZ 72)	163,5	31 900	15 000	26,7	1915	Maybach	158 kW	4
LZ 44 (LZ 74), LZ 47 (LZ 77),	163	31 900	16 200	26,7	1915	Maybach	158 kW	4
LZ 49 (LZ 79)	163	31 900	16 200	26,7	1915	Maybach	159 kW	4
LZ 51 (LZ 81)	178,5	35 800	17 900	26,5	1915	Maybach	176 kW	4
LZ 55 (LZ 85)	163	31 900	16 200	27	1915	Maybach	176 kW	4
LZ 56 (LZ 86), LZ 57 (LZ 87)	178,5	35 800	17 900	26,5	1915	Maybach	176 kW	4
LZ 58 (LZ 88/L 25)	163	31 900	16 200	27	1915	Maybach	176 kW	4
LZ 60 (LZ 90), LZ 63 (LZ 93)	163,5	31 900	16 200	27	1915	Maybach	176 kW	4
LZ 65 (LZ 95)	178,8	35 800	17 900	26,5	1915/16	Maybach	176 kW	4
LZ 67 (LZ 97)	178,8	35 800	18 200	26,5	1915/16	Maybach	176 kW	4
LZ 68 (LZ 98), LZ 71 (LZ 101),	178,8	35 800	18 400	28,7	1915/16	Maybach	176 kW	6
LZ 73 (LZ 103)	178,8	35 800	18 400	28,7	1916	Maybach	176 kW	6
LZ 77 (LZ 107), LZ 81 (LZ 111)	178,8	35 800	18 400	28,7	1916	Maybach	176 kW	6
LZ 83 (LZ 113)	198	55 200	32 500	28,7	1916/17	Maybach	176 kW	6
LZ 90 (LZ 120)	198	55 200	32 500	28,7	1916/17	Maybach	176 kW	6

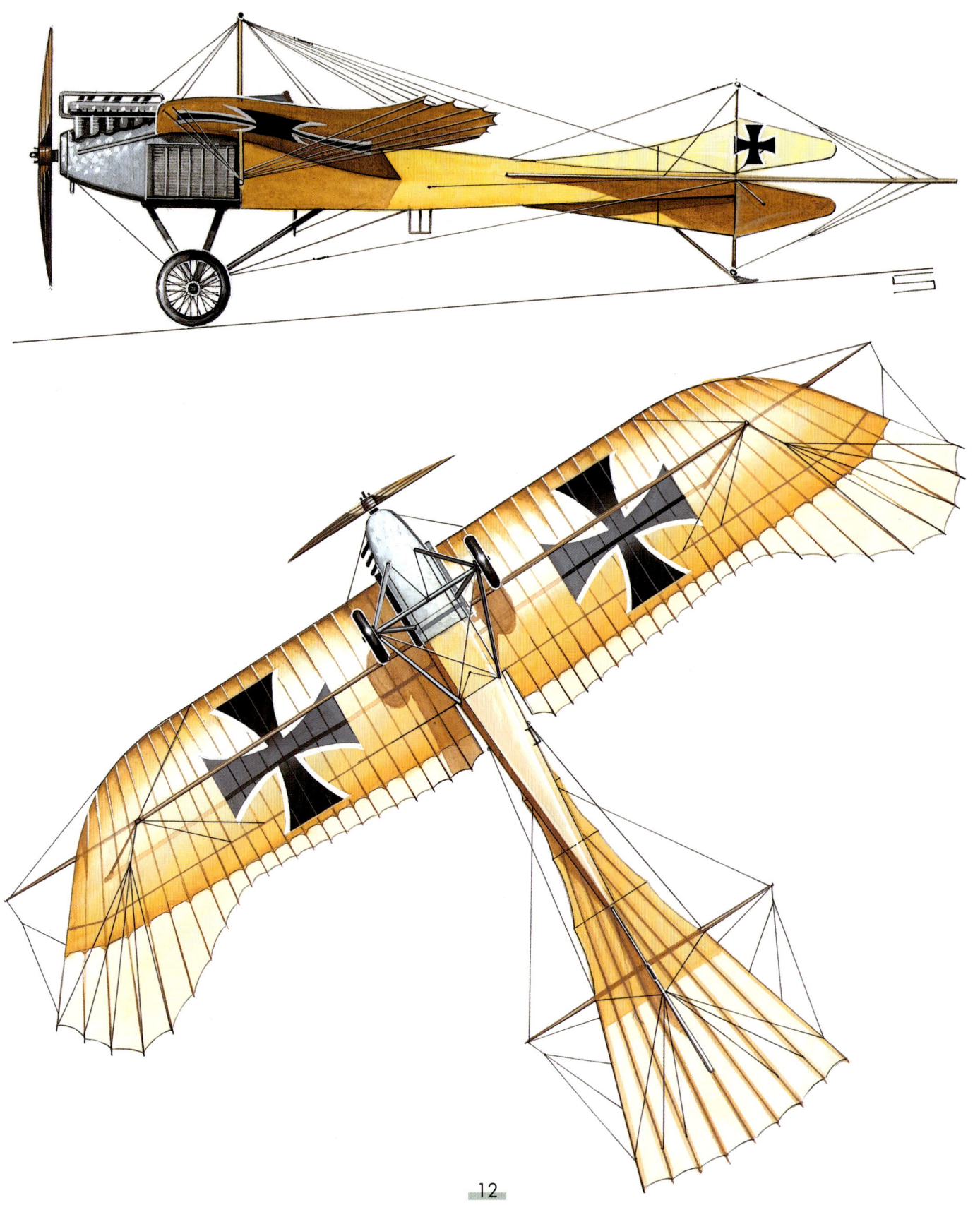

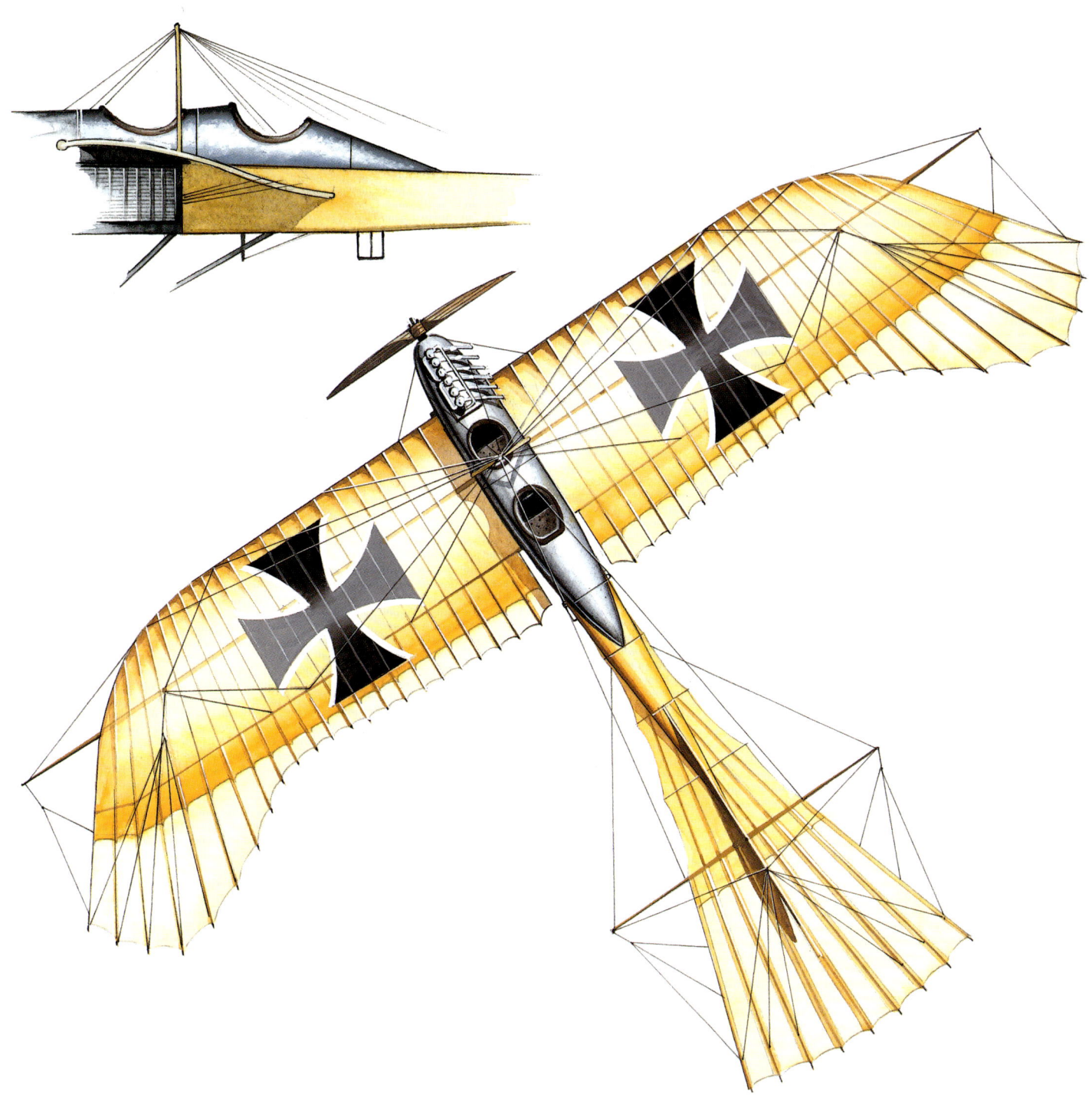

Edmund Rumpler hatte im Jahre 1910 einen Lizenzvertrag mit Igo Etrich geschlossen und die Produktion des als »Etrich-Rumpler Taube« bezeichneten zweisitzigen Eindeckers in Johannisthal aufgenommen. Die Taube war eine der herausragenden Konstruktionen vor dem Ersten Weltkrieg. Infolgedessen wurde das Flugzeug in den ersten Kriegsmonaten noch von deutscher sowie österreichischer Seite an den Fronten eingesetzt.

Die Jeannin Stahltaube gehörten zu Beginn des 1. Weltkrieges zu den ersten einsatzfähigen Frontflugzeugen. Sie ist ein Nachbau der Etrich-Rumpler Taube.

In Deutschland hingegen hatte man andere Prioritäten gesetzt: Hier waren es die Luftschiffe, denen man die ganze Aufmerksamkeit widmete und deren Entwicklung Unsummen verschlang.

Doch nach und nach setzte sich auch im preußischen Kriegsministerium die Erkenntnis durch, sich mehr auf das Flugzeug konzentrieren zu müssen. So hatte man zur Kenntnis genommen, dass die französischen Flugzeugentwicklungen weit fortgeschritten waren. Zaghaft begann ein Umdenkungsprozess, und mit kleinen Schritten versuchte man den Anschluss zu finden. So erhielt im Jahre 1909 der Regierungsbaumeister W. S. Hoffmann den Auftrag, ein militärisch verwendbares Fluggerät zu bauen, welches jedoch gleich beim ersten Flugversuch – es war der 01. März 1910 – aus einer Höhe von gerade 3,5 Metern abstürzte. Nach einer Reparatur konnte der Erbauer nur noch Rollversuche damit unternehmen. Doch war zumindest damit der erste Schritt in Richtung des militärischen Einsatzes eines Fluggerätes getan. Die Flugmotorenentwicklung wurde forciert, sodass dem militärischen Einsatz eines Flugzeugs bald nichts mehr im Wege stand.

Mittlerweile hatten sich mehrere deutsche Flugzeugfirmen gebildet, die hauptsächlich ausländische Flugzeugtypen in Lizenz nachbauten. Es waren unter anderem die Firmen Albatros und Rumpler in Berlin sowie Aviatik in Mühlhausen oder Euler in Frankfurt/Main.

Im Juli 1910 gründete das Kriegsministerium in Döberitz bei Berlin die »Provisorische Fliegerschule«. Dr. Walter Huth, Inhaber der Albatros-Werke, stellte dafür einen Farman-Doppeldecker zur Verfügung, der am 15. Juli 1910 als erstes deutsches Militärflugzeug in Dienst gestellt wurde. Erster Fluglehrer war der Albatros-Werkspilot Brunnhuber. Die preußischen Heeresoffiziere Hauptmann de la Roi, Oberleutnant Geertz, Leutnant Mackenthun und Leutnant von Taronczy waren die ersten Flugschüler; sie erhielten auch den ersten taktischen Auftrag für einen Erkundungs- und Aufklärungsflug.

Um die militärischen Anforderungen zu bündeln, wurde im Herbst 1910 eine Kommission gebildet, die die Aufgabe hatte, einheimisches Fluggerät auf Verwendbarkeit zu überprüfen. Folgende Anforderung wurde dabei gestellt: Zuladung 1 Flugzeugführer, 1 Beobachter, Kraftstoff für vier Stunden und 40 kg für Bewaffnung oder Sondergeräte.

Durchschnittsgeschwindigkeit: 60 km/h.

Steuerung: Doppelsteuer für Flugzeugführer und Beobachter.

Sichtmöglichkeiten: Rundum-Sichtmöglichkeit für den Beobachter.

Wartung: Gute Zugangsmöglichkeiten, schnelles Montieren und Demontieren.

Das aus der Militärfliegerschule Döberitz entstandene Fliegerkommando wurde Ende 1910/Anfang 1911 in die »Lehr- und Versuchsanstalt« mit einer Personalstärke von 73 Mann umgewandelt. Themen wie technische Weiterentwicklung oder taktische Einsatzmöglichkeiten des Fluggerätes standen auf der Liste obenan. Aber auch die Beobach-

Dieser Albatros-B.I Doppeldecker für zwei Mann Besatzung wurde hauptsächlich zur Aufklärung eingesetzt.

terausbildung auf neuem Gerät zählte zu deren Aufgaben. Dafür wurde auch mehr Fluggerät zur Verfügung gestellt; im Herbst 1911 standen folgende Flugzeuge zur Verfügung: 8 Albatros, 2 Aviatik, 1 Wright, 1 Euler und 6 Rumpler-Tauben.

Beim Kaiser-Manöver zur selben Zeit nahmen denn auch zum ersten Mal deutsche Militärflugzeuge teil. Es handelte sich dabei um vier Tauben und vier Albatros-Doppeldecker. Ihre einzige Aufgabe bestand darin, den Gegner zu beobachten. Die erzielten Aufklärungsergebnisse der einzelnen Besatzungen bewiesen die Eignung des Flugzeuges für taktische Aufgaben im Nahbereich. Aus dieser gesammelten Erfahrung entstand ein Forderungskatalog für künftige Schulflugzeuge:
- Geschwindigkeit: 60 bis 70 km/h
- Steigfähigkeit: bis zu 300 m in höchstens 10 min
- Nutzlast: 160 kg (Flugzeugführer und Beobachter)
- Aktionsradius: 120 km

Für Kampfflugzeuge sahen die geforderten Leistungen etwas anders aus:
- Mindestgeschwindigkeit: 75 km/h
- Steigfähigkeit: bis zu 500 m in 10 min
- Nutzlast: 180 kg
- Gleitfluglandung aus mindestens 100 m Höhe

Bereits am 1. April 1911 war die »Lehr- und Versuchsanstalt« der neu errichteten »Inspektion des Luft- und Kraftfahrwesens« unterstellt worden. Um sicherzustellen, dass genügend Flugzeugführer und Beobachter zur Verfügung standen, mussten Zug um Zug die Ausbildungseinrichtungen erweitert werden. Das Fliegerbataillon gliederte sich in drei Kompanien, von denen zwei mit dem Stab in Döberitz und die dritte in Metz stationiert waren.

Für die Beschaffung von Fluggerät standen im Jahre 1912 3,35 Mio. Mark zur Verfügung, die den Ankauf von

Dieses zweisitzige Aufklärungsflugzeug AGO C.I aus der Flugzeugschmiede Aviatiker Gustav Otto wurde im Jahre 1915 entwickelt und besaß schon einen Doppelrumpf und einen Druckpropeller.

insgesamt 139 Maschinen ermöglichten. Es handelte sich dabei um 60 Eindecker (48 Rumpler, 2 Aviatik, 7 Harlan, 2 Bristol und 1 Dorner) und 79 Doppeldecker (46 Albatros, 8 LVG, 9 Aviatik, 13 Euler und 3 DFW). Fliegerstationen entstanden im Laufe des Jahres in Metz, Straßburg, Darmstadt und Köln.

Da man mittlerweile erkannt hatte, dass das Flugzeug als Heeresgerät nicht nur ein Verkehrs- und Transportmittel, sondern vor allem ein Aufklärungs- und Kampfgerät war, wurde am 01. Oktober 1913 im Bereich der Generalinspektion des Militärverkehrswesens unter der Inspektion des Militär-, Luft- und Kraftfahrwesens die Inspektion der Fliegertruppe und der Luftschiffertruppe gebildet. Ihr erster Inspekteur wurde Oberst von Eberhardt.

Die Leistungsfähigkeit des deutsche Fluggerätes hatte im Jahre 1914 die Franzosen überholt, was durch viele Flugrekorde untermauert wurde.

Am Tage der Mobilmachung, am 01. August 1914, umfasste die Preußische Fliegertruppe rund 450 Flugzeuge – 270 Doppeldecker und 180 Eindecker. Dafür standen 254 ausgebildete Flugzeugführer und 271 Beobachter zur Verfügung.

Jedes Armeeoberkommando (AOK) und jedes aktive Generalkommando (GenKdo) erhielt eine Feldfliegerabteilung. Die Festungsfliegerabteilungen wurden in Grenzfestungen stationiert.

Im Einzelnen handelte es sich dabei um:
- 34 Feldfliegerabteilungen, davon 4 bayerische mit je 6 Flugzeugen
- 7 Festungsfliegerabteilungen, davon 1 bayerische mit je 4 Flugzeugen
- 8 Etappenflugzeugparks (später Armee-Flugparks), davon 1 bayerischer Flugzeugpark
- 5 Fliegerersatzabteilungen, davon eine bayerische, die gemeinsam mit 10 Flugzeugfabriken (militärisch überwachte Privatfliegerschulen) angehängt waren.

Die verbesserte Version des AGO C (DH 1), vorgesehen für den Export in die Schweiz, erhielt auf der Oberseite eine Blechverkleidung.

Eine komplette Neuorganisation der Fliegertruppe wurde durch »Allerhöchste Kabinettsorder« im März 1915 in Kraft gesetzt. Hiernach löste man die »Inspektion der Fliegertruppe« von der »Generalinspektion des Militärverkehrswesens« und unterstellte sie den »Chefs des Feldflugwesens«. Im Zuge der Reorganisation erhielten die Armeeoberkommandos einen »Stabsoffizier der Flieger« als fachkompetenten Berater zugeteilt, und die bisherigen Etappenflugparks wurden in »Armeeflugparks« umbenannt.

Unter den neuen Feldflugchefs erreichte die Fliegertruppe Mitte 1915 folgenden Stand:
- 72 Feldfliegerabteilungen
- 2 Festungsfliegerabteilungen
- 1 Fliegerkorps der Obersten Heeresleitung
- 18 Armeeflugparks
- 11 Fliegerersatzabteilungen

In der Folgezeit wurde es notwendig, Artilleriefliegerabteilungen aufzubauen, um die Fliegerbeobachtung auch für die Artillerie nutzbar zu machen, entzogen sich doch feindliche Batterien meistens durch Tarnung geschickt der Erd- oder Ballonbeobachtung. Bis 1. April 1916 standen 27 Artilleriefliegerabteilungen bereit, und bis zum Herbst stieg die Zahl auf 46.

Das Luftbildwesen hatte man bis zu diesem Zeitpunkt auch erheblich verbessert. Musste man sich in den Anfangsjahren in geringer Flughöhe noch auf seine Augen verlassen, so stand den Beobachtern nun hervorragendes optisches Gerät – wie zum Beispiel Luftbildkameras mit großen Brennweiten – zur Verfügung. Auch Zeiss-Reihenbildgeräte von hoher Qualität waren bei der Truppe im Einsatz.

Für die Fliegertruppe gab es im Jahre 1916 nicht nur Einsätze an den beiden Hauptfronten im Osten und im Westen, auch an fast allen Nebenkriegsschauplätzen waren deutsche Flieger beteiligt, so in Italien, Rumänien oder an den Grenzen des osmanischen Reiches. Auch am Suezkanal wurden unter dem Namen Fliegerabteilung 300 »Pascha« des deutsch-türkischen Expeditionskorps Erkundungsflüge unternommen.

Einer zahlenmäßig überlegenen Produktionskapazität des Gegners galt es von deutscher Seite qualitativ bestes Material und hervorragend ausgebildetes Personal entgegenzusetzen. In einer Denkschrift fasste dies der Feldflugchef Oberst Thomsen wie folgt zusammen:

»Das Ziel der zukünftigen Organisation sei die einheitliche Leitung unserer gesamten Rüstung zur Luft, die planmäßige Entwicklung, Ausbildung, Bereitstellung und Verwendung aller Luftstreitkräfte und Luftabwehrmittel und die organisatorische Zusammenfassung des gesamten Flugwesens des Heeres und der Marine«.

Dies wurde von der Obersten Heeresleitung berücksichtigt und durch eine »Allerhöchste Kabinettsorder« am 08. Oktober 1916 veröffentlicht. Daraus geht hervor, dass die gesamten Luftkampf- und Luftabwehrmittel des Heeres entsprechend der wachsenden Bedeutung des Luftkrieges in einer Dienststelle zu vereinigen waren. Die zum bisherigen Bereich des Feldflugchefs gehörenden Flieger, Feldluftschiffer, die Luftschifftruppe und der Heeres-Wetterdienst werden einem Kommandierenden General der Luftstreitkräfte unterstellt. Am 20. November 1916 wurden diese dann von den Verkehrstruppen getrennt. Sie nahmen von nun an den Platz zwischen den Pionieren und den Verkehrstruppen ein. Zum Kommandierenden General wurde Generalleutnant von Hoeppner, ehemals Truppenführer der Kavallerie, ernannt. Als Stabschef wurde ihm Feldflugchef Oberst Thomsen zugeteilt.

Kampfeinsatz von Heeresfliegern

Nicht nur Boelcke, Immelmann oder Freiherr von Richthofen wurden durch ihre Taten als Kampfflieger berühmt, auch andere Flieger zeichneten sich durch »heldenhaften Einsatz« aus, so zum Beispiel die beiden Flieger Oberleutnant von Cossel und Vizefeldwebel Windisch. Der Kommandierende General der Luftstreitkräfte gab im ersten Monatsbericht vom Oktober 1916 bekannt, dass der Kaiser bei seinem Besuch am 05. Oktober in Kowel dem Oberleutnant von Cossel das Ritterkreuz des Hohenzollern-Hausordens mit Schwertern und dem sächsischen Vizefeldwebel Windisch den Kronenorden 4. Klasse mit Schwertern persönlich verliehen habe. Der Grund dafür war ein bemerkenswerter Einsatz, den beide in der Nacht vom 02. auf 03. Oktober 1916 durchgeführt hatten: Den Fliegern war es gelungen, die Bahnlinie Kowno – Brody 85 km hinter der Front zu sprengen, um den zurückweichenden russischen Verbänden den Weg abzuschneiden.

In zahlreichen Aufklärungsflügen erkundeten sie die Bahnlinie Dubno – Kowno und die für eine Sprengung günstige Stelle, etwa 8 km südlich von Ulbarow.

Am Frontflugplatz wurde mittlerweile damit begonnen, Probesprengungen mit Glühzünderapparaten und Sprengmunition vorzunehmen, was viel Zeit in Anspruch nahm.

Am 02. Oktober nachmittags um 4.45 Uhr startete die Besatzung von Cossel und Windisch vom Flugplatz Perespa aus und landete in der Dämmerung an der zuvor festgelegten Stelle. Hier verließ Oberleutnant von Cossel das Flugzeug mitsamt der Sprengmunition und Proviant für zwei Ta-

Die beiden hoch dekorierten Flieger Oberleutnant von Cossel und Vizefeldwebel Windisch nach ihrem Husarenstreich, die Bahnlinie Kowno – Brody 85 Kilometer hinter der Front zu sprengen.

ge. Als er diese fast 50 kg schwere Last in einem benachbarten Wald verstaut hatte, stieg Windisch – nachdem er seine »Kiste« entsprechend getrimmt hatte – wieder zum Rückflug auf. Dabei startete er direkt auf ein des Weges kommendes Pferdefuhrwerk los, sodass die Pferde scheuten und durchgingen und damit den Wageninsassen die Möglichkeit nahmen, Art und Nationalität des Flugzeugs festzustellen.

Für Oberleutnant von Cossel galt es nun die schwere Last an die Bahnstrecke zu befördern, was in einem Zeitraum von fast zehn Stunden auch gelang. Als er es geschafft hatte, befestigte er sechs Sprenggranaten an den Schienen und legte eine 200 m lange Zündleitung.

Nachts, eine halbe Stunde vor Mitternacht, als die Russen in tiefem Schlaf lagen, erfolgte die Sprengung. Zur Täuschung des Feindes hatte von Cossel am Tatort englische Zeitungen zurückgelassen.

Am anderen Morgen um 5 Uhr legte der Oberleutnant auf dem Landeplatz, den er unbehelligt wieder erreichen konnte, das verabredete Landezeichen aus, denn Windisch wollte ihn hier wieder abholen und das sollte das Zeichen für gefahrlose Landemöglichkeit sein. Trotz schlechter Witterung, tiefer Wolken und starken Regens traf Windisch geringfügig verspätet mit seinem Roland Walfisch ein. Schnell stieg von Cossel in seinen Beobachtersitz, und nun mussten noch Aufnahmen von der Sprengstelle gemacht werden. Zur Befriedigung der kühnen Flieger zeigte sich, dass zu beiden Seiten der Sprengstelle die russischen Transportzüge in langen Reihen warteten, und allzu gerne hätte man darauf noch einige »Eier« gelegt.

Im Rahmen einer großen organisatorischen Umwandlung und auch im Hinblick darauf, dass die USA am 04. April 1917 in den Krieg gegen Deutschland eintraten, erreichte die Fliegertruppe Mitte 1917 an der Front eine Stärke von 46 000 Mann mit 2360 Flugzeugen.

Unter der Bezeichnung »Amerikaprogramm« wurden umfangreiche Maßnahmen zum weiteren Ausbau der Luftrüstung eingeleitet. Zwar besaßen die Amerikaner bei Kriegseintritt gerade einmal 55 Flugzeuge, doch wollte man deren Möglichkeiten nicht unterschätzen. Im Einzelnen umfasste die Fliegertruppe am 01. April 1918 nach Erfüllung des »Amerikaprogramms« folgende Feldformation:

- 48 Fliegerabteilungen zu je 6 Flugzeugen
- 68 Fliegerabteilungen zu je 6 Flugzeugen
- 37 Fliegerabteilungen zu je 9 Flugzeugen
- 6 Fliegerabteilungen der türkischen Heeresgruppe F
- 1 Jagdgeschwader, bestehend aus den Jagdstaffeln Nr. 4, 6, 10 und 11
- 77 Jagdstaffeln (außer Nr. 4, 6, 10, 11)
- 30 Schlachtstaffeln
- 2 Riesenflugzeugabteilungen Nr. 500, 501
- 7 Bombengeschwader zu je drei Staffeln
- 20 Armeeflugparks
- 6 Reihenbildzüge
- 2 Jagdstaffelschulen
- 1 Fliegerübungsabteilung (Sedan)
- 10 Kampfeinsitzerstaffeln (Heimatschutz)
- 1 Fliegerausbildungskommando (Sofia)

Auf heimatlichem Boden standen unter anderem folgenden Einrichtungen:

- 16 Fliegerersatzabteilungen (einschließlich Bayern)

- 7 Beobachterschulen
- 11 Militärfliegerschulen
- 14 Zivilfliegerschulen
- 1 Geschwaderfliegerschule (Paderborn)
- 1 Fliegerschießschule (Asch/Belgien)
- 1 Waffenmeisterschule
- 2 Artillerie-Fliegerschulen (Auz und Doblen in Kurland)
- 1 Bombenlehranstalt (Frankfurt/Oder)
- 1 Funklehranstalt
- 1 Riesenflugzeug-Ersatzabteilung (Köln)
- 6 Motorenschulen oder -werkstätten
- 2 Artillerie-Fliegerkommandos (Thorn und Wahn)
- 1 Fliegerkommando Nord (Flensburg).

Nach den gewaltigen Angriff- und Abwehrschlachten Anfang und Mitte 1918 war der Kräfteverschleiß trotz materiell höchsten Standes nicht mehr zu übersehen. Mangel an Betriebsstoff und der immer stärker werdende Gegner zwangen das Heer zu den ersten Rückzugsbewegungen. Nach und nach wurden Flugplätze und Depots aufgegeben und Rückverlegungen von Armeeflugparks befohlen. Als im November 1918 der Waffenstillstand ausgerufen wurde, hatte man gerade damit begonnen, das durch die Auflösung der 2., 9. und 18. Armee vorhandene Material den noch vorhandenen Luftkampfverbänden zur Verfügung zu stellen. Doch anstelle eines Neuaufbaus erfolgte die Demobilisierung der Luftstreitkräfte.

Zum Ende des Krieges 1918 umfasste die Fliegertruppe an der Front 80 000 Mann mit 5000 Flugzeugen, verteilt auf 306 Einheiten oder Verbände. Zur Fliegertruppe auf heimatlichem Boden zählten ebenfalls etwa 80 000 Mann, davon waren 5000 in der Ausbildung zum fliegenden Personal.

Zwischen 1914 und 1918 wurden insgesamt 47 637 Flugzeuge und 40 449 Flugmotoren produziert. In diesem Zeitraum gingen 27 000 Flugzeuge verloren, und an den Fronten wurden 3000 Flugzeuge zurückgelassen.

Am 21. Januar 1919 erließ der Kommandierende General der Luftstreitkräfte, General von Hoeppner, den Tagesbefehl, in dem er die Auflösung seiner Dienststelle bekannt gab.

Am 18. Juni 1919 wurde der Versailler Friedensvertrag unterschrieben, in dem unter Artikel 198 und 202 das Ende der deutschen militärischen Luftfahrt besiegelt wurde:

»Die bewaffnete Macht Deutschland darf keine Land- oder Marine- Luftstreitkräfte umfassen« und »Alsbald nach Inkraftsetzung des gegenwärtigen Vertrages ist das ganze militärische und maritime Luftfahrzeugmaterial den Regierungen der alliierten und assoziierten Mächte auszuliefern.«

Die Umsetzung begann mit In-Kraft-Treten des Friedensvertrages am 10. Januar 1920, wobei eine 100 000 Mann starke Reichswehr zur Aufrechterhaltung der inneren Sicherheit in Deutschland genehmigt wurde. Strikte Ablehnung vor allem durch Frankreich erfuhr das Beibehalten einer kleinen Luftwaffe. Unter Aufsicht der Interalliierten Militärkontrollkommission (IMKK) und der Interalliierten Luftfahrtüberwachungskommission (ILuK) begann die Ablieferung und Demontage von Luftfahrtgerät.

Zwischen den Weltkriegen

Insgeheim begann man wieder damit, unter Umgehung alliierter Vorschriften Konzepte für Heeresflieger auszuarbeiten. So wurde am 01. März 1920 mit der Einrichtung eines »Fliegerreferats« im Truppenamt der Heeresleitung unter Hauptmann Wilberg, einem Referat »Flugtechnik« in der Inspektion für Waffen und Gerät und einem Referat »Fremdes Flugwesen« in der Heeresstatistischen Abteilung im Truppenamt begonnen. Offiziell wurden die letzten Fliegerstaffeln der Polizei aufgelöst, um das Londoner Ultimatum vom 29. Januar 1921 zu befolgen.

Als am 06. Mai 1921 zwischen dem Deutschen Reich und der Sowjetunion ein Handelsabkommen geschlossen wurde, kam es zwischen den Unterhändlern zu ersten Besprechungen über den Ausbau der sowjetischen Rüstungsindustrie mit deutscher Hilfe. Bereits in der Folgekonferenz am 16. April 1922 wurde das Handelsabkommen weiter ausgebaut und die Basis für eine Zusammenarbeit vor allem in der Luftfahrt geschaffen.

Zwischenzeitlich war eine Sperrfrist abgelaufen, die verbot, Flugzeuge jeglicher Art in Deutschland zu bauen. Die Rahmenbedingungen für in Deutschland produzierte Flugzeuge sahen folgende Maximalwerte vor: Geschwindigkeit 170 km/h, Reichweite 300 km, Flugdauer 2,5 h, Nutzlast 600 kg und Gipfelhöhe 4000 m. Bewaffnete Flugzeuge zu bauen war weiterhin streng untersagt. Diese harten Auflagen konnte man nur umgehen, wenn man damit begann, im Ausland zu produzieren. Da auch ehemalige Kriegsgegner davon profitierten, ließ man dies unter dem Mantel der Geheimhaltung zu. So baute Dornier Flugzeuge in der Schweiz und in Italien, Junkers in Schweden und Rohrbach in Dänemark. Ernst Heinkel entwickelte für die USA und Japan U-Boot-Flugzeuge.

Als das Deutsche Reich am 01. Januar 1923 seine Lufthoheit wieder zugesprochen bekam, wurden bereits die ersten Verbindungen zur deutschen Flugzeugindustrie geknüpft. So gab der Leiter des Referats Flugtechnik in der

Einen der ersten Aufträge für einen Nahaufklärer erteilte der Leiter des Referats Flugtechnik im Jahre 1923 dem Flugzeugbauer Heinkel für den Bau der HD17.

Inspektion für Waffen und Gerät (InWG) bei Heinkel einen Nahaufklärer in Auftrag. Es handelte sich dabei um die Heinkel HD 17.

Die Bemühungen, die Kontakte mit der Sowjetunion zu intensivieren, wurden dadurch unterstrichen, dass hohe Militärs unter Führung des Generals Hasse im Jahre 1923 in das Großreich reisten, um weitere Verhandlungen zu führen und eine Verbindungsstelle mit der Bezeichnung »Zentrale Moskau« (ZMo) – unabhängig von der deutschen Botschaft – zu installieren. Leiter dieser Stelle wurde der ehemalige Feldflugchef und Oberst a.D. Hermann Thomsen. Die ZMo unterstand der Abteilung »Fremde Heere«. Der Flugplatz Lipezk an der Bahnstrecke Graesi – Orel wurde dem Reichswehrministerium (RWM) zur Verfügung gestellt und nach dessen Wünschen ausgebaut. Im Jahre 1925 begann nun ganz geheim die Ausbildung der Reichswehr-Fliegertruppe. Als Ausbildungsleiter wurde Major a.D. Walter Stahr eingesetzt. Als 4. Eskadrille der roten Luftflotte getarnt, begann das Ausbildungszentrum mit dem Lehrbetrieb.

Die Aufgabe selbst bestand darin, fliegendes Personal zu Jagdfliegern, Jagdfluglehrern und Flugzeugbeobachtern sowie fliegertechnisches Personal auszubilden. Auch die taktisch-technische Fronterprobung von Kriegsflugzeugen zählte zu den Aufgaben. Der Flugbetrieb wurde mit 50 Fokker XIII Jagdflugzeugen durchgeführt.

Reichswehroffiziere, die im Kriege bereits ihre Flugtauglichkeit erworben hatten, und zivile Flugzeugführer waren die ersten Lehrgangsteilnehmer.

Auf der Botschafterkonferenz am 24. Juni 1925 wurden die Begriffsbestimmungen gelockert und die erlaubte Fluggeschwindigkeit auf 180 km/h sowie die Nutzlast auf 900 kg erhöht. Mit der Unterzeichnung des »Pariser Luftfahrtabkommens« im Jahre 1926 wurden auch diese Begriffsbestimmungen außer Kraft gesetzt, was der deutschen Luftfahrtindustrie die Möglichkeit gab, Flugzeuge mit den Merkmalen von Jagdflugzeugen zu bauen. Die Militärluftfahrt blieb mit Ausnahmen jedoch weiterhin verboten. Zu diesen zählte, dass man 60 Heeres- und Marineoffizieren erlaubte, auf eigene Kosten die Sportfliegerei zu erlernen und zu betreiben.

Unter Hauptmann Student begann man im Heereswaffenamt in der Abteilung Waffenprüfwesen die vom Truppenamt geforderten Flugzeugtypen zu definieren. Dazu zählten unter anderem ein Heimatjagdeinsitzer, ein Erkundungsflugzeug für die Divisionsnahaufklärung unter dem Decknamen »Erkudista« und ein Nachtjagdflugzeug, »Najaku« genannt. Die von der Industrie entwickelten Maschinen gelangten über die Erprobungsstelle Rechlin nach Lipezk. Die Erprobung übernahm die Deutsche Verkehrsfliegerschule. Im Einzelnen zählten dazu die von Arado gebauten Jagdeinsitzer SD I, SD II sowie SD III, von Heinkel der Jagdeinsitzer HD 37 und von Albatros die Nahaufklärer L76, L77 und L78. Fernaufklärer entstanden bei den Bayerischen Flugzeugwerken. Als zweiter Fliegerübungsplatz stand neben Lipezk nun auch Woronesch der Reichswehr zur Verfügung. Auf diesem Platz begann man im Jahre 1928 damit, eine Beobachterausbildung im feldmäßigen Flugbetrieb aufzubauen. Auch Artilleriebeobachter fanden hier endlich Gelegenheit, das Zusammenspiel mit der Feuerleitung der Artillerie (die Sowjets stellten hierfür eine Batterie zur Verfügung) feldmäßig zu erlernen. Die in Woronesch gewonnenen Erfahrungen schlugen sich in Form einer »Vorschrift für Artillerieflieger« nieder.

Bereits im Jahre 1927 hatte man damit begonnen, einen so genannten »A-Plan« zu erstellen. Dieser Notplan umfasste die Aufstellung einer Wehrmacht für den Kriegsfall. Hierfür hatte die Fliegertruppe im Truppenamt der Reichswehr unter Major Felmy die Aufstellung notwendiger Fliegerkräfte für die vorgesehenen 21 Divisionen vorzubereiten. Für den Bedarfsfall sollten dafür so genannte »Fliegerkurierstaffeln«, bestehend aus entsprechendem Fluggerät und technischem Personal der jungen Luft Hansa, aufgestellt werden. Aktive Fliegeroffiziere waren als Verbandsflieger vorgesehen.

Für die Luftrüstung der Jahre 1931 bis 1932 und die neue Rüstungsperiode 1933 bis 1937 stellte der mittlerweile zum Oberstleutnant beförderte Felmy am 19. Mai 1930 folgenden Plan vor: 22 Fliegerstaffeln, ausgerüstet mit modernstem Material (etwa 200 Flugzeuge), wobei jedem Armee-Oberkommando (AOK) eine Aufklärungsstaffel zur Verfügung stand.

Die Ausschreibung der Reichswehr führte zu einem Entwicklungsboom bei der nationalen Flugzeugindustrie. Diverse neue Muster liefen der Erprobungsstelle in Lipezk zu, die vor Ort auf Herz und Nieren überprüft wurden, so zum Beispiel der Nahaufklärer Heinkel He 46, der Fernaufklärer He 45, die Focke Wulf Fw 39 und Fw 40 oder der Junkers Doppelsitzer A-20.

Am 28. Juli 1932 unterschrieb Generalleutnant Adam, Chef des Truppenamtes der Reichswehr, eine Verfügung für die Luftstreitkräfte im Rahmen eines neuen »Friedensheeres«. Danach sollten 1933/34 nur Ausbildungsverbände aufgestellt werden, dann im Jahre 1934/35 der Stab eines Brigadekommandos der Flieger, das Fliegergruppenkommando Ost mit einer Aufklärungs- und einer Jagdstaffel, das

Die Deutsche Verkehrsfliegerschule übernahm unter anderem die Erprobung des Albatros-Nahaufklärers L76a.

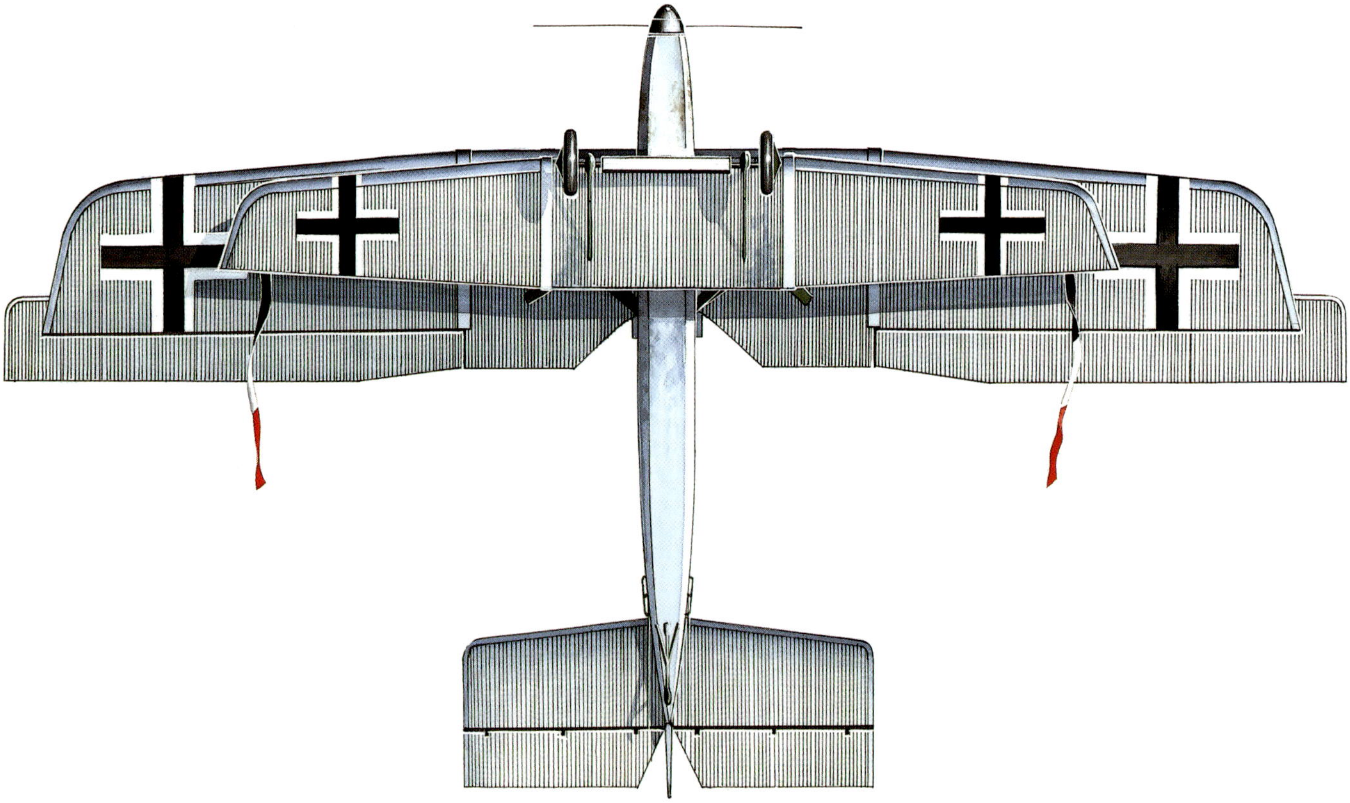

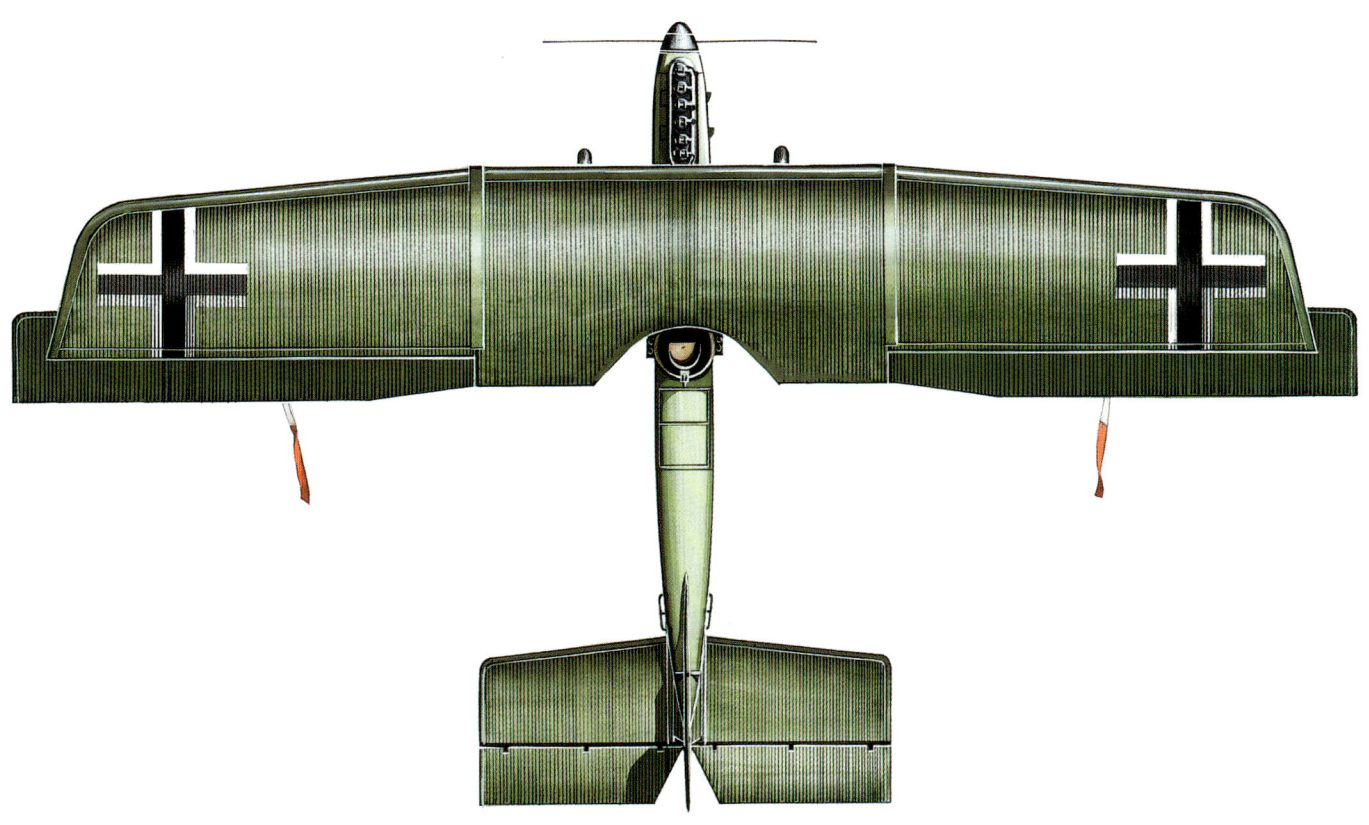

Als die Westfront zum Stellungskrieg erstarrte, wurden von der Infanterie dringend taktische Mittel zur Unterstützung gefordert. So entstand der Plan eines gepanzerten Flugzeuges, das zum einen den genauen Frontverlauf erkunden und zum anderen Munition und Verpflegung an die vordersten Linien bringen sollte. Auch dachte man daran, mit diesem Flugzeug die gegnerischen Stellungen mit MGs und Handgranaten zu bekämpfen. Die Antwort war die Junkers J4, die ab dem 1. August 1917 im Bereich der 4. Armee in Flandern zum Einsatz kam. Dabei handelte es sich um einen zweisitzigen Doppeldecker mit einer Länge von 9,04 m. Die Spannweite betrug 16,67 m, und sein Leergewicht lag bei 1766 kg. Die Zuladung betrug 410 kg. Mit einem Benz-Bz-IV-Motor von 147 kW (200 Ps) ausgerüstet, erreichte das Flugzeug eine Höchstgeschwindigkeit von 155 km/h und eine Flugdauer von etwa 2 Stunden. Der Rumpf bestand vorne aus einer 5 mm starken Chrom-Nickel-Stahl-Panzerwanne, die den Piloten, den Beobachter und den Motor umschloss.

Ab dem Jahre 1934 erhielt die Erprobungsstelle in Lipezk auch den Fernaufklärer Heinkel He 45C.

Fliegergruppenkommando Mitte und das Fliegergruppenkommando Süd mit zwei Aufklärungsstaffeln. Im Jahre 1936 und 1937 sollten noch zehn weitere Staffeln, unter anderem fünf Aufklärungsstaffeln, hinzukommen.

Am 10. April 1933 erließ der Chef der Heeresleitung die endgültige Weisung für die »Vorbereitung zur Schaffung einer Friedensfliegertruppe«. Ab dem 01. Oktober 1934 sollten, mit entsprechenden Stäben und Fliegerschulen, vier Aufklärungsstaffeln, zwei Jagdeinsitzerstaffeln und drei Bomberstaffeln aufgestellt sein, ab dem 01. Oktober 1935 zusätzlich noch vier Aufklärungsstaffeln, eine Jagdeinsitzerstaffel, eine Jagdzweisitzerstaffel und drei Bomberstaffeln, ab dem 01. Oktober 1936 dann vier Aufklärungsstaffeln, zwei Jagdzweisitzerstaffeln und drei Bomberstaffeln und ab dem 01. Oktober 1937 vier Aufklärungsstaffeln.

Aufgekommen war mittlerweile auch die Frage nach einer selbstständigen Luftwaffe. So verfasste Hauptmann Hans Jeschonnek vom Führungsstab der Inspektion 1 die Denkschrift »Begründung der Notwendigkeit, die gesamte deutsche Luftfahrt unter dem Reichswehrministerium zusammenzufassen«. Diese führte dazu, dass am 08. November 1932 auf Weisung von General Adam alle Vorbereitungen zur Schaffung einer als »Luftschutzamt« bezeichneten Dienststelle zu treffen waren, was letztendlich die Zusammenführung aller Fliegerkräfte des Heeres und der Marine bedeutete.

Nach der Machtübernahme Adolf Hitlers am 30. Januar 1933 veränderte sich die Lage zusehends. So verfügte am 27. April 1933 der Reichspräsident die Bildung eines Reichsluftfahrtministeriums (RLM), das allerdings dem »Reichsverteidigungsminister und Befehlshaber der gesamten Wehrmacht«, General von Blomberg, unterstellt wurde. Das »Luftschutzamt« wurde mit Wirkung vom 15. Mai 1933 in das neu geschaffene RLM, nun von Hermann Göring geleitet, eingegliedert.

Mit Staatssekretär Milch und dem Beauftragten des Reichsverteidigungsministers, Oberst v. Reichenau, begann nun Göring damit, eine Luftflotte mit bis zu 1000 Flugzeugen zu planen.

Diese sah nun die Aufstellung folgender Verbände vor; der Plan wurde am 27. Juni 1933 von Göring und v. Blomberg genehmigt:
- 5 Fernaufklärerstaffeln
- 7 Nahaufklärerstaffeln
- 2 Jagdgeschwader (sechs Staffeln)
- 9 Bombergeschwader (27 Staffeln)
- 2 Aufklärungsstaffeln (Seeflieger)
- 1 Mehrzweckstaffel (Seeflieger)
- 1 Behelfsstaffel (Seeflieger)
- 1 Jagdstaffel (Seeflieger)

Hermann Göring hatte sich nun mit seiner Idee einer eigenständigen Luftwaffe durchgesetzt. So unterschrieb Hitler am 26. Februar 1935 den Erlass über die Reichsluftwaffe. Hierin wurde sie als dritter Wehrmachtsteil offiziell neben Reichswehr und Marine gestellt. Die fällige »Enttarnung« erfolgte dann am 01. März 1935.

Heeresflieger innerhalb der Luftwaffe

Die so genannte Göring-Doktrin, nach der alles, was fliegt, zur Luftwaffe gehört (sogar die Fallschirmtruppe), wurde zwar konsequent umgesetzt, war jedoch in vielen Bereichen so nicht praktikabel. Nun musste man Wege finden, Strukturen so zu verändern, dass trotz der Teilung eine vernünftige Zusammenarbeit zustande kam. Was gemeinsam von Heer und Luftwaffe eingesetzt wurde, waren die Aufklärungsflieger. Sie waren zu Friedenszeiten dem Heer zugeteilt und im Kriegsfall taktisch dem Heer unterstellt.

In der Planung hatte man folgende Konstellation vorgesehen:

Jedes Korps erhielt eine Aufklärungsstaffel und jede Panzerdivision eine Panzeraufklärungsstaffel.

Im Krieg wurden die Gruppenstäbe als Verbindungsstäbe bei den Armeen mit den Namen »Kommandeure der Luftwaffe beim Heer« (KOLUFT) eingesetzt.

So entstanden die Aufklärungsgruppen in Cottbus, Münster/Westfalen, Stargard/Pommern, Königsberg/Ostpreußen, Jüteborg, Großenhain/Sachsen, Göppingen, Kassel, Völsau bei Wien, Brieg und Reichenberg/Sudetenland.

Hauptaufgaben und Gliederung der Nahaufklärer

Die Hauptaufgabe der Nahaufklärung bestand darin, für das Heer das Gelände fotografisch zu erfassen, um davon Bildpläne zu erstellen. Zu den weiteren Aufgaben zählten Beobachten und Melden beim Artillerieeinschießen und Flugblattabwurf.

Die Aufstellung der Heeresfliegerverbände durch die Luftwaffe wurde unter Aufsicht eines Inspekteurs der Heeresflieger vorgenommen.

Das Personal und die Ausrüstung wurden ausschließlich von der Luftwaffe gestellt. Die Beobachter kamen vom Heer und erhielten eine entsprechende Ausbildung auf der Aufklärungsfliegerschule. Diese Heeresangehörigen wurden zunächst für ein Jahr zur Luftwaffe kommandiert, wobei diese Kommandierung nach Kriegsbeginn auf vier Jahre verlängert wurde. Zunächst trugen sie weiter die Heeresuniform, dann ab Sommer 1940 die der Luftwaffe.

Eine Aufklärungsgruppe bestand aus drei Aufklärungsstaffeln. Aus der Kennzeichnung der Einheit erkannte man die Verbindung zum Heer mit einem (H) zwischen den Ziffern der Staffel und der Gruppe. So bedeutete zum Beispiel »2.(H)/21« : 2. Staffel der Heeresflieger-Aufklärungsgruppe 21.

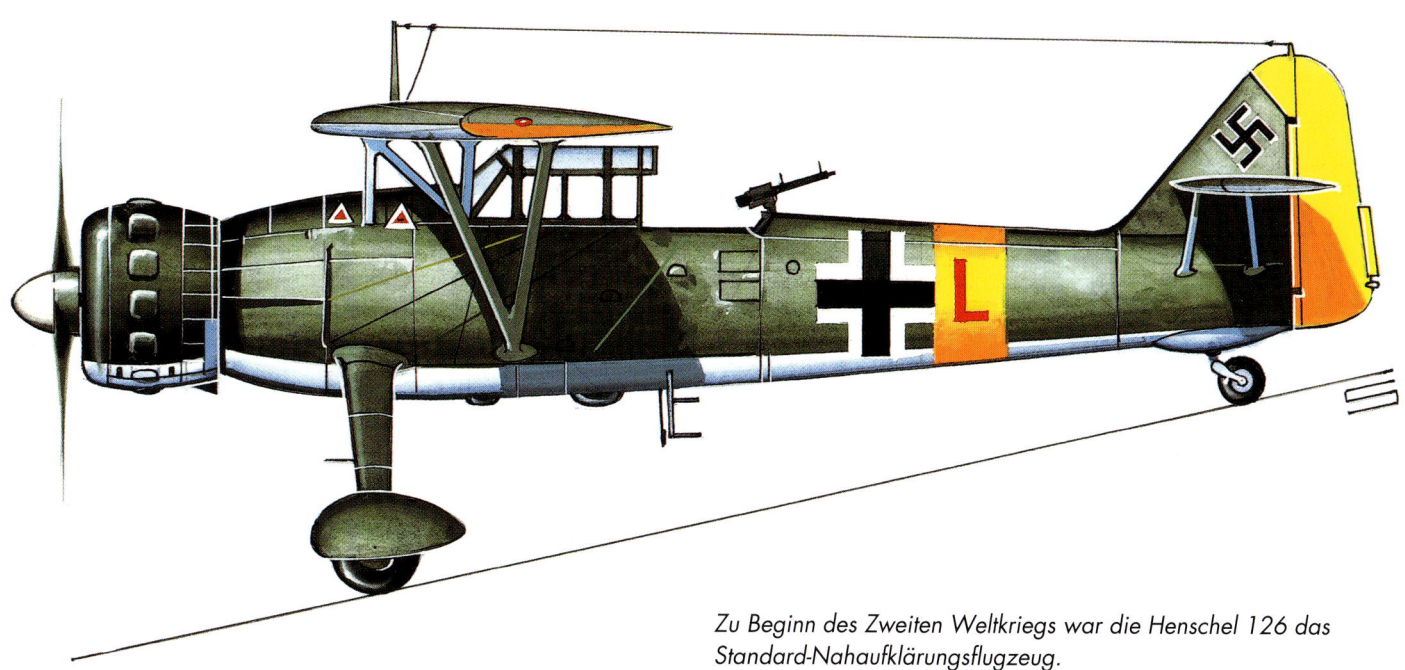

Zu Beginn des Zweiten Weltkriegs war die Henschel 126 das Standard-Nahaufklärungsflugzeug.

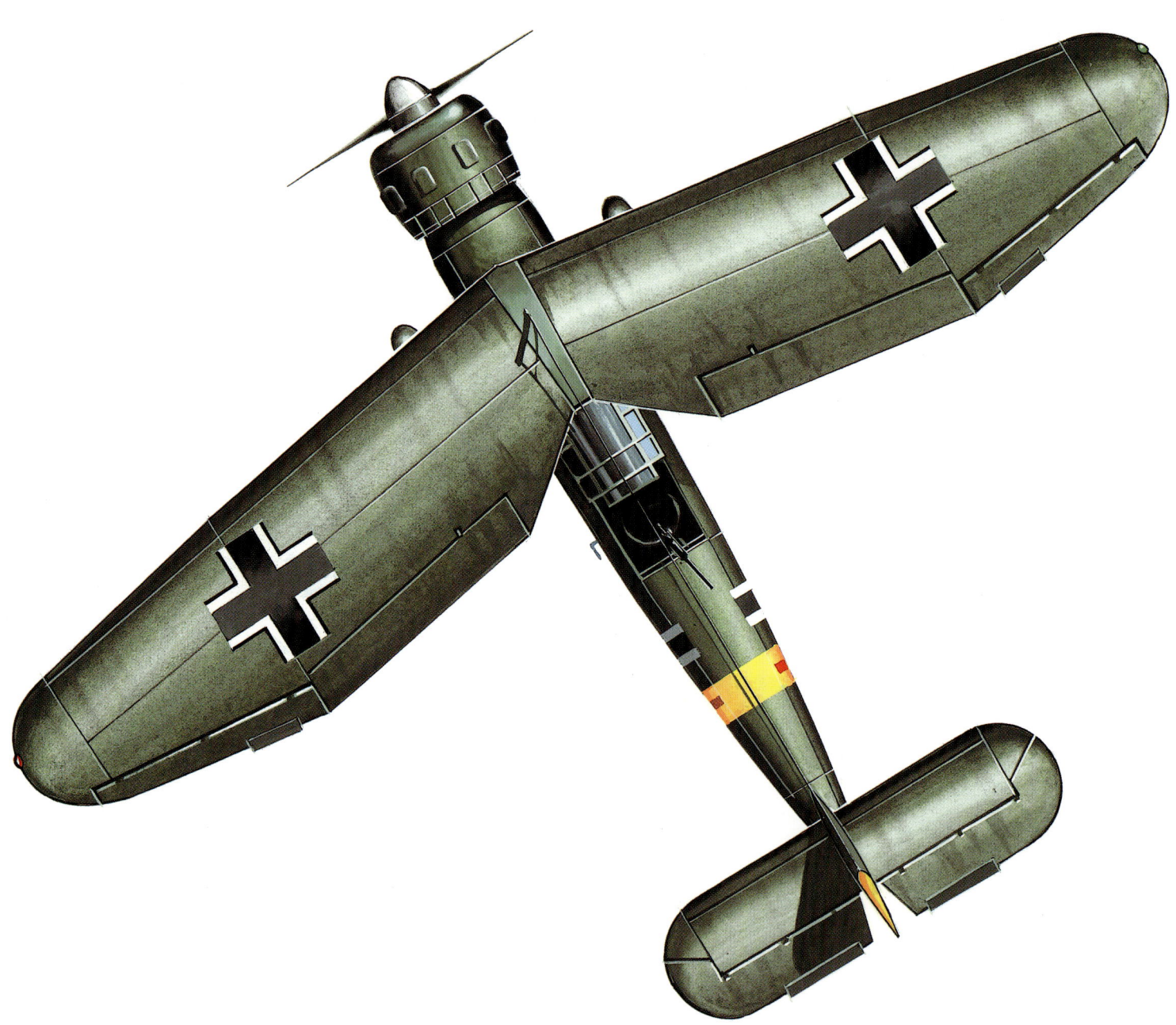

Ab dem Jahre 1939 wurden für die Nahaufklärung hauptsächlich Henschel Hs 126 eingesetzt.

Im Gegensatz dazu wurden die Fernaufklärer durch ein (F) gekennzeichnet.

Mit Kriegsbeginn wurde jede Aufklärungsstaffel einem Armeekorps (AK) unterstellt, wobei sie truppendienstlich bei der Luftwaffe verblieb.

Die Verbindung zum Heer wurde durch einen »General der Luftwaffe beim Oberkommando des Heeres« (GendLbObdH) hergestellt.

Der Fliegerverbindungsoffizier (Flivo) einer Aufklärungsstaffel bei jedem Armeekorps (AK) oder einer Panzerdivision war stets ein zum Beobachter ausgebildeter Offizier mit der entsprechenden Ausstattung sowie mit Nachrichtenpersonal und Gerät.

Im Einzelnen war eine (H)-Staffel wie folgt gegliedert:

Jede fliegende Besatzung bestand in der Regel aus einem Flugzeugführer und einem Beobachter. Der Flugzeugpark setzte sich aus zwölf Aufklärungsflugzeugen, davon drei als Reserve, drei Verbindungsflugzeugen und einem Nachschubflugzeug zusammen.

Bis zum Jahre 1938 wurden als Nahaufklärer die Flugzeugtypen Arado Ar 66, Heinkel He 45 und He 46 verwendet. Ab dem Jahre 1939 wurden diese dann durch Henschel Hs 126 und zu einem späteren Zeitpunkt durch Focke Wulf Fw 189 ersetzt. Als Verbindungsflugzeuge kamen Fieseler Fi 156 und eine W 34 von Junkers als Nachschubflugzeug zum Einsatz.

Die Technische Gruppe war für Wartung, Betankung und Reparatur der Flugzeuge und die Kraftfahrzeuggruppe für den kompletten Kraftfahrzeugpark verantwortlich.

Die Nachrichtengruppe organisierte den Betrieb und die Herstellung von Funk- und Fernsprechverbindungen unter den einzelnen Funkstellen, so zum Beispiel den Bord-Boden-Funkverkehr mit den Aufklärungsflugzeugen oder den Boden-Boden-Funkverkehr mit den Stäben des Heeres.

Die einzelnen Aufklärungsflüge wurden in der Regel – je nach Auftrag, Luft- und Feindlage, Sichtverhältnissen und sonstigen Gegebenheiten – in Flughöhen um 2000 m oder in Tiefflügen durchgeführt. Kommandant der Maschine war der Beobachter in einem nach oben offenen Beobachterstand. Wichtig war hierbei außer der Sicht nach unten auch die ständige Beobachtung des gesamten Luftraumes zur rechtzeitigen Erkennung von feindlichen Flugzeugen.

Der Flugzeugführer saß vor dem Beobachter unter einer Glashaube, so bei der Hs 126. Die Verbindung zur Befehlsstelle der Staffel oder zur Artillerie wurde anfangs mit Tastfunk, später mit Sprechfunk vorgenommen.

Luftige Angelegenheit: Anfänglich wurde mit der Handkamera noch frei aus der offenen Kabine fotografiert.

Die Erfüllung der Aufträge war ausschließlich Sache des Beobachters, die Durchführung des Fluges nach Anweisung des Beobachters Sache des Flugzeugführers.

Die Ausstattung der Aufklärungsflugzeuge war so, dass Aufklärungsflüge nur bei Tageslicht – allenfalls auch in der Dämmerung – mit einer maximalen Eindringtiefe von 20 km ins Feindgebiet möglich waren. Die militärische Notwendigkeit forderte im Kriege jedoch auch Nachtflüge und Aufklärungsflüge von bis zu 120 km Eindringtiefe, denen die technischen Eigenschaften und die Ausrüstung einer Hs 126 aber nicht entsprachen: Sie war weder blindflugtauglich noch hatte sie einen künstlichen Horizont, und mit ihrer maximalen Geschwindigkeit von 220 km/h war sie modernen Jägern hoffnungslos unterlegen. Versuche, das Aufklärungsflugzeug durch eigene Jäger zu schützen, bewährten sich nicht.

All diese gewonnenen Erfahrungen mündeten in die Entwicklung der zweimotorigen, doppelrumpfigen Focke Wulf Fw 189. In der komplett verglasten Kanzel saß nun der Beobachter neben dem Piloten mit einer hervorragenden Sicht nach allen Seiten. Sie war stärker bewaffnet und vor allem wesentlich schneller als ihre Vorgänger.

Aufklärungsstaffeln der Heeresgruppe West

Staffel	Heeresverbände	Flugzeugmuster
4.(H)21	Raum Saar-Rheinland	He 45 und He 46
4.2.(H)12	VI.AK	Hs 126
4.(H)12	7. Armee	He 45 und He 46
4.(H)22	IX.AK	Hs 126
1.(H)13	XXX.AK	Hs 126
3.(H)13	V.AK	Hs 126
1.(H)23	XXVII.AK	Hs 126
4.(H)23	7. Armee	He 45 und He 46

Als mit dem Einmarsch der Wehrmacht in Polen am 01. September 1939 der Zweite Weltkrieg begann, erfolgte der Einsatz der Nahaufklärer der Luftflotte 1 unter General der Flieger Kesselring und der Luftflotte 4 unter General der Flieger Löhr. Wie nachzulesen ist, startete an diesem Tag um 04.20 Uhr Leutnant Hutter von der 3.(H)/21 über polnisches Gebiet in Richtung Kulm zu seinem ersten Aufklärungsflug. Unter polnischem Beschuss wurde dabei das Grabensystem der Stadt mit einer Handkamera fotografiert.

Von den 356 einsatzbereiten Nahaufklärungsflugzeugen waren 288 im Osten und nur 68 im Westen stationiert. Zum großen Teil handelte es sich dabei um Heinkel-Maschinen der Typen He 45 und He 46 sowie Henschel Hs 126.

Nun zeigte sich, das es nicht nur an Flugzeugen, sondern auch an Besatzungen mangelte. Ausbildungsstätten wurden aus dem Boden gestampft, und die Ausbildung von Beobachtern wurde forciert. Die wiederum kamen vom Heer wie auch in diesem Fall der junge Leutnant Eberhard Spetzler.

Der junge Heeres-Offizier Spetzler. Er war als Beobachter zur Luftwaffe kommandiert.

Aufklärungsstaffeln der Heeresgruppen Nord und Süd

Staffel	Heeresverbände	Flugzeugmuster
1.(H)10	1. Armeekorps (AK)	Hs 126
2.(H)10	XXI.AK und 1. Kavallerie-Brigade	Hs 126
1.(H)11	10. Panzer-Division (PzDiv)	Hs 126 und 3 He 46
1.(H)21	II.AK	Hs 126
2.(H)21	III.AK	Hs 126
3.(H)21	XIX.AK	Hs 126
1.(H)31	VIII.AK	Hs 126
2.(H)31	5.PzDiv	Hs 126 und 3 He 46
4.(H)31	XV.AK	He 45 und He 46
1.(H)41	IV.AK	Hs 126
2.(H)41	XVI.AK (mot)	Hs 126
3.(H)41	XIV.AK (mot)	Hs 126
1.(H)12	X.AK	Hs 126
3.(H)12	XI.AK	Hs 126
2.(H)13	VII.AK	Hs 126
4.(H)13	4.PzDiv	Hs 126 und 3 He 46
5.(H)13	XIII.AK	He 45 und He 46
2.(H)23	1.PzDiv	Hs 126 und 3 He 46
1.(H)14	2.PzDiv	Hs 126 und 3 He 46
2.(H)14	XVIII.Geb.Korps	Hs 126
3.(H)14	XVII.AK	Hs 126
9.(H)LG 2	3.PzDiv	Hs 126 und 3 He 46

Am Beispiel seiner militärischen Laufbahn wird deutlich, wie man versuchte, den Zwiespalt, der sich durch die Aufgabenteilung bei den Nahaufklärern automatisch ergab, so gering wie möglich zu halten.

Er trat am 06. April 1936 als Fahnenjunker in das Infanterie-Regiment 17 in Braunschweig ein. Dort wurde er am 30. September 1936 Fahnenjunker/Gefreiter, am 20. Dezember 1936 Fahnenjunker/Unteroffizier.

Januar – September 1937:
Kriegsschule München; Mai 1937 Fähnrich, Ende September Oberfähnrich
Oktober – Dezember 1937:
Infanterieschule Döberitz
Januar – 09. November 1938:
IR 74 in Hameln; dort Zugführer und Vertreter des Kompaniechefs in der 5. Kompanie
18. Januar 1938:
Leutnant
01. November 1938 – April 1939:
Aufklärungsfliegerschule Broitzem bei Braunschweig mit abschließender Beobachterprüfung
10. November 1938:
für ein Jahr kommandiert zur Luftwaffe
01. September 1939:
Verlängerung der Kommandierung zur Luftwaffe von 1 Jahr auf 4 Jahre
Mai 1939 – 29. Februar 1940:
Beobachter in der 2. Heeresfliegerstaffel der Aufklärungsgruppe 21 [2.(H)/21]. Dort: Oktober 1939 – 29. Dezember 1940 zunächst Kraftfahrzeugoffizier, anschließend Nachrichtenoffizier
01. März 1940 – 11. Januar 1941:
Offizier zur besonderen Verwendung (Offz.zbV.) und Beobachter in der 2.(H)/21
01. Juni 1940:
Oberleutnant
12. Januar 1941 – 09. Januar 1942:
Offz.zbV. und Beobachter in der 6.(H)/21.
10. Januar – 28. Februar 1942:
Führer des Luftwaffenkampftrupps Charkow I
01. März – 20. April 1942:
Offz.zbV. und Beobachter in der 6.(H)/21
21.April – 30. November 1942:
Ic/Luftwaffe beim Oberkommando der 6. Armee (AOK 6)
01. September 1942:
Hauptmann
01. Dezember 1942:
Ende der Kommandierung zur Luftwaffe und Rückkehr zum Heer

Nach dem Feldzug in Polen begann das neue Jahr mit der Besetzung Dänemarks und Norwegens im April 1940. Hierbei wurde recht wenig Nahaufklärung betrieben. Der große Einsatz erfolgte dann im Mai mit Beginn des Angriffs im Westen. Der Aufmarschplan des Heeres sah 10 Panzerdivisionen, 7 motorisierte Divisionen, 1 Kavallerie-Division und 117 Infanterie-Divisionen vor:

Nordabschnitt: Heeresgruppe B unter Generaloberst von Bock mit der 6. und 18. Armee, unterstützt durch die Luftflotte 2 unter General der Flieger Kesselring.

Mittelabschnitt: Heeresgruppe A unter Generaloberst von Rundstedt mit der 4., 12. und 16. Armee sowie der Panzergruppe Kleist, unterstützt durch die Luftflotte 3 unter General der Flieger Sperrle.

Südabschnitt: Heeresgruppe C unter Generaloberst Ritter von Leeb mit der 1. und 7. Armee.

Insgesamt standen den Heeresverbänden für die Nahaufklärung 34 Aufklärungsstaffeln (H) zur Verfügung

Das rasante Vordringen an der Westfront war begleitet von einer Vielzahl von Nahaufklärungseinsätzen. Am 13. Mai 1940 konnte die 4.(H)/31, zuständig für das XV. motorisierte Armeekorps unter General der Infanterie Hoth, das Überschreiten der Maas bei Dinant feststellen. Viele Einsätze für die Nahaufklärer gab es auch im Raum Sedan, wo Panzerverbände der Panzergruppe Kleist in schwere Gefechte mit französischen Verbänden verwickelt waren. Nachdem die Panzergruppe Kleist am 19. Mai Abbeville erreicht hatte, standen die Spitzen bereits am nächsten Tag an der Somme-Mündung. Damit waren alle belgischen, französischen und britischen Kräfte nördlich dieses Stoßkeils von den restlichen Streitkräften abgeschnitten.

Durch verstärkten Einsatz von Nahaufklärerverbänden – unter anderem der 4.(H)/21, 4.(H)/23 und 4.(H)/32 – verfügte die Heeresgruppe C über genaue Pläne der Maginot-Linie. Panzerverbände konnten die Front durchstoßen und befanden sich so im Rücken dieser viele Kilometer langen Befestigungsanlagen. Damit nahte auch das Ende des Westfeldzuges, das am 22. Juni 1940 durch Unterzeichnung des Waffenstillstandes durch die französische Regierung besiegelt wurde.

Der Bedarf an Nahaufklärungsflugzeugen stieg im Laufe des Krieges fortwährend an. Von den 137 Maschinen des Jahres 1939 stieg die Zahl der Henschel Hs 126 im Jahre 1940 auf über 360 Flugzeuge. Neue Aufklärungsflugzeuge wie zum Beispiel die Focke Wulf Fw 189 wurden bei der Truppe eingeführt.

Nahaufklärer erkundeten nun auch für die Panzerverbände des »Deutschen Afrika-Korps« in Libyen. So flogen

Diese Fw 189 D-OCHO war eine von vier Vorserienmaschinen dieses Typs.

In Libyen wurden nach und nach die Henschel-Hs-126-Aufklärer durch Messerschmitt Bf 109 F oder Me 110 F ersetzt. Das schwere Reihenbildgerät wird für einen weiteren Aufklärungsflug in die Maschine eingesetzt.

Henschel Hs 126-Flugzeuge des Nahaufklärerverbandes 2.(H)/14 in Nordafrika, wurden jedoch zu einem späteren Zeitpunkt durch Bf 109F oder Bf 110F ersetzt.

Doch bereits 1941, während des Einmarsches in die Sowjetunion, mussten durch den Einsatz moderner Jäger auf sowjetischer Seite und hochbewegliche Flak-Fahrzeuge erhebliche Verluste in Kauf genommen werden.

Die Fertigung der Hs 126 lief Ende 1942 aus. Aber auch das Hochfahren der Fw 189-Produktion – im Jahre 1941 auf über 250 Maschinen – konnte den Mangel an Aufklärungsgerät nicht ausgleichen. So entschloss sich der »General der Luftwaffe beim Oberbefehlshaber des Heeres« Ende 1942, die Nahaufklärerverbände mit Messerschmitt Bf 109 sowie Fw 190 auszurüsten. Die Bf 110C-Flugzeuge sollten als Fernaufklärer zum Einsatz kommen. In Jüteborg und Brieg wurden Flugzeugführer und ehemalige Beobachter, meist Offiziere des Heeres, zu Jagdfliegern ausgebildet.

Den Einsatz der Nahaufklärer-Verbände zusammen mit den jeweiligen Heeres- oder Panzergruppen regelten Verbindungsoffiziere, die so genannten »Kommandeure der Luftwaffe« (KOLUFT) oder »Gruppenführer der Flieger« (Grufl).

Die Luftaufklärung wurde Ende 1941/Anfang 1942 in großem Stil umorganisiert. So wurden die KOLUFT-Stäbe aufgelöst und die bisherigen Aufklärungsstaffeln (H) und (F) zu Nahaufklärergruppen (NAG) und Fernaufklärergruppen (FAG) umgewandelt. Diese wiederum erhielten ihre Einsatzbefehle nun direkt von den entsprechenden Luftwaffenverbänden. Als Beispiel einige Umbenennungen an der Ostfront:

Am besten für die Nahaufklärung geeignet schien diese exzentrische Konstruktion von Blohm & Voss: eine BV 141, die jedoch aus dem Erprobungsstadium nicht herauskam.

Umbenennung der Nahaufklärerstaffeln in Nahaufklärergruppen

Ostfront
Südabschnitt

Staffel:	Flugzeugtyp	NAG
1.(H)10	Hs 126	NAG 7
2.(H)10	Fw 189	NAG 10
4.(H)10	Hs 126	NAG 7
5.(H)11	Fw 189	NAG 1
1.(H)21	Fw 189	NAG 9
4.(H)31	Fw 189	NAG 8
2.(H)41	Fw 189	NAG 4
4.(H)41	Hs 126	ungeklärt
5.(H)41	Fw 189	NAG 14
6.(H)41	Fw 189	NAG 12
3.(H)12	Fw 189	NAG 16
5.(H)12	Hs 126	NAG 16
2.(H)32	Fw 189	NAG 14
7.(H)32	Fw 189	NAG 9
3.(H)13	Hs 126	NAG 8
4.(H)13	Hs 126	ungeklärt
5.(H)13	Hs 126	aufgelöst
3.(H)32	Hs 126	aufgelöst
4.(H)32	Hs 126	aufgelöst
6.(H)13	Fw 189	NAG 4
7.(H)13	Hs 126	NAG 6
1.(H)23	Hs 126	ungeklärt

Ostfront
Mittelabschnitt

Staffel:	Flugzeugtyp	NAG
1.(H)4	Fw 189	NAG 5
3.(H)21	Hs 126	NAG 2
1.(H)31	Fw 189	NAG 11
2.(H)31	Fw 189	NAG 10
1.(H)41	Hs 126	NAG 2
1.(H)12	Hs 126	NAG 15
2.(H)12	Hs 126	NAG 5
5.(H)32	Hs 126	NAG 10
6.(H)32	Hs 126	NAG 15
1.(H)13	Hs 126	NAG 11
2.(H)13	Fw 189	NAG 15
2.(H)23	Hs 126	NAG 2
?.(H)23	Hs 126	NAG 8
3.(H)14	Fw 189	NAG 3

Ostfront
Nordabschnitt

Staffel:	Flugzeugtyp	NAG
2.(H)21	Hs 126	NAG 13
3.(H)41	Hs 126	NAG 13
8.(H)32	-	aufgelöst

Eismeerfront

Staffel:	Flugzeugtyp	NAG
1.(H)32	Fw 189	AOK unterstellt

Der Verlust Stalingrads war symptomatisch für den weiteren Kriegsverlauf. An allen Fronten tobte der Abwehrkampf, und allerorts waren große Verluste zu verzeichnen, davon waren auch die Nahaufklärerverbände betroffen. Anfang 1943 wurde der Frontbogen bei Demjansk aufgegeben, am 08. Februar Kursk und am 16. Februar Charkow geräumt. In Afrika drängte die 8. englische Armee deutsch-italienische Verbände auf die Mareth-Linie zurück.

Mittlerweile kamen bei den Nahaufklärerverbänden die geforderten Bf-109-Maschinen zum Einsatz. Im südöstlichen Teil Englands wurden ab dem Jahre 1943 auch die schnellen Focke Wulf Fw 190 A-3/U4 eingesetzt.

Von den im Frühjahr 1942 aufgestellten 14 Nahaufklärergruppen existierten nur noch 12, denn NAG 7 und NAG 9 waren aufgelöst worden. Im Norden stand nur noch eine Staffel mit Fw 189, und am Nordflügel der Ostfront war die NAG 5 mit ihrer 1. und 2. Staffel im Einsatz. Bei der Heeresgruppe Mitte waren die NAG 1 mit einer Staffel Fw 189, die 2./NAG 3 mit Bf 109G, die NAG 4 mit drei Staffeln Bf 109G und einer Staffel Fw 189 im Dienst. Im Südabschnitt der Ostfront waren die 1./NAG 2, die 1. und 2./NAG 14 mit Bf 109G eingesetzt. Im Süd-Ost-Bereich flogen die 2./NAG 2 mit Bf 109G, die 3./NAG 2 mit Bf 110G, die NAG 12 und die 3./NAG 14 mit Bf 109G ihre Einsätze.

Mit dem Zurückdrängen der deutschen Truppen an allen Fronten, dem Rückzug aus Italien und dem Balkan rückte das Ende immer näher. Die 2./NAG 6 verfügte im April 1945 letztendlich nur noch über sieben Maschinen des Typs Messerschmitt Me 262 A1a/U3, die nach der Kapitulation allesamt den Amerikanern übergeben wurden.

Erste Hubschrauber

Für ein modernes Heer wurde die Luftbeweglichkeit immer vordringlicher und somit auch die Entwicklung eines flugplatzunabhängigen Gerätes, des Hubschraubers. Anton Flettner befasste sich seit 1926 mit dem Hubschrauberproblem und gründete 1935 in Berlin die Anton Flettner GmbH. Marine und Heer erkannten recht bald, dass es mit diesem Fluggerät sehr gut möglich war, Aufklärung zu fliegen oder gegebenenfalls Lasten zu transportieren. Heinrich Focke begann im Jahre 1930 ebenfalls auf dem Gebiet der Drehflügler zu arbeiten. Ab 1931 begann er in den Focke-Wulf-Werken mit dem Lizenznachbau des Tragschraubers Cierva C 19 und ab 1933 der C 30. Zusammen mit dem berühmten Kunstflugweltmeister Gerd Achgelis gründete er im Jahre 1937 die Focke, Achgelis & Co. GmbH in Delmenhorst, die nun zusammen mit der Flettner GmbH die Basis für die deutsche Hubschrauberentwicklung bildete.

Aus der Flettner-Tragschrauberentwicklung Fl 184 mit Erstflug im Dezember 1936 und der Fl 185 mit Erstflug 1938 entstand der erste Flettner-Hubschrauber mit zwei gegenläufigen ineinander kämmenden Rotoren: der Fl 265 mit Erstflug am 19. Mai 1939. Da sich hierbei das von Flettner angewandte System bewährt hatte, gab das RLM im Frühjahr 1940 grünes Licht zur Entwicklung eines leichten Beobachtungshubschraubers. Es entstand der einmotorige

Der geniale Konstrukteur Heinrich Focke mit dem Modell des Großhubschraubers Focke-Achgelis Fa 223 »Drache«.

Die Entwicklung der Focke-Achgelis Fa 61 begann im Jahre 1932. Ihre hervorragenden Leistungen wurden durch mehrere Weltrekorde unter Beweis gestellt.

Hubschrauber Fl 282 »Kolibri«, dessen Erstflug am 15. August 1941 erfolgreich durchgeführt wurde.

Insgesamt wurden 23 Fl 282 gebaut.

Bei der Focke-Achgelis GmbH setzte man auf das System mit gegenläufigen Rotoren, die auf Auslegern seitlich vom Rumpf angebracht und von einem Motor im Rumpf des Hubschraubers angetrieben wurden.

1932 begannen die Vorarbeiten zum Bau der Fw 61, die am 26. Juni 1936 den ersten echten Hubschrauberflug durchführte. Mit diesem Hubschrauber demonstrierte Hanna Reitsch in der geschlossenen Deutschlandhalle von Berlin seine hervorragenden Eigenschaften, anschließend wurden mit ihm in allen Disziplinen Weltbestleistungen erzielt. Mit dieser Maschine wurden bis 1939 von der FAI (Fédération Aéronautique Internationale = Internationaler Flugsport-Verband) eine Höhe von 3427 m, eine Flugzeit von 1 Stunde, 20 Minuten und 50 Sekunden sowie eine Geschwindigkeit von 122,553 km/h über 20 km offiziell bestätigt.

Die Basis dabei war ein umgebauter Fw-44-Stieglitz-Serienrumpf mit aufgesetztem T-Leitwerk. Die beiden dreiflügligen, gegenläufigen Rotoren waren auf Stahlrohr-Auslegern an den Seiten des Rumpfes gelagert. Als Antrieb diente ein Siemens-Sh-14A-Motor, der auch beim Stieglitz Verwendung fand und über eine Kardanwelle die beiden Rotoren antrieb.

Durch diese Erfolge wurde vor allem im RLM Interesse geweckt dieses Fluggerät nicht nur zur Aufklärung, sondern auch zum Transport von Soldaten und Material zu nutzen. 1938 begann die Entwicklung, aus der dann der Transporthubschrauber Fa 223 »Drache« entstand.

Hierbei handelte es sich ebenfalls um einen einmotorigen Transporthubschrauber mit zwei dreiflügligen, sich gegenläufig drehenden Rotoren mit einem Durchmesser von 12 m, die – auf Stahlrohr-Auslegern an den Seiten des Rumpfes gelagert – über Kardanwellen von einem BMW Bramo 323 »Fanfir« angetrieben wurden. Der Hubschrauber hatte eine Länge von 12,10 m und eine Höhe von 4,90 m. Die Besatzung bestand aus 2-3 Mann. Seine Reichweite wurde mit 700 km und seine Gipfelhöhe mit 7000 m angegeben. Die Dauergeschwindigkeit lag bei 120 km/h und die Höchstgeschwindigkeit bei 185 km/h.

Noch gefesselt führte der Prototyp Fa 223 V1 am 8. März 1940 seine ersten Starts durch. Nach einem Luftangriff am 4. Juli 1942 auf die FA-Werke in Hoykankamp wurde im Herbst die Produktion der Vorserienmaschinen V11 bis V50 nach Laupheim verlegt.

Anfang 1943 war das Großgerät serienreif, und es wurde ein Auftrag über 50 Maschinen erteilt.

Am 5. Februar 1943 nahm die erste in Laupheim produzierte Fa 223 V11 die Flugerprobung auf.

Vom 6. bis zum 23. September 1944 wurde mit der Fa 223 V16 die erste Gebirgserprobung eines Hubschraubers mit anschließender Gebirgseinsatzerprobung – bis zum 6. Oktober 1944 – in Mittenwald erfolgreich durchgeführt. Dabei wurden unter anderem ein leichtes Gebirgs-Infanterie-Geschütz 18 mit Munition und Verpflegung auf den Wörnergrat (1800 m) transportiert und Landungen in 2300 m Höhe durchgeführt. Damit wurde die truppendienstliche Verwendbarkeit dieses Fluggerätes zur Unterstützung der Gebirgstruppe unter Beweis gestellt. Heute ist ein modernes Heer ohne seine Hubschrauber unvorstellbar.

Die Produktionsvorbereitungen von 54 Maschinen wurden durch die Kriegsereignisse beeinflusst, sodass nur 12 Fa 223 in den Flugbetrieb gingen.

Am 09. Mai 1945 übernahmen die USA zwei unversehrte Fa 223 in Ainring und ließen sie von deutschen Besatzungen in Richtung Cherbourg überführen. Die Fa 223 S 51 schaffte diesen Flug wegen Materialermüdung nicht und wurde nach der Notlandung am 23. Mai 1945 – zerlegt und in Kisten verpackt – mit all dem anderen Beutegut auf

Mit diesem Hubschrauber, dem Fa 223 »Drache«, begann auch die Hochgebirgserprobung wie hier bei Mittenwald.

dem Flugzeugträger HMS *Reaper* in die USA nach Wright Field verschifft, dort aber nicht mehr zusammengebaut, sondern nur noch nach Baugruppen und Material technisch ausgewertet. Die zweite Fa 223 (V14) jedoch schaffte den Flug nach Cherbourg. Pilot Gerstenhauer führte damit am 6. September 1945 die erste Kanalüberquerung eines Hubschraubers sicher durch.

Am 3. Oktober 1945 kam es wegen Materialermüdung zum Flugunfall der Fa 223, wobei sie total zerstört wurde.

Feldmäßiger Zusammenbau.

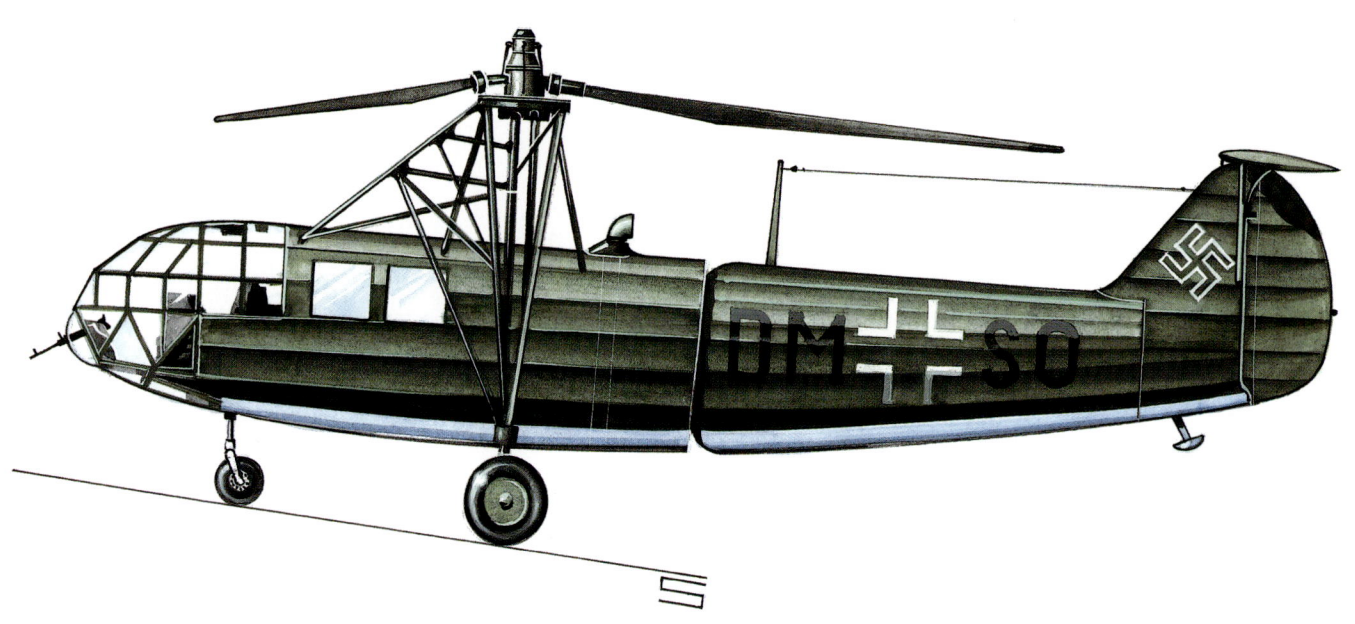

Focke-Achgelis Fa 223 V11 (DM+SO)

Neuaufbau der Heeresfliegertruppe

Die Heeresflieger – eine bewegte Geschichte

Der erste Heeresflieger: Oberst Horst Pape.

Nun, da im neuen Jahrtausend von der Bundeswehr vielfältige Aufgaben im nationalen wie internationalen Rahmen wahrzunehmen sind, muss sich das Gesicht ihrer Teilstreitkräfte auch deutlich wandeln. Die Heeresflieger bilden hier keine Ausnahme, sind sie doch eine der Truppengattungen, die durch das erweiterte Tätigkeitsfeld noch an Bedeutung gewinnen werden. Modernisierung gehört dazu – dies wird durch weiterhin forcierte Beschaffungsprogramme wie NH90 und Tiger, aber auch durch eine Anpassung der Struktur dokumentiert. Leider heißt Anpassung der Struktur unter anderem auch Schließung von Standorten und Auflösung von Regimentern. Das bedeutet für den fliegenden Teil des Heeres eine weitere große Herausforderung. Betrachtet man jedoch die bewegte Geschichte der Heeresflieger, so wird deutlich, dass schon oft außergewöhnliche Anforderungen gestellt und bemerkenswert gut gemeistert wurden.

Turbulente Anfangszeit

Am Anfang dieser heute so bedeutenden Truppengattung stand die Ernennung des Luftwaffensoldaten Oberstleutnant i.G. Horst Pape am 22. November 1954 zum »Berater des Heeres für Fragen der Heeresflieger«.

Horst Pape wurde am 24. September 1907 in Königsberg/Ostpreußen geboren und absolvierte 1926 an der Verkehrsfliegerschule die Ausbildung zum Flugzeugführer. Ab 1929 erhielt er an der getarnten Militär-Fliegerschule in Lipezk in der Sowjetunion die Ausbildung zum Jagdflieger. Es folgte eine Zeit als Fluglehrer, und bei Beginn des Krieges war er in verschiedenen Bereichen der neuen deutschen Luftwaffe eingesetzt. Nachdem er von November

1940 bis September 1941 in Berlin die Luftkriegsakademie besucht hatte, führte ihn sein Weg in verschiedene Generalstäbe – somit hatte er keine Fronteinsätze zu durchlaufen. Auch nach dem Kriege interessierte ihn die militärische Fliegerei weiter, und so nutzte er die Chance, in dieser Richtung wieder tätig zu werden. Angesiedelt im so genannten »Amt Blank«, dem Vorläufer des heutigen Verteidigungsministeriums, wechselte er schließlich von der Luftwaffe zum Heer und wurde erster Heeresflieger. Kurz darauf erhielt er Unterstützung durch Major Ebeling, der die erste Vorschrift – »Einsatz und Führung der Heeresflieger« – ausarbeitete. Als Mitte des Jahres 1955 General Heusinger offiziell anordnete, dass Heeresflieger aufzustellen seien, konnten konkrete Planungen beginnen. Organisatorische Folge war das Herauslösen von Pape und Ebeling aus dem Amt Blank und die Gründung des Referats Heeresflieger (später: Abteilung Heeresflieger) im Truppenamt in Köln. Künftige Heeresflieger sollten organisatorisch in Heeresverbände eingegliedert sein, da sie im Ernstfall im engen Zusammenspiel mit Bodeneinheiten zum Einsatz kommen sollten. Die Verbände im Einzelnen:

- Ein Heeresfliegerkommando
- Zwei Heeresflieger-Verbindungsstaffeln (für die Heeresführung)
- Acht Heeresflieger-Aufklärungsstaffeln (Heerestruppe)
- Sechs Heeresflieger-Aufklärungsstaffeln (Panzerdivision)
- Sechs Heeresflieger-Aufklärungsstaffeln (Panzergrenadierdivision)
- Drei Heeresflieger-Aufklärungsstaffeln (Panzerbrigade)
- Zwei Heeresflieger-Aufklärungsstaffeln (Gebirgsdivision)
- Zwölf Heeresflieger-Transportstaffeln
- Sechs Heeresflieger-Versorgungskompanien
- 43 Flugplatzkommandos (H)

Neben Transport- und Verbindung sollte vor allem die Nahaufklärung Aufgabenschwerpunkt der Heeresflieger sein. Dies zeigt deutlich, dass die neuen Heeresflieger ihr Vorbild in den ebenfalls dem Heer unterstellten Luftwaffen-Nahaufklärern des Zweiten Weltkrieges sahen. Für die Ausrüstung wurde Folgendes vorgesehen:

- Heeresfliegerkommando: 2 einmotorige Reiseflugzeuge; 2 zweimotorige Reiseflugzeuge
- Heeresflieger-Verbindungsstaffeln: 6 einmotorige Reiseflugzeuge; 6 zweimotorige Reiseflugzeuge; 4 leichte Hubschrauber
- Heeresflieger-Aufklärungsstaffeln: 14 Dornier Do 27; 7 leichte Hubschrauber
- Heeresflieger-Transportstaffeln: 21 Transporthubschrauber

Es war geplant, Heeresfliegerverbände mit einer respektablen Truppe von 428 Offizieren, 3053 Unteroffizieren und 3097 Mannschaften aufzustellen.

Im Verlauf des Jahres 1956 erhielten die ersten vormaligen Luftwaffenoffiziere ihre fliegerische Ausbildung, um

Zur Erstausstattung der Heeresflieger gehörte auch die Dornier Do 27; insgesamt 225 Maschinen gingen an die verschiedensten Staffeln.

Dornier Do 27

anschließend als Ausbilder tätig zu werden. Diese erfolgte zunächst in Fort Rucker/Alabama (Hubschrauberausbildung) und auf der Gary Air Force Base/Texas (Flugzeugausbildung). Mittlerweile war die Planung überarbeitet und folgende Einheiten sollten nun endgültig zur Aufstellung kommen:
- 1 Heeresflieger-Kommando
- 12 Heeresfliegerstaffeln (auf Divisionsebene)
- 8 Heeresfliegerstaffeln (auf Korpsebene)
- 2 Heeresfliegerstaffeln (für die Heeresgruppe)
- 12 Heeresflieger-Transportstaffeln
- 6 Heeresflieger-Versorgungs- und Ersatzteilkompanien
- 40 Flugplatz-Kommandos (H)

Angepeilt war ein Luftfahrzeugbestand von rund 380 Flugzeugen und 430 Hubschraubern. Am 18. September 1956 war es dann endlich so weit: Das erste Flugplatzkommando wurde gebildet. Vorgesehen war dafür Bad Kreuznach, da dort jedoch weder Unterkunftsmöglichkeiten noch ein Flugplatz zur Verfügung standen, änderte man am 12. Dezember desselben Jahres den Aufstellungsbefehl. Neuer und endgültiger Standort des Flugplatzkommandos 841 (H) war das Flugfeld in Niedermendig, westlich von Koblenz. Zügig begann der Aufbau, und schon am 07. Januar 1957 konnte der Flugplatz offiziell von den Franzosen übernommen werden. Kurz darauf, am 19. Februar 1957, erfolgte ein weiterer wichtiger Befehl des BMVg, der die Aufstellung des Heeresfliegerkommandos 801 zum Inhalt hatte (alle Einheiten der Heeresflieger sollten anfangs Einheitsbezeichnungen mit 8 beginnend erhalten, dies wurde aber schon kurze Zeit später wieder fallen gelassen). Als Standort für diesen obersten Heeresfliegerverband war ebenfalls Niedermendig vorgesehen. Sein erster Kommandeur wurde Oberst Adolf Häring, sein Stellvertreter Major Kuno Ebeling.

Oberst Häring, 1903 in Babenhausen bei Tübingen geboren, begann 1934 als Hauptmann seine Flugzeugführerausbildung und besuchte anschließend die Luftkriegsakademie in Berlin. Bei Beginn des Krieges war er in verschiedenen Stäben tätig, auch während des Krieges war er überwiegend in Generalstäben eingesetzt.

In schneller Folge ging der Aufbau der Heeresflieger voran: Im Juni 1957 wird die Heeresflieger-Versorgungs- und Ersatzteilkompanie 834 geboren, es folgen auf dem zweitem Heeresflugplatz in Fritzlar/Oberhessen die Flugplatzkommandos (H) 842 im Juli, 844 im Juli und 845 im September 1957. Auch die ersten Fliegenden Staffeln entstehen in diesen Monaten: Heeresfliegerstaffel 811 (Niedermendig), Heeresfliegerstaffel 812, 813 und Heeresfliegertransportstaffel 822 (Fritzlar). Ein weiteres Flugfeld, Celle bei Hannover, wird ebenfalls von den Heeresfliegern übernommen, dort wachsen im Oktober 1957 die Flugplatzkommandos (H) 846, 847 und 848 auf. Sie sind verantwortlich für die nachfolgend ebenfalls in Celle aufgestellten fliegenden Einheiten: Heeresfliegerstaffel 814, Heeresfliegerstaffel 815 und Heeresfliegertransportstaffel 823. Zum Teil sollen diese Einheiten baldmöglichst auf neue Standorte verlegen.

Parallel dazu erfolgte die Planung der Flugzeug- und Hubschrauberbeschaffung. Der Einsatz der Dornier Do 27 stand schon relativ früh fest. Im Februar 1957 beauftragte man den süddeutschen Flugzeughersteller, 428 Do 27 zu liefern, von denen 225 für die Heeresflieger bestimmt waren. Die Maschinen standen relativ schnell zur Verfügung und gehörten zur Erstausrüstung der Staffeln 811, 812 und 813. Da man bezüglich geeigneter Hubschraubertypen zum einen noch keine Erfahrungen hatte, andererseits aber eine breite Palette verschiedenster Typen im Angebot war, wurde beschlossen, erst einmal eine Anzahl unterschiedlichster Typen anzuschaffen und eingehend zu prüfen. So bestellte die Bundeswehr im Herbst 1956 14 amerikanische Bell 47G-2 (acht davon für die Luftwaffe), sechs französische Sud-Ouest SO.1221 Djinn, zehn Saunders-Roe Skeeter Mark 6 (vier für die Marine), 26 Transporthubschrauber Sikorsky S-58 (H-34, davon fünf für die Luftwaffe) und 31 Transporthubschrauber Vertol V-43 (H-21, davon fünf für die Luftwaffe). Bei den drei leichten Hubschraubern wurde man beim anschließenden Test allerdings enttäuscht, denn keiner der Typen erfüllte die Erwartungen der Heeresflieger. In erster Line wurde ein idealer Typ für Verbindungs-, Beobachtungs- und leichte Transportaufgaben gesucht. Vor allem Reichweite, Zuladung, Rundumsicht und Zuverlässigkeit waren wichtige Beurteilungskriterien. Hierbei fiel zum Beispiel der britische Skeeter komplett durch. Seine Motorleistung war so gering, das er, mit zwei Personen besetzt, an heißen Tagen gar nicht starten konnte. Die Erprobung der zwischen Mai und Dezember 1958 gelieferten Skeeter erfolgte zuerst bei der HFlgStff 813 in Fritzlar und anschließend bei der HFlgStff 814 in Celle. Die sechs sowie weitere vier Skeeter der Marineflieger wurden 1961 an Portugal verschenkt, dessen Luftwaffe den Typ noch weniger betreiben konnte und ihn sehr schnell aussonderte.

Auch die mit neuartiger Technik ausgestattete Sud-Ouest SO.1221 Djinn brachte keinen Erfolg. Bei diesem Drehflügler mit Turbinenantrieb wurden die Rotorblattenden mit Hilfe von Düsen in Bewegung versetzt – somit konnte man auf den Heckrotor verzichten. Getestet wurden die Maschi-

Landung einer Vertol V-43. Dieser Typ wurde von den Heeresfliegern 26-mal beschafft, doch zu einem Großauftrag kam es nicht.

nen von November 1957 an bei der Heeresfliegerstaffel 812 in Fritzlar und später auch bei der HFlgStff 811 in Niedermendig. Auch dieser Hubschrauber war nicht überzeugend. Mit der ungenügenden Reichweite von nur 180 km schied er auch schon bald aus dem Rennen. Nachdem zwei Maschinen auch noch abstürzten, musterte man die restlichen vier im Dezember 1960 aus.

Einige Piloten der Heeresflieger hatten bereits bei ihrer Ausbildung in den USA die Bell 47G-2 kennen gelernt. Die sechs gelieferten Exemplare wurden bei der HFlgStff 811 in Niedermendig erprobt. Obwohl der Hubschrauber gutmütig im Flugverhalten und relativ zuverlässig war, zusätzlich über optimale Sichtmöglichkeiten verfügte, konnte er nicht richtig begeistern. Vor allem die geringe Reichweite von nur 200 km wurde als unzureichend empfunden, und so kam es den Heeresfliegern gerade recht, dass sie die

Die französische Sud-Ouest SO »Djinn«. 1221. Dieser Typ konnte sich bei den Heeresfliegern nicht durchsetzten.

Ein weiteres Muster der ersten Jahre war die Bell 47G-2. Als Verbindungshubschrauber setzte sich die Maschine allerdings nicht durch, aus diesem Grund übernahm die Luftwaffe alle Bell der Heeresflieger für deren Hubschrauberführerschule.

Neben der Vertol V-43 wurde die Sikorsky H-34G als Transporthubschrauber getestet. Letztlich machte sie das Rennen und wurde in größerer Stückzahl für alle drei Teilstreitkräfte beschafft.

verbleibenden Maschinen (eine stürzte ab) schon 1959 an die Luftwaffe zur Flugzeugführerschule »S« abgeben konnten. Hier fand die zentrale Hubschrauberausbildung für alle Teilstreitkräfte der Bundeswehr statt, und diese Rolle passte sehr viel besser zur zierlichen Bell 47G-2. Noch bis Anfang der 70er-Jahre verblieb sie im Dienste der Ausbildung.

Derart ernüchtert, erweiterten die Heeresflieger den Wettbewerb und untersuchten Anfang 1959 zusätzlich die britische Westland Widgeon, die Augusta Bell 47 Ranger (Weiterentwicklung der Bell 47G-2) und die Sud Aviation SE. 3130 Alouette II. Schon bei den ersten Flügen mit der Alouette II war man begeistert. Dieser leichte Hubschrauber der zweiten Generation bot deutliche Vorteile gegenüber allen anderen Mustern. Er hatte mit etwa 800 km die vierfache Reichweite und verfügte zudem über insgesamt fünf Sitzplätze. Weiterhin war die Sicht aus dem Cockpit überragend und die Handhabung einfach und zuverlässig.

Vier »Skeeter« der britischen Firma Saunders-Roe.

Die Sud-Aviation SE.3130 Alouette II erwies sich als optimaler Verbindungs- und Beobachtungshubschrauber: Insgesamt wurden 247 beschafft.

Mit einer zusätzlich beschafften Vertol V-44B wurden diverse Tests durchgeführt, dazu gehörten auch Wasserstarts- und Landungen.

Schon im März 1959 wurde folglich ein Kaufvertrag mit Sud Aviation über 130 Alouette II unterzeichnet und später auf 247 Hubschrauber erweitert.

Doch für die Transportaufgabe musste ebenfalls geeignetes Gerät gefunden werden. Auch hier sollte ein ausführlicher Test eindeutige Aussagen ermöglichen. Zwei Muster schienen besonders geeignet; die doppelrotorige Piasecki (später Vertol) H-21C (V-43) Shawnee und die Sikorsky S 58 H-34G Choctaw. Von beiden Mustern wurden je 26 Stück geordert, wobei die Heeresfliegertransportstaffel 822 in Fritzlar die H-21C und die Heeresfliegertransportstaffel 823 in Celle die H-34G erhielt. Der anschließende Vergleich beider Typen brachte leichte Vorteile für Sikorskys H-34. Beide Muster wurden durch denselben Kolbenmotortyp Wright R-1820 angetrieben, der Doppelrotor und entsprechende Anbauteile sowie die Antriebswellen der H-21 hatten jedoch ein höheres Leergewicht des Hubschraubers zur Folge. Insgesamt verfügte er also über eine geringere effektive Leistung und damit eine kleinere Transportkapazität im Vergleich zur H-34. Weiterhin wurde die kleine Laderaumklappe bemängelt, die ein Beladen mit sperrigem Gerät ausschloss. Auf der anderen Seite zeigte sich die Handhabung der H-21 gutmütiger, gerade der Transport von Außenlasten war deutlich einfacher, da mit dem Doppelrotor der Schwerpunkt einfach zu korrigieren war. Trotzdem hatte die H-34 am Ende die Nase vorn, da sie sich als wendiger, schneller und unkomplizierter im Betrieb erwies.

Die Bundeswehr orderte für ihre drei Teilstreitkräfte 145 H-34G in den Versionen I bis III, von denen 96 an die Heeresflieger gingen. Neben der Transportstaffel in Celle (später verlegt nach Rheine-Bentlage und Teil des HFlgBtl 100) erhielten folgende Einheiten die H-34: HFlgStff (G) 8 in Oberschleißheim, HFlgStff 6 in Itzehoe, HFlgBtl 12 in Niederstetten, HFlgBtl 200 in Laupheim und die Heeresfliegerwaffenschule in Bückeburg. Doch auch die H-21 verblieben bei der Truppe. Sie war noch bei der Heeresfliegertransportstaffel (Lehr) 303 in Niedermendig und bei der Heeresfliegertransportstaffel (San) 855 in Bückeburg eingesetzt und schließlich bis zur Ausmusterung im Dezember 1972 beim HFlgBtl 300 in Niedermendig konzentriert.

Nachdem nun die ersten aktiven Verbände aufgestellt worden waren, ging das Suchen und Vorbereiten neuer

Grenadiere vor einer Verlegung mit einer Vertol V-43 der Heeresfliegertransportstaffel (Leber) 303.

Standorte weiter. Oberschleißheim bei München – mit langer Tradition in der deutschen Luftfahrt – wurde im April 1958 Heimatflugplatz der Heeresfliegerstaffel 1, die aus der HFlgStff 815 in Celle hervorgegangen war und schon im März 1959 in Heeresfliegerstaffel 8 (Gebirge) umbenannt wurde. Sie fungierte als fliegende Komponente der 1. Gebirgsdivision. Es hatte sich inzwischen schon als wenig sinnvoll erwiesen, selbstständige Flugplatzkommandos zu unterhalten, und so gliederte man diese als so genannte »Versorgungs-Gruppen« mit in die Staffeln ein.

Als nächste Stadt durfte Rotenburg an der Wümme in Norddeutschland Heeresflieger begrüßen. Auf dem dortigen Fluggelände der ehemaligen Luftwaffe waren unter anderem Nachtjäger stationiert gewesen. Hier gründete man im Oktober 1958 die Heeresfliegerstaffel 3 und die Heeresflieger-Instandsetzungsstaffel 109.

Es folgte, ebenfalls im nördlichen Teil der Bundesrepublik gelegen, der Standort Itzehoe (Hohenlockstedt). Hier siedelte sich im November 1958 die ehemals in Celle aufgestellte Staffel 814 an, die schon kurz darauf in Heeresfliegerstaffel 6 umbenannt wurde. Der Standort wird oftmals auch »Hungriger Wolf« genannt: So nämlich heißt eine nahe gelegen Siedlung, auf deren Gelände anfangs das Barackenlager der Staffelangehörigen stand.

Mittlerweile konnten mit den in schneller Folge ausgelieferten Do 27-Maschinen der Flugbetrieb durchgeführt und somit die Bodentruppen unterstützt werden. Zu dieser Zeit befand sich noch ein weiterer Flugzeugtyp in den Reihen der Heeresflieger: Die Hunting (Percival) P.66 Pembroke, von der Bundeswehr für alle drei Teilstreitkräfte 33 mal beschafft, war bei den Fliegern des Heeres als schweres Transport- und Verbindungsflugzeug größerer Reichweite im Einsatz. Die erste Maschine, mit verglastem Bug ausgestattet, traf am 28. März 1958 ein. Es folgten noch im selben Jahr drei weitere, die dann bei der Heeresfliegertransportstaffel 822 (Fritzlar) und Heeresfliegertransportstaffel 823 (Celle) Dienst taten. Doch die Pembrokes hatten nur ein sehr kurzes Gastspiel bei den Heeresfliegern: Zwei Maschinen gingen Anfang der 60er-Jahre an den Flugvermessungsdienst der Luftwaffe, und die restlichen zwei fanden ihren Weg zur Flugbereitschaft BMVg.

Heeresstruktur 1

Durch die neue NATO-Doktrin der »massiven Vergeltung« kamen auch auf die deutschen Streitkräfte deutliche Veränderungen zu. Für das Heer erwuchs die Aufgabe, taktische Verbände im Hinterland zu schützen, die dann Gegenschläge ausführen sollten. Mit dem sich anschließenden

Diese Sikorsky H-34G der Heeresfliegerwaffenschule wurde für Schwimmertest verwendet.

Alouette II

Konzept, das 1958 in die Heeresstruktur 1 mündete, wurden die Heeresflieger weiter aufgewertet. Man strebte eine direkte Unterstellung der Heeresflieger unter die einzelnen Heereskorps (I-IV) an, weiterhin sollte jede Division über eine eigene Heeresfliegerstaffel verfügen. Konkret wurde 1959 die zentrale Führungsspitze der Heeresflieger, das Heeresfliegerkommando 801, aufgelöst und stattdessen als oberste Führungsebene für das III. Korps das Korps-Heeresfliegerkommando 3 (Kommandeur Oberst Stümke) in Koblenz aufgestellt. Ihm folgten in kurzen Abständen das Korps-Heeresfliegerkommando 1 (Kommandeur Oberst Pape) in Münster und das Korps-Heeresfliegerkommando 2 in Ulm (Kommandeur Oberst Häring).

Fachlich führte man die Heeresflieger weiterhin im Truppenamt in Köln. Oberst Bern von Baer wurde als Abteilungsleiter Heeresflieger/Luftlandetruppen erster Inspizient dieser Truppengattungen und durch seine spätere Ernennung zum Brigadegeneral deren erster General. Von Baer, ein mit Eichenlaub zum Ritterkreuz ausgezeichneter ehemaliger Oberst i.G., war schon während des Zweiten Weltkrieges Fallschirmjäger. Die fachliche Führung der Heeresflieger, dem General der Führungstruppen unterstellt, war zu dieser Zeit noch mit den Fallschirmjägern zusammengelegt. Die ungleiche Interessenlage führte jedoch zum Konflikt, da sich natürlich die Bedürfnisse der Heeresflieger deutlich von denen der Fallschirmjäger unterschieden. Natürlich war man nicht begeistert, dass die ersten fachlichen Führer eigentlich Fallschirmjäger waren. Auch wenn dieser Umstand längst beseitigt ist, kann man noch heute am weinroten Barett der Heeresflieger, die traditionelle Farbe der Fallschirmjäger, diese ehemalige Verbindung erkennen.

Die Heeresfliegerwaffenschule entsteht

Schon bald zeigte sich, dass eine so spezialisierte Truppengattung auch über eine eigene Schulungseinrichtung verfügen sollte. Die Ausbildung der Hubschrauberführer und Techniker wurde bis dato von der Luftwaffe durchgeführt; doch diese war naturgemäß nicht geeignet, die speziellen Anforderungen der Heeresflieger im Zusammenspiel mit den Bodentruppen zu vermitteln. Eine umfassende Weiterbildung im Verband war wichtig, aber sehr zeit- und flugstundenintensiv. Zusätzlich ergab sich die Notwendigkeit, Truppenversuche durchzuführen und maßgeschneiderte Vorschriften zentral zu erstellen und gegebenenfalls anzupassen. Die in Niedermendig ansässige HFlgStff 811 wurde zur Heeresfliegerversuchsgruppe 58 ausgebaut. Aus der Versuchsgruppe entstanden schon kurz darauf zwei Heeresfliegerlehrstaffeln und zwar die HFlg(L)Stff 51 (für Verbindungshubschrauber) und die HFlgTrsp(L)Stff 327 (kurz darauf HFlgTrsp(L)Stff 303, für Transporthubschrauber), die dann auch in der Lage waren, Ausbildungsanforderungen abzudecken. Trotzdem blieb diese Lösung Stückwerk, und der Wunsch nach einer zentralen Einrichtung bestand fort. So kam es dann zu dem Beschluss, eine eigene Schule zu etablieren, die dann am 01. Juli 1959 in Niedermendig unter ihrem ersten Kommandeur Oberstleutnant Kuno Ebeling gegründet wurde. Ebeling, ein Heeresflieger der ersten Stunde, wurde am 11. Mai 1915 in Deutsch-Südwestafrika geboren. In Deutschland besuchte er schon früh die Infanterieschule Dresden, wechselte dann aber zur Luftwaffe und erhielt dort eine Flugzeugführerschulung. Nach deren Abschluss wechselte der junge Leutnant zu einer Nahaufklä-

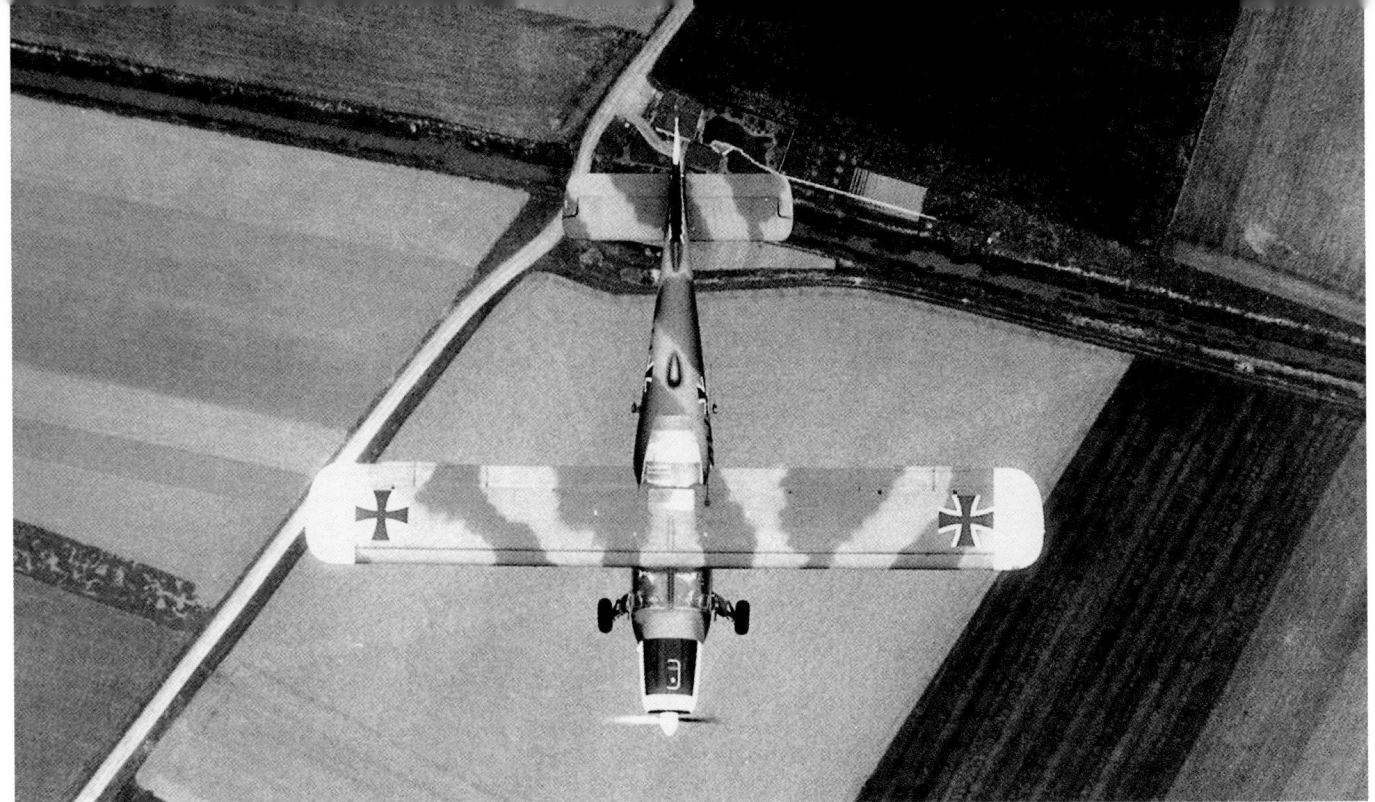

Zur Anfangsausrüstung der Heeresfliegerwaffenschule gehörten unter anderem auch Do-27-Flugzeuge.

Zwei H-34 der HFlgWaS während einer Übung mit Pionieren.

Die Alouette gehörte von Anfang an zur Heeresfliegerwaffenschule. Auch an diesem Muster wurden Schwimmer erprobt.

rergruppe und wurde anschließend Lehrer auf der Luftkriegsschule in Dresden. Während des Krieges war er im Stab als Taktiklehrer tätig, später wurde er Staffelkapitän und dann Kommandeur eines Nahaufklärerverbandes. Zum Schluss kommandierte er die Nahaufklärerschule und das JG 105 in Brieg an der Oder und ging bei Ende des Krieges in amerikanische Gefangenschaft.

Der Schulbetrieb der so genannten »Heeresfliegerwaffenschule« begann in einem sehr bescheidenen Rahmen mit nur wenig Personal, in alten Gebäuden und ohne eigenes Fluggerät. Doch schon im Januar 1960 war Besserung in Sicht, denn die Schule sowie die ihr anschließend zugeteilte Heeresfliegerlehrstaffel 51 verlegte auf den recht neuen Flugplatz Achum bei Bückeburg. Dieser Platz wurde von der Royal Air Force angelegt und unter anderem während der Berliner Luftbrücke intensiv genutzt. Der erste Heeresfliegerverband vor Ort war die schon erwähnte, in Fritzlar aufgestellte Heeresfliegertransportstaffel 822, die anschließend in Heeresfliegertransportstaffel 102 umbenannt wurde. Weiterhin war die Heeresfliegerstaffel 3 im September 1958 in Bückeburg (Verlegung im April 1959 nach Celle) aufgestellt worden. Nochmals verstärkt wurde die Schule von der aus Celle kommenden Heeresfliegertransport-Sanitätsstaffel 855. Diese Staffel, unter Führung des späteren Generals der Heeresflieger Dr. Tiedgen, war personell komplett aufgestellt, verfügte jedoch über keine Luftfahrzeuge.

Die Staffel gab ihre Sanitätstransportaufgaben ab und wurde zur Lehrstaffel der Schule.

Anfangs beschränkten sich die Aufgaben der Heeresfliegerwaffenschule auf fliegerische Lehrgänge wie zum Beispiel die Hubschrauberführer-Grundausbildung, Transport-Hubschrauberführerausbildung, Ausbildung auf Do 27 sowie Beobachter- und fliegertaktische Ausbildung. Durch den großen Bedarf an neuen Hubschrauber- und Flugzeugführern bekam allerdings auch weiterhin ein Teil der angehenden Piloten seine Schulung in den USA oder bei der Luftwaffe in Faßberg. Erst später, im April 1963, kamen dann auch allgemeinmilitärische Lehrgänge und Führerausbildung dazu. Dieser Zweig der Heeresfliegerwaffenschule wurde in der bekannten Bückeburger Jägerkaserne untergebracht.

Der Aufbau wurde weiter forciert und dadurch die Suche nach neuen Standorten vordringlich. Der Nächste passende fand sich in Rheine/Nordrhein-Westfalen. Nach dem Bau moderner Flugplatz- und Kasernenanlagen konnte die offizielle Einweihung 1960 stattfinden. Kurz darauf folgte die Aufstellung dreier Heeresfliegerstaffeln mit den Bezeichnungen HFlgStff 7, HFlgStff 10 und HFlgStff 101. Von diesen verblieb längerfristig nur die HFlgStff 101 in Rheine, die HFlgStff 7 verlegte im Juli 1961 nach Celle und die HFlgStff 10 auf den ebenfalls neuen Flugplatz Niederstetten, 60 km südlich Würzburg gelegen. Vor der Übernahme durch die Heeresflieger wurde der ehemalige Luftwaffen-Flugplatz praktisch neu erbaut, und so standen dort modernste Anlagen zur Verfügung.

Nicht weit von Niederstetten, in Roth bei Nürnberg, wurde ebenfalls kräftig an einem Flugfeld für die Heeresflieger gearbeitet. Am 01. Oktober 1961 war es dann so weit: Die erste fliegende Einheit, die Heeresfliegerstaffel 4, verlegte von Fritzlar mit der Alouette II nach Roth und nahm dort den Betrieb auf. Schon kurz darauf verfügte die zur 4. Panzergrandierdivision gehörende Einheit über ihre Sollstärke bestehend aus 12 Dornier Do 27 und 12 Alouette II.

Einen zusätzlichen Stützpunkt konnten die Flieger des Heeres im malerischen Hildesheim gewinnen. Nach dem Krieg wurde der Platz von einem englischen Heeresfliegerverband genutzt, dann folgte aus Celle kommend die Heeresfliegerstaffel 1.

In nur wenigen Jahren waren aus dem Nichts in ganz Deutschland Heeresflugplätze und viele Fliegende wie Unterstützende Staffeln entstanden. Nach der turbulenten Anfangszeit folgte schon bald die Neuausrichtung der Heeresstruktur, noch bevor sich diese junge Truppengattung festigen konnte. Doch auch diese mühsam erreichte Gliederung war nur von sehr kurzer Dauer, denn Neuigkeiten kündigten sich bereits an.

Massenstart: Einige H-34G des Heeresfliegerbataillons 200 aus Laupheim in der Lüneburger Heide.

Heeresstruktur 2

Die Bedrohung des westlichen Bündnisses durch die Anfang der 60er-Jahre eingeführten taktischen Atomwaffen des Warschauer Paktes war immens. Als Konsequenz daraus sollten die Einheiten des Heeres noch beweglicher werden, was den Transportbedarf der Heeresflieger enorm erhöhte. Mit der vorhandenen Struktur war dies nicht zu schaffen, und so mussten neue Lösungen gefunden werden. Diese sahen dann so aus, dass alle Fliegenden Staffeln zu Bataillonen aufgestockt werden sollten. Ziel war, vormalige Divisionsstaffeln mit einer und alle Korpseinheiten mit zwei zusätzlichen Transportstaffeln auszurüsten. Natürlich erforderte dies deutlich mehr Personal und auch zusätzliches Fluggerät, das in so kurzer Zeit nicht zu beschaffen war. Den Anfang dieser Umgliederung machte Ende 1961 in Rheine/Bentlage die Heeresfliegerstaffel 101, anschließend als Heeresfliegerbataillon 100 (I. Korps) bezeichnet. Es folgte die in Niederstetten beheimatete Heeresfliegerstaffel 10, die zum Heeresfliegerbataillon 10 (10. PzGrenDiv) umgewandelt wurde. Nur langsam ging dieser Prozess weiter:

- Heeresfliegerbataillon 6 (6. PzGrenDiv) in Itzehoe im Oktober 1962
- Heeresfliegerbataillon 300 (III. Korps) in Niedermendig im November 1962
- Heeresfliegerbataillon 1 (1. PzGrenDiv) in Hildesheim im Januar 1964
- Heeresfliegerbataillon 4 (4. PzGrenDiv) in Roth im März 1964
- Heeresfliegerbataillon 200 (II. Korps) in Laupheim im April 1964
- Heeresfliegerbataillon 11 (11. PzGrenDiv) in Celle im Oktober 1964
- Heeresfliegerbataillon 2 (2. PzGrenDiv) in Fritzlar im Oktober 1966
- Heeresfliegerbataillon 10 (10. PzGrenDiv) in Neuhausen ob Eck im Januar 1967
- Heeresfliegerbataillon 7 (7. PzGrenDiv) in Celle im Mai 1968
- Heeresfliegerbataillon (G) 8 (1. GebDiv) in Oberschleißheim im Januar 1969
- Heeresfliegerbataillon 5 (5. PzDiv) in Niedermendig und Fritzlar im Oktober 1969

Wegen der Personal- und Materialknappheit zog sich die Realisierung, wie an den Aufstellungsdaten zu sehen ist,

Teamwork: Gemeinsamer Einsatz mit Bodentruppen.

sehr in die Länge. So wurde die 3. Heeresfliegerstaffel (3. PzDiv) nicht mehr zum Bataillon umgegliedert, da ab 1971 schon neue Pläne für die Heeresflieger vorlagen.

Ein für die Heeresflieger sehr prägendes Ereignis war die Sturmflutkatastrophe 1962 in Hamburg und Ostfriesland, die den bis dato größten Hubschraubereinsatz zur Folge hatte. In den Tagen zwischen dem 17. und 20. Februar flogen die Besatzungen 2328 Rettungseinsätze trotz Sturm und widrigstem Wetter, die Flüge normalerweise ausgeschlossen hätten. Dabei konnten die rund um die Uhr operierenden Hubschrauber in zum Teil waghalsigen Situationen 1100 Personen aus Lebensgefahr befreien und über 900 Tonnen Hilfsgüter an Bedürftige verteilen.

Um die anvisierte Truppenstärke auch erreichen zu können, waren weitere Standorte und Flugplätze notwendig: Laupheim bei Ulm, im Zweiten Weltkrieg Bau- und Ver-

Sikorsky H-34 GII

Eine Bell UH-1D der Vorserie noch – übergangsweise – mit US-Markierung. Diese Maschine ging später an die Erprobungsstelle 61 in Manching.

Abschied nehmen fällt schwer. Obwohl nur zweite Wahl, flog die V-43 (H-21), liebevoll »Banane« oder auch »Bimskuh« genannt, noch lange beim Heeresfliegerbataillon 300 in Mendig. Am 08. Dezember 1972 schließlich absolvierte sie ihren letzten Flug.

Eine für die Heeresflieger sehr interessante Maschine stellte die Grumman OV-10 Mohawk dar. Vor allem Gefechtsfeldaufklärung sollte mit ihr durchgeführt werden. Letztlich wurde sie aber doch nicht beschafft.

Viele Hubschraubertypen wurden von den Heeresfliegern auf ihre Verwendbarkeit getestet, darunter auch zwei Sikorsky S 64 »Fliegender Kran«, die von VFW endmontiert worden waren. Der Typ setzte sich jedoch nicht durch.

suchsort der bekannten Focke-Achgelis-Hubschrauber, wurde Anfang 1964 Heeresfliegerstandort. Prädestiniert durch die Nähe zu Ulm, Residenz des II. Korps, verlegte das Heeresfliegerbataillon 200 im April 1964 nach Laupheim. Zwei Jahre später nahm man den Heeresflugplatz Neuhausen ob Eck, ebenfalls im Süden der Republik gelegen, in Betrieb. Dorthin verlegte im Oktober 1966 von Friedrichshafen die Heeresfliegerstaffel 10 – kurz darauf Heeresfliegerbataillon 10.

In die Zeit der 2. Heeresstruktur fiel unter anderem die Auswahl und Beschaffung des für die Bundeswehr wichtigsten leichten Transporthubschraubers Bell UH-1D. Im Früh-

Lizenzproduktion der CH-53G bei VFW in Speyer.

jahr 1963 begann die Erprobung dieses Typs. Die Bell überzeugte durch Wendigkeit, Unkompliziertheit und eine deutlich verringerte Erkennbarkeit im Tiefflug. Weiterhin war die UH-1D schnell verfügbar und relativ kostengünstig, was letztendlich zur Beschaffungsempfehlung durch die Heeresflieger führte. Insgesamt orderte das Heer für seine Flieger 204 UH-1D, die in Lizenz bei Dornier gefertigt wurden. Am 20. August 1967 traf schließlich die erste von insgesamt 36 »Hueys« – so der inoffizielle Name der UH-1D – bei der Heeresfliegerwaffenschule in Bückeburg ein. Nach und nach erhielten dann die Heeresfliegerbataillone 6, 8 und 12 in Itzehoe, Oberschleißheim und Niederstetten jeweils 12 Maschinen als Ersatz für die Sikorsky H-34. Die Do 27 reduzierte man nach Eintreffen der UH-1D allmählich. Bis Ende 1971 verließen schließlich alle Do 27 die Heeresflieger.

Schon kurz nach Abschluss der UH-1-Erprobung wurden weitere Kandidaten auf Herz und Nieren getestet. Durch den enormen Bedarf an Transportgerät sollte neben der leichten UH-1D auch deutlich größeres Gerät beschafft werden. Erster Kandidat war Sikorskys S 64 »Fliegender Kran«, ein zum Transport von Außenlasten optimierter Großhubschrauber. Zwei Maschinen wurden von VFW (Vereinigte Flugtechnische Werke) in Bremen endmontiert und der Heeresfliegerwaffenschule übergeben. Schon bald nach Aufnahme der Test stoppte das BMVg allerdings das Vorhaben mit dem Hinweis, ein eindeutiger Bedarf für diesen Spezialhubschrauber könne nicht nachgewiesen werden. Dies lag auch auf der Hand, denn Transport heißt bei den Heeresfliegern immer Truppen und Material, und Ersteres war mit dem Kran kaum oder in einer angehängten Kabine nicht ausgereift möglich. Doch Sikorsky hatte weitere interessante Produkte zu bieten: Die S 61R zum Beispiel war ein sehr moderner Transporthubschrauber und eine Heeresvariante der bekannten Sea King, Wunschhubschrauber der Marineflieger. Trotz überzeugender Leistungen bot dieser Hubschrauber nur etwa drei Tonnen Zuladung, was den Heeresfliegern zu gering erschien – man

Insgesamt 110 Sikorsky CH-53 wurden am 04. November 1968 vom Bundestag genehmigt und bestellt. Die hier abgebildeten ersten beiden Maschinen kamen aus US-Produktion und entstammten der Baureihe CH-53D.

strebte in etwa das Doppelte an. Dieses Kriterium war letztendlich auch ausschlaggebend dafür, dass die ebenfalls sehr modernen und leistungsstarken französischen Helikopter Puma und Super Frelon nicht in die engere Wahl fielen.

Interessant war auch die Erprobung des zweimotorigen Flächenflugzeuges Grumman OV-1 Mohawk. Eine ausgeliehene Maschine der US Army diente dabei als Erprobungsträger der in Bückeburg laufenden Tests. Vor allem als Aufklärer sollte die mit Tageslicht- und Infrarotbildkameras sowie mit Seitensichtradar ausgestattete, etwa 360 km/h schnellen Mohawk eingesetzt werden. Nach vielen Flügen – teilweise trug die OV-1 dabei schon den Schriftzug »Heer« am Rumpf – meldeten die Heeresflieger Bedarf und Interesse an der Mohawk. Von höherer Stelle wurde dieses Gesuch allerdings abgelehnt, insbesondere die Luftwaffe sträubte sich, grünes Licht zu geben: Sie wollte die Aufklärungsrolle unbedingt allein abdecken.

Die dringende Frage nach einem geeigneten Transporthubschrauber war immer noch nicht beantwortet, da geeignetes Gerät noch nicht verfügbar oder nicht optimal nutzbar war. Anfang 1966 ergaben sich dann aber in Form der Vertol CH-47 Chinook und Sikorsky CH-53 (S 65) neue Möglichkeiten. Bei ersten Tests in den USA überzeugten die von den US Marines zur Verfügung gestellten zwei CH-53-Hubschrauber voll und ganz, die CH-47 dagegen schien noch nicht ganz ausgereift. Als Ergebnis leitete man den Beschaffungsprozess ein. Hierzu waren unter anderem die Erprobungsstelle 61 in Manching und diverse weitere Dienststellen mit eingebunden. Dieser mit zwei Turbinen ausgestattete, 240 km/h schnelle Hubschrauber mit einem Ladevermögen von etwa sechs Tonnen unterstrich dabei die Eignung für die Heeresfliegertruppe eindrucksvoll. Auch seine flexiblen Ausstattungsmöglichkeiten der Kabine, die Außenlasttragfähigkeit von bis zu acht Tonnen sowie die volle Instrumentenflugtauglichkeit waren wichtige Fähigkeiten der CH-53. Doch im Gegensatz zu anderen Beschaffungsvorhaben mahlten die Mühlen diesmal deutlich langsamer, begründet auch durch Komplexität und Kosten des Typs. Der ermittelte Bedarf von 135 Maschinen reduzierte sich deswegen auch leicht auf 110 Maschinen, die dann letztlich zweieinhalb Jahre nach Erprobungsbeginn am 04. November 1968 vom Bundestag genehmigt und bestellt wurden. Im Gegensatz zu anderen Beschaffungsvorhaben benötigte man diesmal deutlich mehr Zeit, bis die Einführung beginnen konnte. Auch bei der CH-53 vereinbarte man eine Lizenzproduktion, wobei VFW die Fertigungsverantwortung übernahm. Im traditionsreichen ehemaligen Heinkelwerk in Speyer begann Ende 1970 die Produktion des deutschen Modells der CH-53G. Auch die Triebwerke vom Typ T64-GE-7 entstammten deutscher Lizenzfertigung: Sie wurden von der Münchner Motoren- und Turbinen-Union (MTU) hergestellt. Schon am 25. September 1969 hatte die Erprobungsstelle 61 in Manching zwei in den USA gefertigte CH-53D erhalten und viel Vorarbeit bezüglich Einsatzstandardisierung und Handhabung geleistet. Die erste in Lizenz gefertigte Maschine hob schließlich am 11. Oktober 1971 in Speyer zu ihrem Jungfernflug ab. In die Truppe eingeführt wurde die CH-53 erst ab dem 26. Juli 1972, als die Heeresfliegerwaffenschule in Bückeburg das erste Exemplar übernahm.

Heeresstruktur 3

Der enorme Transportbedarf der Bodentruppen, der durch Personal- und Materialengpässe nur sehr mühsam abzudecken war, prägte die Phase der Heeresstruktur 2. Immerhin hatten die Heeresflieger die schwierige Anfangszeit erfolgreich gemeistert und waren mit rund 800 Mann an fliegenden Besatzungen und über 2300 Mann Bodenpersonal zu einer bedeutenden und anerkannten Truppengattung herangewachsen. Doch die damalige politische Lage verhinderte, dass etwas Ruhe einkehren konnte, denn mit der Heeresstruktur 3 stand eine neue Reform an.

Als die NATO Anfang der 70er-Jahre ihre Strategie von der »massiven Vergeltung« zur »flexiblen Reaktion« änderte, wuchs die Bedeutung der Heeresflieger erneut. Eine hohe Flexibilität sollte von den Heeresfliegern gewährleistet werden, wobei vor allem auch größere Truppenteile luftbeweglich sein sollten. Dies konnte durch die bevorstehende Einführung der CH-53G mit ihrer Möglichkeit, bis zu 37 voll ausgerüstete Soldaten zu transportieren, viel besser realisiert werden als mit den Vorgängermustern. Gleichzeitig wurde aber erkannt, dass Transportkapazität, in größeren Einheiten zusammengefasst, sich konzentrierter einsetzen ließ. Das komplexe Waffensystem CH-53G verlangte ebenfalls eine angepasste Einheitsstruktur, die eine erneute Umgliederung der Heeresfliegerverbände erforderlich machte.

Kern der Planung für die Heeresstruktur 3 war es, auf Korpsebene je ein leichtes mit UH-1D und ein mittleres mit CH-53G ausgerüstetes Transportregiment zu bilden. Gleichzeitig sollten die Bataillone größtenteils wieder aufgelöst werden und auf Divisionsebene nur noch Verbindungs- und Unterstützungsstaffeln verbleiben. Das Gesicht eines Regimentes sollte dem eines Luftwaffengeschwaders ähneln, in dem auch zum Beispiel die Technischen Staffeln mit eingegliedert waren. Die Ausnahme bildete im Korps je eine selbstständige Instandsetzungsstaffel für Reparatur- und

Erstmals mit Zusatztanks präsentierte sich diese Sikorsky CH-53G des Heeresfliegerregiments 25 im Bereitstellungsraum.

Noch in den siebziger Jahren gab es bei den Heeresfliegern regelmäßig fliegerische Wettbewerbe. Bei diversen Übungen wie Geschicklichkeitsflug, Nachtdreiecksflug, Orientierungstiefflug, Theorietest und dergleichen wurden eine Einzel- und eine Mannschaftswertung durchgeführt. Hier zwei Alouette der Heeresfliegerstaffel 3 aus Rotenburg, die bei »Competition '73« Erste wurden.

Erste Tests mit einer Bo 105 als Panzerabwehrhubschrauber. Im Vordergrund zu sehen: drei HOT-1-Lenkflugkörper.

In den achtziger Jahren ersetzte die Bo 105M die Alouette schrittweise als Verbindungshubschrauber. Hier eine Maschine der Heeresfliegerstaffel 10 aus Neuhausen ob Eck.

Sonnenaufgang

Wartungsarbeiten an den Alouette-Hubschraubern. Am 01. April 1971 wurde diese Planung per Befehl der Heeresführung eingeleitet: Auf Korpsebene entstanden jetzt selbstständige Heeresfliegerkommandos, die über einen eigenen Stab verfügten und vorgesetzte Dienststellen aller Korpsheeresflieger – fachlich auch der Divisionsstaffeln – wurden.

Eine weitere Forderung kam in dieser Zeit auf die Heeresflieger zu. Auf Grund der übermächtigen Panzerverbände des Warschauer Pakts sollten die Bodentruppen durch Panzerabwehrhubschrauber (PAH) verstärkt werden. Erste Tests mit einigen modifizierten Alouette II, die den Panzerabwehrlenkflugkörper SS11 trugen und über eine Distanz von etwa 2,5 km verschossen, waren schon Ende 1962 viel versprechend – wenn auch nicht ganz unproblematisch – verlaufen. Auf Grund eines noch nicht vorhandenen konkreten Bedarfs und mangels verfügbarer geeigneter Trägersysteme (weder Alouette II noch UH-1D) wurde dieses Thema anschließend nur mit sehr niedriger Priorität weiterverfolgt. Somit mussten noch viele theoretische Überlegungen hinsichtlich Anforderungen, Technik und Taktik folgen, auch praktische Feldversuche waren erforderlich. Als Konsequenz daraus wurde am 01. April 1973 in Celle die »Versuchsstaffel PAH« aufgestellt, die mit zehn gemieteten Messerschmitt-Bölkow-Blohm (MBB) Bo 105C – davon allerdings nur drei mit Waffen- und Zielanlage – ausgerüstet waren. Dieser noch relativ junge Hubschraubertyp deutscher Produktion schien für Testzwecke optimal geeignet. Er verfügte über zwei Antriebsturbinen, war sehr robust ausgelegt, relativ sparsam und äußerst wendig. Letzteres war von entscheidender Bedeutung, war doch von vornherein klar, dass der künftige Panzerabwehrhubschrauber sehr schnell und flexibel – alle Geländedeckungen ausnutzend – operieren musste. Die Versuchsstaffel sollte folgende Aufgaben erfüllen:

- Auslegung und Entwicklung eines praxisnahen Einsatzkonzeptes PAH
- Überprüfung der taktischen Verwendbarkeit
- Ausbildung von Piloten und Schützen
- PAH-Demonstration und Vorführung bei Heeresübungen

Wichtig bei diesen Untersuchungen war vor allem, die Verwundbarkeit des PAH durch diverse Abwehrwaffen zu prüfen, die dann in einer Aussage zur Überlebensfähigkeit zusammengefasst wurde.

Diese Versuche und die genaue wissenschaftliche Auswertung liefen bis Anfang 1977. Zu diesem Zeitpunkt hatte die Staffel, die man anschließend auflöste, über 10 000 Stunden geflogen. Die Wirksamkeit eines solchen Waffensystems war unbestritten, allerdings fehlte – sicher auch ein Versäumnis früherer Jahre – ein geeignetes Hubschraubermuster. Zwar waren auch andere Typen wie zum Beispiel die Bell AH-1 Huey Cobra getestet worden, doch schienen diese für die besonderen Anforderungen der Heeresflieger nicht optimal geeignet oder waren in der Anschaffung zu teuer. Die Bo 105 war zwar eine äußerst wendige Maschine, die auch einen optimalen Träger für Panzerabwehrlenkwaffen darstellte, doch fehlten ihr wichtige Voraussetzungen, die die Heeresflieger definiert hatten, wie zum Beispiel Nachtsicht- und Allwetterfähigkeit, Instrumentenflugtauglichkeit und die Tragfähigkeit für mindestens acht Lenkflugkörper. Parallel dazu befasste sich die Industrie mit der Untersuchung eines eigenen Konzepts, das aber einen langen Entwicklungszeitraum beanspruchen würde. Deswegen beschloss die Heeresführung, als Übergangslösung die Bo 105 als PAH-1 (Panzerabwehrhubschrauber der 1. Generation) zu beschaffen. Gleichzeitig bot sich die Bo 105 auch als Ersatz für die Alouette II in ihrer Rolle als Verbindungshubschrauber an. Noch im Laufe des Jahres 1977 billigte der Bundestag die Beschaffung von 212 PAH-1 (Bo 105P) und 100 VBH (Verbindungshubschrauber, Bo 105M). Zwei bei MBB in Donauwörth gefertigte PAH-Prototypen gelangten am 08. Mai 1978 nach Bückeburg zur HFlgWaS.

Heeresstruktur 4

Die Auslieferung des ersten Serien-PAH ab 04. Dezember 1980 fiel dann schon in die Zeit der ab 1979 eingeleiteten 4. Heeresstruktur. Die dadurch notwendige Umgliederung konnte somit neben den Erfordernissen der neuen Struktur auch die der Heeresfliegertruppe berücksichtigen. Wichtigste Änderung auf Korpsebene war das Zusammenfassen der PAH in Panzerabwehrhubschrauberregimentern und die Umgliederung des in Itzehoe stationierten Heeresfliegerbataillons 6 zu einem gemischten Regiment. Dieser Verband – keinem Korps zugehörig, sondern der 6. Panzergrenadierdivision und damit den NATO-Nordstreitkräften (AFNORTH) unterstellt – nahm eine Sonderstellung ein. Ebenfalls mit PAH ausgerüstet operierten in diesem Verband drei Fliegende Staffeln mit Bo 105P (PAH, 21 Stück), UH-1D (LTH, 24 Stück) und Bo 105M (VBH, 14 Stück).

Die drei Korps erhielten je ein reinrassiges Panzerabwehrhubschrauberregiment mit zwei aktiven PAH-Staffeln und 56 Bo 105P. Innerhalb des I. Korps entstand am 02. April 1979 das in Celle stationierte Heeresfliegerregiment 16, das am 04. Dezember 1980 ihren ersten Serienhubschrauber Bo 105P begrüßen durfte. Diesem folgte für den

Der PAH bewährte sich nach seiner Einführung in die Truppe als sehr wirkungsvolle Waffe. Im dichten Grün ist er auf größere Distanz kaum zu erkennen.

Bereich des II. Korps das am 01. Oktober 1979 ebenfalls neu gebildete Heeresfliegerregiment 26 in Roth. Nur einen Tag später als die Celler Kameraden erhielt dieses Regiment – am 05. Dezember 1980 – seinen ersten PAH. Ebenfalls am 01. Oktober 1979 wurde in Fritzlar das dem III. Korps zugehörige Heeresfliegerregiment 36 aufgestellt. Hier verzögerte sich die Auslieferung des ersten Panzerabwehrhubschraubers bis zum 15. Januar 1981. Die Regimenter wurden wie auch schon die Transporthubschrauberregimenter in eine fliegende und eine luftfahrzeugtechnische Abteilung gegliedert. Darunter schlossen sich die einzelnen Staffeln an.

Im Zusammenhang mit der Bildung der Panzerabwehrverbände stand die notwendig gewordene Verlegung der leichten Heeresflieger-Transportregimenter. In der neuen Struktur nur noch mit Heeresfliegerregiment bezeichnet, verlegte das HFlgRgt 20 im Oktober 1979 von Roth nach Neuhausen ob Eck. Im Juli 1980 räumte auch das HFlgRgt 30 in Fritzlar seinen Platz für das neue Panzerabwehrhubschrauberregiment und zog nach Niederstetten. Der dritte

Auch zum Absetzen von Lasten und Fallschirmspringen eignet sich die UH-1D hervorragend. Diese Maschine gehört zum Heeresfliegerregiment 20 aus Neuhausen ob Eck.

Tränen zum Abschied: Wegen der Regimentsauflösung des Heeresfliegerregiments 20 in Neuhausen ob Eck im März 1994 wurde diese Maschine schon Ende September 1993 mit dieser Abschiedslackierung versehen.

Heeresflieger unterstützen Bodentuppen bei freilaufender Übung.

Die im Hintergrund geparkte CH-53G entlässt ihre Fracht: vier so genannte »Kraftkarren« (»Kraka«).

Ein Kleinkampfpanzer des Typs »Wiesel« verlässt den Laderaum einer CH-53G.

UH-1D-Verband, das HFlgRgt 10, verlegte schließlich im September 1981 von Celle zum nahe gelegenen Fliegerhorst Faßberg. Bei den drei mit CH-53G ausgerüsteten Verbänden gab es bis auf die angesprochenen, im Oktober 1979 durchgeführten Namensänderungen in Heeresfliegerregiment 15 (Rheine-Bentlage), Heeresfliegerregiment 25 (Laupheim) und Heeresfliegerregiment 35 (Mendig) keine wesentlichen Veränderungen.

Auch in der neuen Heeresstruktur blieben die Heeresfliegerstaffeln der Divisionen bestehen. Veränderungen ergaben sich allerdings für die GebHFlgStff 8, die am 30. Juni 1981 von Oberschleißheim auf den Luftwaffenfliegerhorst

Landsberg/Lech verlegte. Kurz darauf, im September 1981, schloss der traditionsreiche Heeresflugplatz Oberschleißheim für immer seine Tore.

Folgende Divisionsstaffeln waren während der 4. Heeresstruktur aktiv:
- Heeresfliegerstaffel 1 (1. PzGrenDiv/I. Korps) in Hildesheim
- Heeresfliegerstaffel 2 (2. JgDiv/III. Korps) in Fritzlar
- Heeresfliegerstaffel 3 (3. PzDiv/I. Korps) in Rotenburg/Wümme
- Heeresfliegerstaffel 4 (4. PzGrenDiv/II. Korps) in Mitterharthausen
- Heeresfliegerstaffel 5 (5. PzDiv/III. Korps) in Mendig
- Heeresfliegerstaffel 7 (7. PzGrenDiv/I. Korps) in Rheine-Bentlage
- Gebirgs-Heeresfliegerstaffel 8 (1. GebDiv/II. Korps) in Landsberg
- Heeresfliegerstaffel 10 (10. PzDiv/II. Korps) in Neuhausen ob Eck
- Heeresfliegerstaffel 11 (11. PzGrenDiv/I. Korps) in Rotenburg/Wümme

Eine Alouette II der Heeresfliegerstaffel 12 aus Niederstetten.

Die zuverlässige Alouette II, viele Jahre das Grundmuster der Hubschrauberschulung, bei einem Überlandflug.

Abflug: Eine Eurocopter (MBB) Bo 105P als PAH-1.

- Heeresfliegerstaffel 12 (12. PzDiv/III. Korps) in Niederstetten

Die Stabsstaffeln der Heeresfliegerkommandos bestanden weiterhin, und auch bei der Heeresfliegerwaffenschule ergaben sich keine wesentlichen Änderungen. Durch die Einführung der MBB Bo 105M in der Verbindungsrolle konnten einige der oben aufgeführten Einheiten ihre Alouette II gegen das modernere Muster eintauschen. Die drei Heeresfliegerkommandos erhielten ab 1981 zehn VBH und die Heeresfliegerstaffeln 4, 8 und 10 ebenfalls zehn VBH. Weiterhin erhielten die Heeresfliegerregimenter 6 und 15 sowie die Heeresfliegerwaffenschule je zehn Bo 105M.

Für die Heeresflieger verliefen die 80er-Jahre eher ruhig. Durch die Übernahme der wichtigen Panzerabwehraufgabe hatte man innerhalb der Bundeswehr und auch in der NATO noch größere Bedeutung erhalten. Gleichzeitig war die Gliederung endlich gefestigt und optimiert, sodass die jetzigen Heeresflieger sich doch deutlich von denen der Gründerjahre unterschieden. Obwohl nur als Übergangslösung beschafft, begeisterte die Bo 105P in ihrer Rolle als PAH und konnte bei internationalen Übungen des Öfteren ihre herausragenden Fähigkeiten – auch ein Verdienst der hervorragend ausgebildeten Besatzungen – unter Beweis stellen. Die 212. und letzte Bo 105P wurde am 07. September 1984 in Gegenwart des damaligen Inspekteurs des Heeres, General Glantz, übergeben.

Übernahme des Heereshubschrauberkontingentes der NVA und die Truppenreduzierung in den 90er-Jahren

Erst die 90er-Jahre brachten für die Heeresflieger wieder gravierende Änderungen mit sich, hauptsächlich hervorgerufen durch den Zusammenbruch des Warschauer Pakts und die Wiedervereinigung Deutschlands am 03. Oktober 1990. Am Tag der Übernahme des NVA-Personals und -Gerätes durch die Bundeswehr erhielten auch die Heeresflieger zwei zusätzliche Verbände zugeteilt, die Kampfhubschraubergeschwader 3 (stationiert in Cottbus/Brandenburg) und 5 (Basepohl/Mecklenburg-Vorpommern). Ausgerüstet mit den Transportern Mil Mi-2 Hoplite, Mil Mi-8 Hip und dem modernen Kampfhubschrauber Mil Mi-24D/P Hind erhielten die Heeresflieger über Nacht neuartiges Gerät. Es galt nun zunächst bis zur endgültigen Klärung des weiteren Vorgehens diese zwei Verbände zu integrieren. Damit entstanden drei Einheiten: In Cottbus die Heeresfliegerstaffel Ost und die Heeresfliegerstaffel 70, und in Basepohl entstand aus dem KHG-5 die Heeresfliegerstaffel 80.

Mit Mil Mi-8 Hip wurden die Heeresfliegerstaffel Ost und die Heeresfliegerstaffel 70 ausgerüstet. Sie blieb nur wenige Jahre im Einsatz und wurden vor allem wegen zu hoher Kosten ausgemustert.

Dem Heereskommando Ost unterstellt, führte die Heeresfliegerstaffel Ost vor allem Verbindungs- und Transportflüge durch und war hierfür mit Mi-2 und Mi-8T ausgerüstet. Die Mi-8T erwies sich schnell als äußerst robuster und zuverlässiger Transporter, dessen Gewichtsklasse zwischen UH-1D und CH-53G lag.

Besonders interessant erschien aber die erst ab Dezember 1989 bei der NVA eingeführte Mi-24P (insgesamt 12 Stück), eine verbesserte Version der schon bei der NVA im Einsatz stehenden Mi-24D Hind (42 Maschinen). Dieser schwere doppelsitzige Kampfhubschrauber wurde eingehend bei der Wehrtechnischen Dienststelle 61 der Bundeswehr in Manching erprobt und fand auch reges Interesse bei der US Air Force, die zwei Exemplare zu Testzwecken geschenkt bekam. Obwohl sich herausstellte, dass die Mi-24 einen äußerst leistungsfähigen Kampfhubschrauber darstellte, war die Einsatzzeit bei den Heeresfliegern nur sehr kurz: Einerseits die hohen Unterhaltskosten, andererseits die eingeschränkte Verwendungsfähigkeit führten dazu, dass nur wenige Flüge mit dem »Krokodil« durchgeführt wurden. Am 03. Juli 1992 fand der letzte Flug der Mi-24 statt, anschließend wurden die Maschinen konserviert. Später fanden sie ihren Weg in verschiedene Flugzeugmuseen, darunter ins Luftwaffenmuseum Berlin-Gatow, und zu den polnischen und ungarischen Streitkräften.

Eine Mil Mi-24P, die während ihrer NVA-Zeit beim Kampfhubschraubergeschwader 5 (KHG 5) eingesetzt war. Obwohl dieser Typ auf vielen Gebieten überzeugen konnte, wurde er nicht längerfristig übernommen.

Heeresstruktur 5

Das weitere Schicksal der ostdeutschen Heeresfliegereinheiten war Bestandteil einer umfassenden Neugliederung, der 1994 eingeleiteten Heeresstruktur 5. Nach dem Zusammenbruch des Warschauer Paktes und der daraus resultierenden verminderten Bedrohung schien eine Anpassung und Reduzierung der Bundeswehr mit dem Ziel der Kostenreduzierung möglich. Die Heeresflieger, die in ihrer Geschichte immer wieder massiven Wachstumsanforderungen gerecht werden mussten, waren nun erstmals mit starken Einschnitten konfrontiert. Durch Konzentration und Verkleinerung sollten teure Liegenschaften und Personal eingespart werden. Da auch viele Divisionen entweder ganz aufgelöst oder in einen Reservestatus überführt wurden, lag die komplette Betriebseinstellung der Divisionsstaffeln nahe. Ebenfalls zentralisierend sollte die Bildung einer Heeresfliegerbrigade sein, die als vorgesetzte Kommandobehörde die Geschicke der unterstellten Verbände steuerte. Dies ermöglichte den Wegfall der personalintensiven Stäbe bei den Korps-Heeresfliegerkommandeuren und den dazugehörigen fliegenden Stabsstaffeln. So erhielt 1994 die neu aufgestellte Heeresfliegerbrigade 3 in Mendig Befehlsgewalt über die Transportregimenter:
- HFlgRgt 6 in Hohenlockstedt (Itzehoe)
- HFlgRgt 10 in Faßberg
- HFlgRgt 15 in Rheine
- HFlgRgt 25 in Laupheim
- HFlgRgt 30 in Niederstetten
- HFlgRgt 35 in Mendig
- HFlgVbdg/AufklStff 400 in Cottbus

Diese Bell UH-1D gehörte zur leichten Heeresfliegertransportstaffel 9 (AMF) in Niederstetten. Die Einheit wurde am 01. Oktober 1993 aufgestellt, aber schon am 31. März 1998 wieder aufgelöst.

Die letzte Staffel entstand aus der Heeresfliegerstaffel Ost und der Heeresfliegerstaffel 70, wobei nach Ausmusterung der russischen Mil Mi-2 und Mi-8T die deutlich günstigere Bo 105M (VBH) eingesetzt wurde. Die Panzerabwehrhubschrauberregimenter verblieben erst einmal beim I. bis III. Korps, da für sie andere Pläne bestanden, die erst zwei Jahre später umgesetzt werden konnten. Alle Divisionsstaffeln erhielten 1993 und 1994 ihren Auflösungsbescheid. Nachfolgend stellten ihren Dienst ein:
- HFlgStff 1 in Hildesheim
- HFlgStff 2 in Fritzlar
- HFlgStff 3 in Rotenburg/Wümme
- HFlgStff 4 in Mitterharthausen (Feldkirchen)
- HFlgStff 5 in Mendig
- HFlgStff 7 in Rheine-Bentlage
- GebHFlgStff 8 in Landsberg/Lech
- HFlgStff 10 in Neuhausen
- HFlgStff 11 in Rotenburg/Wümme
- HFlgStff 12 in Niederstetten

Weiterhin traf es das in Neuhausen stationierte Heeresfliegerregiment 20 und die in Basepohl beheimatete Heeresfliegerstaffel 80. Die Heeresfliegerstandorte Hildesheim, Rotenburg, Mitterharthausen (Feldkirchen), Landsberg, Neuhausen und Basepohl wurden aufgelöst.

Die verbliebenen Alouette II der Divisionsstaffeln wurden zum Teil ausgemustert, zum Teil aber auch in Bückeburg zur Schulung eingesetzt. Da die Transportregimenter 15, 25 und 35 neben ihren CH-53-Staffeln eine Verbindungsstaffel zugeordnet bekamen, erhielten diese je 18 der frei gewordenen Bo 105M der Divisions- und Stabsstaffeln.

Es ist auch möglich, die Bell UH-1D mit einem Maschinengewehr zu bewaffnen.

Ab Ende 1996 beteiligte sich die Bundeswehr am SFOR-Einsatz der Vereinten Nationen. Die Heeresflieger sind unter anderem mit CH-53G dabei.

Neues Heer für neue Aufgaben

Nach dem Golfkrieg, bei dem sich deutsche Truppen aus politischen Gründen nicht aktiv beteiligt hatten, stellte sich eindringlich die Frage, ob dies auch in zukünftigen Krisen so bleiben solle. Nicht zuletzt Druck der NATO-Verbündeten bewirkte ein Umdenken, dass ein vereintes Deutschland mehr Verantwortung übernehmen müsse. Von politischer Seite dauerte es nicht lange, bis die Bundeswehr entsprechende Vorgaben zur Anpassung ihrer Struktur erhielt. Als Teil der so genannten »Krisenreaktionskräfte« (KRK) hatte jede Teilstreitkraft entsprechende Kontingente zu stellen. Beim Heer führten diese Anforderungen dazu, die gerade erst etablierte Heeresstruktur 5 erneut abzuändern und sie ab 01. Januar 1996 in die neue Struktur »Neues Heer für neue Aufgaben« (NHFNA) zu überführen. Unter der Zielvorstellung »Luftbeweglichkeit/Luftmechanisierung« änderte sich auch für die Heeresflieger die Struktur. Die zum 01. Oktober 1996 in Fritzlar aufgestellte, dem IV. Korps zugeordnete Luftmechanisierte Brigade 1 sollte durch Konzentration einiger Verbände eine neue Qualität des verbundenen Gefechts aus der Luft ermöglichen. Unterstellt wurden ihr das Heeresfliegerregiment 10 (Bell UH-1D) aus Faßberg, das Heeresfliegerregiment 16 aus Celle (Bo 105P), das Heeresfliegerregiment 36 aus Fritzlar (Bo 105P) und die in Cottbus stationierte Heeresfliegerverbindungs- und Aufklärungsstaffel 400 (Bo 105M). Das HFlgRgt 10 wurde dabei KRK-Leitverband für leichte Transporteinsätze, das HFlgRgt 36 Leitverband für den Panzerabwehrkampf.

Auch in der neuen Gliederung NHFNA blieb das Panzerabwehrhubschrauberregiment 26 in Roth direkt dem II. Korps unterstellt. Die Transportregimenter HFlgRgt 6, HFlgRgt 15, HFlgRgt 25, HFlgRgt 30 und HFlgRgt 35 gehörten weiterhin zur Heeresfliegerbrigade 3. Somit sollten die Heeresflieger besser in die Lage versetzt werden, schnell und flexibel auf internationale Herausforderungen zu rea-

Eine Bell UH-1D des Heeresfliegerregiments 10 aus Faßberg als Teil der gemischten Heeresfliegerabteilung im Kosovo.

gieren. Dazu verfügte die Truppe über etwa 630 Hubschrauber und rund 9500 Mann Personal.

Zu dieser Zeit verfügten die Heeresflieger bereits über eine Einheit, die für Sondereinsätze vorgesehen war. Die Heeresfliegertransportstaffel 9 war der deutsche Beitrag zur »Allied Command Europe Mobile Force« (AMF). In ihr wurden ausgesuchte NATO-Einheiten zu einer schnellen Eingreiftruppe in Größenordnung einer Brigade zusammengefasst. Verbunden mit dieser Aufgabe waren hohe Einsatzbereitschaft und vorbildlicher Ausbildungsstand der Staffelangehörigen, die bei vielen Einsätzen und Übungen im ganzen NATO-Gebiet eingesetzt wurden. Obwohl der AMF-Auftrag schon ab 1974 von der damaligen 2./Fliegende Abteilung 310 und ab 1979 von der 1./Fliegende Abteilung 301 abgedeckt wurde, entstand eine spezielle Einheit hierfür erst am 01. Oktober 1993. Als dritte, allerdings selbstständige Staffel des Heeresfliegertransportregiments 30 in Niederstetten, war die Heeresfliegertransportstaffel 9 (AMF) mit ihren zwölf UH-1D direkt der Heeresfliegerbrigade 3 unterstellt und gehörte im Rahmen der AMF zur »Force Heli Unit« (FHU) der AMF (Land). Die Geschichte dieser Staffel währte allerdings nicht lange, da sie schon am 31. März 1998 wieder aufgelöst wurde. Der Auftrag allerdings verblieb beim HFlgRgt 30.

Dem 1991 ausgebrochenen Bürgerkrieg der Volksgruppen Serben, Kroaten und Moslems im ehemaligen Jugoslawiens konnte sich Europa auf die Dauer nicht entziehen. Im Rahmen der humanitären Hilfe beteiligte sich auch die Bundeswehr ab 1992 an Hilfsflügen nach Bosnien-Herzegowina, vor allem auch nach Sarajevo. Diese Luftbrücke wurde bis zum 09. Januar 1996 aufrechterhalten. Nachdem nicht zuletzt durch militärischen Druck der NATO am 21. November 1995 im amerikanischen Dayton eine Einigung zwischen den Kriegsparteien erzielt werden konnte, schwiegen die Waffen auf dem Balkan vorübergehend. Gleichzeitig stimmte man der Entsendung einer Friedenstruppe zu. Die mit IFOR (»Implementation Force«) bezeichnete Truppe, zusammengesetzt aus NATO- und Nicht-NATO-Staaten, bestand aus rund 60 000 Soldaten, davon 4000 Bundeswehrangehörige. In Kroatien stationiert, kümmerte sich das deutsche Kontingent vor allem um Logistik, Transport, Technik und medizinische Versorgung. Dies bedeutete für die Heeresflieger eine Bewährungsprobe besonderer Art, an der sich UH-1D- und CH-53G-Verbände be-

Der Eurocopter Tiger flog am 27. April 1991 erstmals und steht seitdem in intensiver Erprobung.

verwendungsfähigen PAH-1 wurde der Eurocopter Tiger vorgesehen. Am 27. April 1991 erstmals geflogen, soll dieser fortschrittliche Mehrzweckhubschrauber den Heeresfliegern deutlich mehr Möglichkeiten eröffnen: Nicht nur die reine Panzerbekämpfung, sondern auch bewaffnete Begleit- und Aufklärungsflüge sind mit dem schnellen und wendigen Helikopter möglich. Der erste Tiger wird, so die Planung, im Jahre 2003 dem Heeresfliegerregiment 36 in Fritzlar zulaufen.

Ein weiteres wichtiges Programm für die Heeresflieger ist der Transporthubschrauber NH Industries NH90, der auch für Luftwaffe und Marine vorgesehen ist. Mit einer Transportfähigkeit von 2,5 Tonnen soll der NH90 die UH-1D ersetzten. Schon mehrere Prototypen haben mittlerweile den größten Teil des Erprobungsprogramms absolviert, sodass einer Einführung nach einer entsprechenden Bestellung nichts mehr im Wege steht. Durch die hohe Priorität des Programms kann man davon ausgehen, dass der NH90 ab etwa 2005 der Truppe zulaufen wird.

Als Übergangslösung bis zur Verfügbarkeit beider Hubschraubertypen entschlossen sich die Heeresflieger, kurzfristige Verbesserungen bei CH-53G und UH-1D durchzuführen. Von den bis 1996 verbliebenen 177 Hueys erhielten 124 Maßnahmen zur Nutzungsdauerverlängerung (NDV). Dies beinhaltete die Verbesserung der Zellenstruktur und den Austausch einiger Komponenten wie zum Beispiel der Rotorblätter- und Generatoren. Für 88 dieser verbesserten Hueys wurde zusätzlich ein Nacht-Tiefflug-Programm (NTF) begonnen. Bestandteil hiervon waren die Be-

teiligten. Am 20. Dezember 1996 löste SFOR (»Stabilization Force«) IFOR ab. Mit nun reduzierten Kräften sollte so ein Neuaufbau von Bosnien-Herzegowina unterstützt und Konfliktverhütung durchgeführt werden. Das deutsche Kontingent, nun auf 3000 Soldaten reduziert, baute auch weiterhin maßgeblich auf die vor Ort stationierten Heeresflieger.

Das Alter der CH-53G und UH-1D und ihre steigende Nutzung durch diverse internationale Aufgaben rückten zu dieser Zeit erneut die Frage der zukünftigen Ausrüstung der Heeresflieger in den Mittelpunkt. Schon lange zuvor waren die Planungen für neue Hubschraubertypen der Heeresflieger von der Industrie aufgenommen und, wenn auch nur zögernd, umgesetzt worden. Als Nachfolger für den zwar technisch sehr zuverlässigen, aber nur noch eingeschränkt

Das High-Tech-Cockpit des Tiger hebt sich deutlich vom konventionell ausgelegten PAH-1 ab. Dies war auch ein Grund, die Hubschraubergrundausbildung auf EC 135 und entsprechende Simulatoren umzustellen.

Einige Sikorsky CH-53G erhielten wichtige Modifikationen wie Reichweitenerhöhung, Selbstschutzausrüstung, Verbesserung der Navigationsmöglichkeiten und dergleichen. In dieser Version wird der Typ mit CH-53GS bezeichnet.

Insgesamt 15 Eurocopter EC 135 wurden für die Heeresflieger beschafft. Sie lösen die Alouette II als Grundschulmuster ab.

Besuch in Bückeburg. Ein NH90 Prototyp präsentiert sich mit dem Wappen der Heeresfliegerwaffenschule.

Scharfer Schuss mit einer HOT-2.

leuchtungsanpassung des Cockpits, um mit Hilfe der BiV-Brille (Bildverstärkerbrille) Nachtflüge durchführen zu können. Weiterhin wurden ein Kartenlesegerät mit LDNS-Navigationsanlage und ein neues UHF-Funkgerät eingebaut. Die nicht modifizierten UH-1D wurden bis Ende 1999 außer Dienst gestellt.

Ein ebenfalls wichtiges Programm betraf die CH-53G. Auch hier galt es, die Nachttiefflugfähigkeit mittels Cockpitmodifikation und BiV-Brille zu erreichen. Weitere wichtige Bestandteile waren die Reichweitenerhöhung durch Anbau zweier externer Kraftstofftanks (Fassungsvermögen 650 US-Gallons) sowie das Anbringen von Hitzefackelwerfern und

Störsendern für radargelenkte Raketen. Weiteres äußeres Merkmal ist die Ausstattung der Lufteinläufe mit Staubabscheidern zum Schutz vor Beschädigung durch Sand, Staub und Eis. Auch die Avionik wurde verbessert. So rüstete man zum Beispiel ein GPS und eine LDNS-Navigationsanlage ein. Allerdings erhielten nur 20 Maschinen, als CH-53GS bezeichnet, diese wichtigen Verbesserungen.

Von eminenter Wichtigkeit war die Verbesserung der Hubschrauberführerausbildung. Durch die Heeresfliegerwaffenschule mit Alouette II und mit dem entsprechenden Einsatzmuster durchgeführt, sollten durch Verwendung eines modernen Hubschraubers und neuer Simulatoren die Ausbildung verbessert und die Kosten gesenkt werden. Bereits 1998 war geplant, die schon über vierzig Jahre im Dienst stehenden Alouette II von einem modernen Typ ablösen zu lassen. Es dauerte dann allerdings noch bis zum 13. September 2000, ehe der erste von insgesamt 15 ausgewählten Eurocopter EC 135 offiziell der Heeresfliegerwaffenschule übergeben werden konnte. Zusammen mit hochmodernen Simulatoren werden sie die künftigen Heeresfliegerpiloten deutlich besser auf die neuen Anforderungen der Typen NH90 und Tiger vorbereiten können.

Das ausgehende 1. Jahrtausend brachte erneut eine anspruchsvolle Aufgabe für die Heeresflieger mit sich. Der einmal mehr im ehemaligen Jugoslawien stattfindende Krieg zwischen Serben und Kosovo-Albanern hatte ein Eingreifen der NATO zur Folge. Am 24. März begannen die Luftoperationen »Allied Force« gegen die Serben, bei denen erstmals deutsche Tornados aktiv beteiligt waren. Kurz darauf lief auch die Hilfe für die vielen Flüchtlinge in Mazedonien an, und ab 12. Juni 1999 verlegte das erste deutsche KFOR-Kontingent, durch die Heeresflieger maßgeblich unterstützt, in den Kosovo. Vor Ort wurde eine gemischte Heeresfliegerabteilung gebildet, die mit UH-1D und CH-53 ausgerüstet ist.

Die Heeresflieger im neuen Jahrtausend

Die neuen, vielfältigen Anforderungen an die Streitkräfte einerseits, die gleichzeitig aber immer knapperen Finanzmittel andererseits zwangen die Bundeswehr zu Beginn des neuen Jahrtausends erneut zu einschneidenden Strukturänderungen. Natürlich waren hiervon auch die Heeresflieger betroffen, bedingt durch ihre Bedeutung für eine mobile Truppe jedoch nur in eingeschränktem Maße. Trotzdem fielen dem Rotstift traditionsreiche Verbände wie das Heeres-

Der Eurocopter Tiger bedeutet einen enorme Erweiterung des Einsatzspektrums der Heeresflieger. Mit ihm ist die Truppe für Kampfeinsätze im neuen Jahrtausend optimal gerüstet.

Im Verbund tätig: Die zuverlässigen Transporthubschrauber UH-1D und CH-53G werden noch lange das Rückrat der Heeresflieger bilden.

Bis zur Einführung des Tiger, voraussichtlich im Jahre 2003, wird der PAH-1 weiter die Panzerabwehrfähigkeit der Heeresflieger sicherstellen. Auch nach Einführung des Unterstützungshubschraubers »UHU«, so die Bezeichnung des Tiger, ist eine weitere Verwendung der Bo 105P denkbar.

Mit seiner Zuladung von etwa 2,5 Tonnen, seiner modernen Ausrüstung und der deutlich höheren Reisegeschwindigkeit ist der NH90 der optimale Transporthubschrauber der Zukunft.

Ein Nachfolger für die CH-53G/GS ist noch nicht in Sicht. Die Maschinen sollen noch bis zum Jahr 2020 im Dienst bleiben.

fliegerregiment 6 auf dem »Hungrigen Wolf« in Hohenlockstedt, das Heeresfliegerregiment 16 in Celle und das Heeresfliegerregiment 35 in Mendig zum Opfer. In Celle und Mendig ist die Einrichtung einer Stabsunterstützungsstaffel geplant, sodass die dortigen Flugplätze weiterhin aktiv bleiben werden. Das Personal der aufzulösenden Verbände wie auch deren Fluggerät wird größtenteils auf die aktiven Verbände verteilt, sodass die Heeresflieger in dieser Richtung keine gravierenden Einschnitte mehr zu verkraften haben werden. Doch trägt dieser Schritt dazu bei, die Kosten durch Zentralisierung zu senken. Trotz einer schlankeren Truppe werden die Heeresflieger vor allem durch ihre hoch motivierten und gut ausgebildeten Angehörigen weiterhin eine wichtige Stütze der Bundeswehr bei internationalen Einsätzen bleiben.

Mit der EC 135 fliegen die Heeresflieger im Bezug auf die Ausbildung in eine goldene Zukunft.

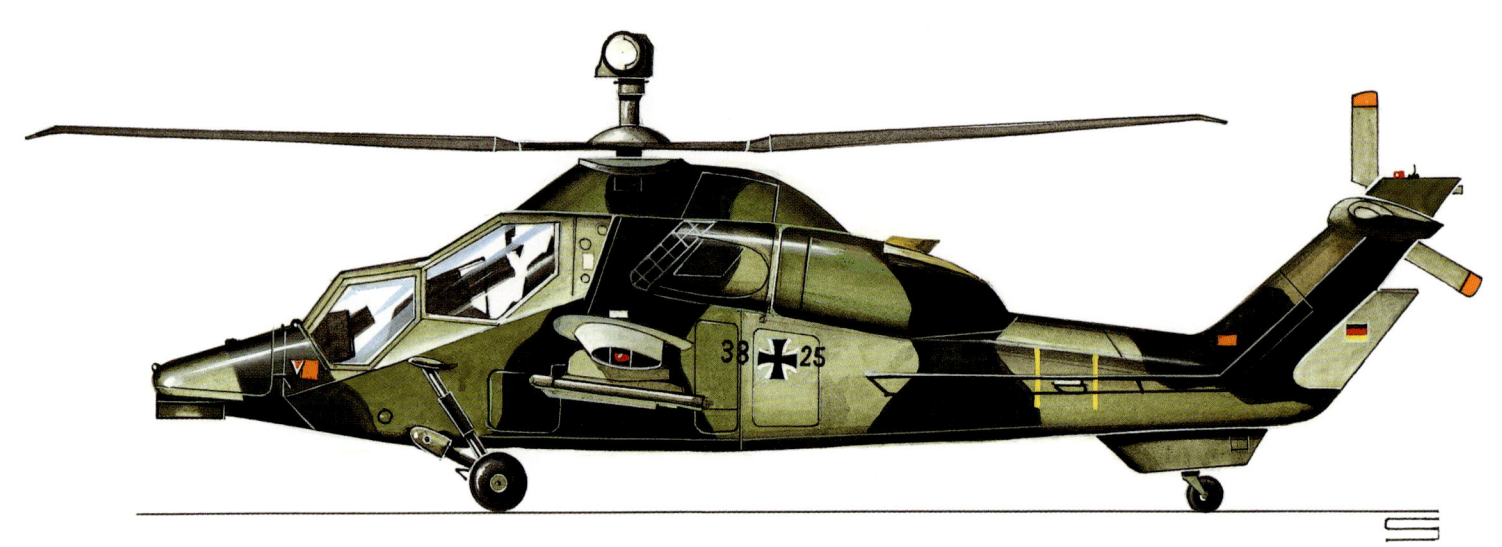

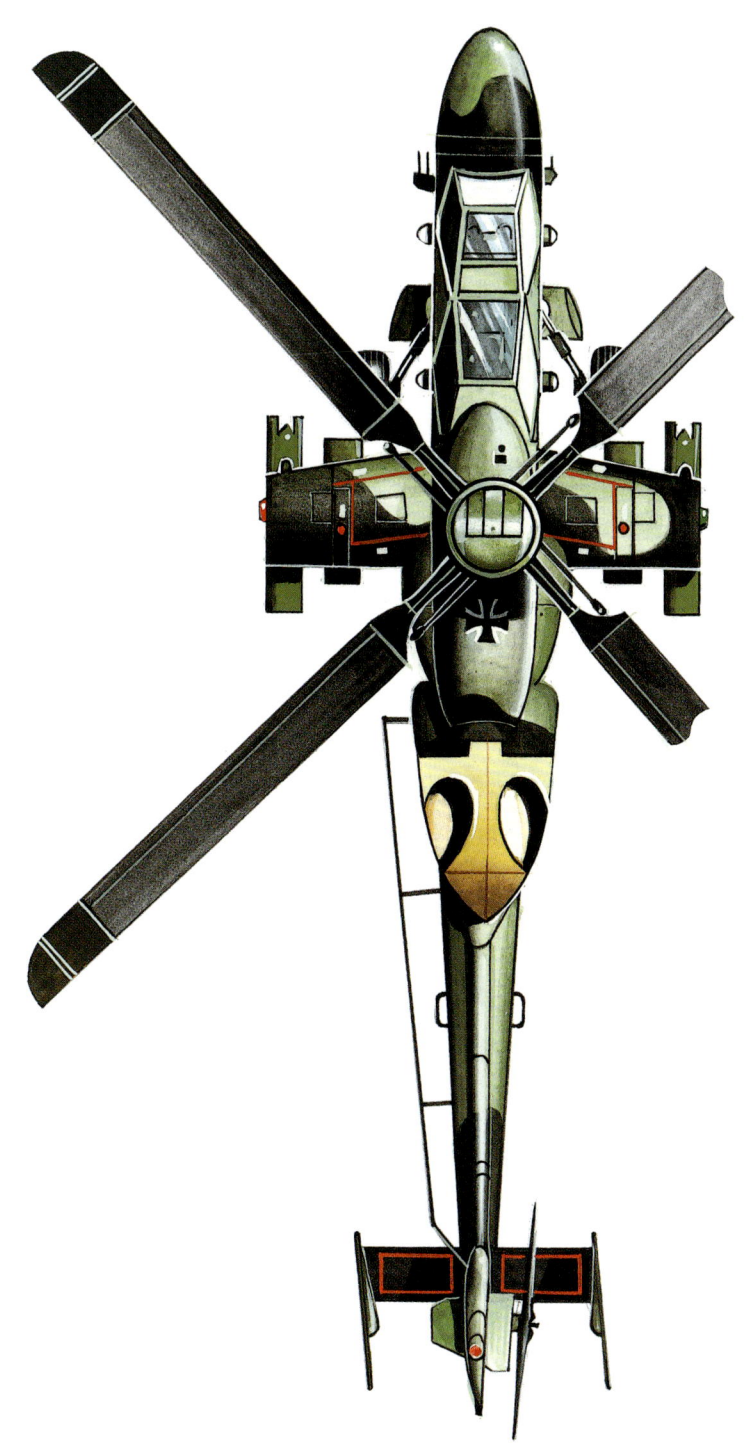

Eurocopter »UHU« Tiger

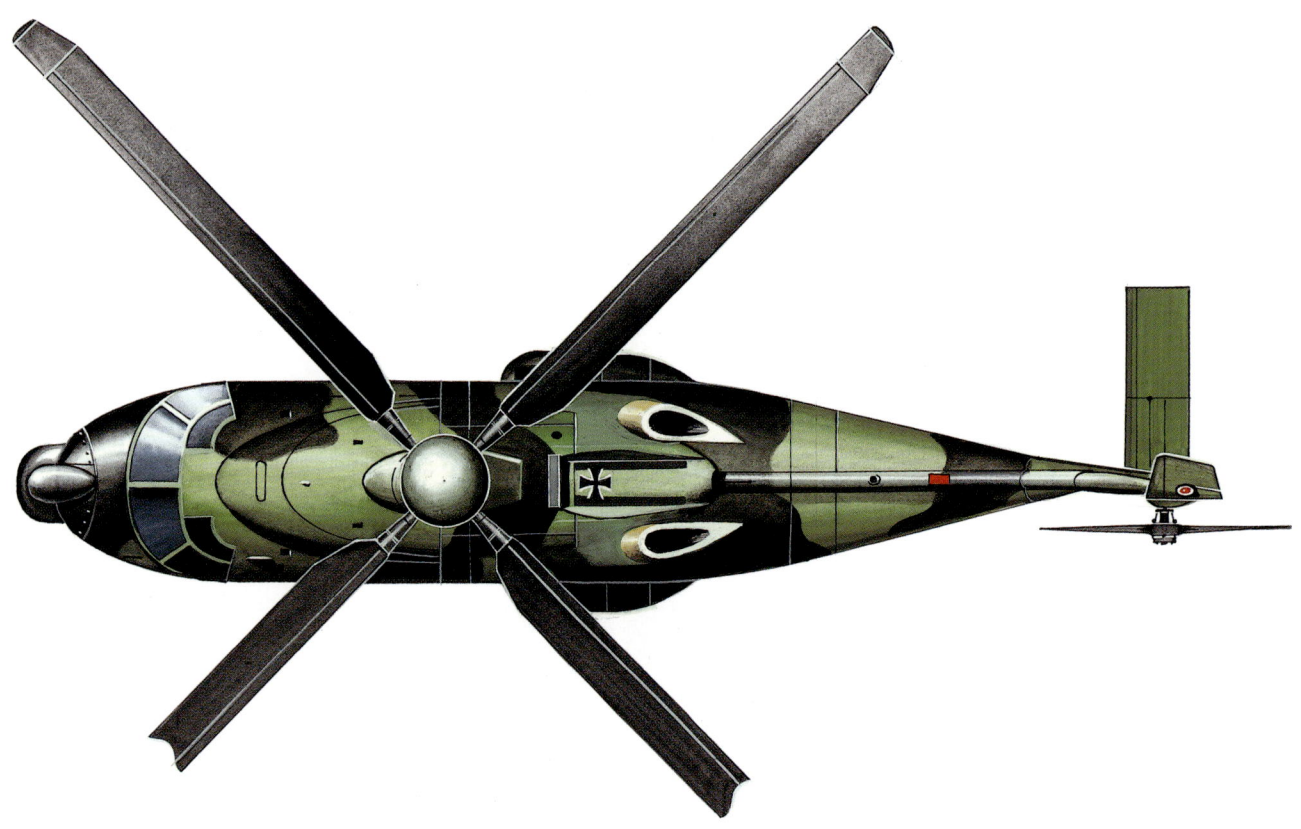

NH Industries NH90

Die Verbände
Heeresfliegerwaffenschule

Geschichtliche Zusammenfassung

In ihren Anfangsjahren mussten sich die Heeresflieger in Ausbildungsbelangen voll und ganz auf die Luftwaffe verlassen, denn ihr oblag die Schulung von Piloten und Technikern. Doch gerade bei der Pilotenausbildung war es der Luftwaffe nur unzureichend möglich, auf die speziellen Forderungen der Heeresflieger einzugehen. Langwierige Nachschulung und Weiterbildung war deswegen nötig und musste in einem aktiven Verband erfolgen, was dessen Einsatzfähigkeit natürlich spürbar einschränkte. Wie schon im Geschichtsteil ausführlich beschrieben, dauerte es bis zum 01. Juli 1959, bis in Niedermendig schließlich die Heeresfliegerwaffenschule entstand. Schon kurze Zeit später, am 13. Januar 1960, verlegte sie unter ihrem ersten Kommandeur Oberstleutnant Kuno Ebeling auf den zuvor von Engländern genutzten Flugplatz in Bückeburg-Achum. Zuerst nur provisorisch untergebracht, sollte sie vor allem folgende Aufgaben und Funktionen wahrnehmen:

- Schulung und Weiterbildung des Heeresfliegerpersonals
- Zentrale Entwicklung und Erstellung von heeresfliegerspezifischen Taktiken, Verfahren und Vorschriften
- Weiterentwicklung und Test von neuem Gerät auf Grund spezieller Heeresfliegeranforderungen

Anfangs beschränkten sich die Aufgaben der Heeresfliegerwaffenschule auf fliegerische Lehrgänge wie zum Beispiel die Transporthubschrauberführerausbildung, die Schulung auf dem Flächenflugzeug Do 27 und auf Beobachter- sowie fliegertaktische Ausbildung. Die gesamte Hubschrau-

Vier Sikorsky H-34G der Heeresfliegerwaffenschule mit weißer Bemalung an Nase, Rumpf und Heck.

Eine Bo 105P PAH-1 der Heeresfliegerversuchsstaffel 910. Diese Einheit ist der HFlgWaS angegliedert.

ständig. Ab April 1963 erhielt die Waffenschule eine Lehrgruppe B zugeteilt, in der allgemein-militärische Grundlehrgänge und Führerausbildung durchgeführt werden sollten. Nicht weit vom Flugplatz entfernt erhielt sie ein Quartier in der bekannten Bückeburger Jägerkaserne. Ende desselben Jahres löste Oberst Heinrich Stümke Oberst Ebeling ab. Zu dieser Zeit deckte die Heeresfliegerwaffenschule schon den Großteil der angestrebten Aufgaben ab. Eine wichtige Änderung im Flugzeugpark ergab sich, als am 20. August 1967 die erste Bell UH-1D »Iroquois« von der HFlgWaS übernommen wurde. Zu Spitzenzeiten waren 36 Hueys in Bückeburg stationiert. Um über eine integrierte Technik verfügen zu können, stellte man 1969 die Flugzeugtechnische Gruppe auf, die spätere Luftfahrzeugtechnische Abteilung. Schon bald kündigte sich mit der Sikorsky CH-53G das nächste neue Muster und eine echte Herausforderung an. Dieser moderne Transporthubschrauber mit sechs Tonnen Nutzlast ersetzte ab Juli 1972 die in die Jahre gekommenen Vertol H-21 und Sikorsky H-34. Nur ein Jahr, ab 01. April 1972, war Oberst Gerhard Granz Kommandeur der HFlgWaS, als er im April 1973 von Oberst Hans-Gottfried Schulz abgelöst wurde.

berführergrundschulung wurde erst ab 1962 nach und nach von der Luftwaffenschule in Faßberg nach Bückeburg verlagert. Neben der Vertol V-43 (H-21C) kamen in den Anfangsjahren auch die Sikorsky H-34 und die Dornier Do 27 zum Einsatz. Für die Hubschrauberführergrundausbildung verwendete man schließlich die sonst als Verbindungshubschrauber eingesetzte Alouette II. In Inspektionen unterteilt, war die Lehrgruppe A für die fliegerische Ausbildung zu-

Ein wichtiger Meilenstein für die Waffenschule war im Jahre 1975 die Inbetriebnahme von vier modernen Bell UH-1D-Simulatoren. Zur Vorbereitung hierauf waren schon im Herbst 1974 in Kanada die ersten Fluglehrer beim Simulatorhersteller CAE ausgebildet worden. Durch die Simulato-

Im Bestand der Heeresfliegerwaffenschule sind unter anderem einige Bo 105. Hier zusehen: eine für Verbindungsaufgaben genutzte und »abgerüstete« Bo 105P.

Kurz vor ihrer Auflösung, im März 1993, konnte die in Bückeburg beheimatete Heeresfliegerstaffel 900 noch ihr 35-jähriges Bestehen feiern. Dazu war diese Alouette II mit einer Sonderbemalung versehen.

ren konnte das Trainingsangebot deutlich vergrößert werden, vor allem die Instrumentenflugaus- und -weiterbildung war nun realitätsnah möglich. Teure Flugstunden konnten somit eingespart werden. Am 22. Januar 1975 feierte die Schule in Bückeburg ihr 15-jähriges Jubiläum.

Das Aufgabenspektrum der Schule erweiterte sich mit Einführung eines neuen Waffensystems. Mit der MBB Bo 105P (Panzerabwehrhubschrauber, PAH), ab 1979 bei der HFlgWaS eingesetzt, mussten nun ganz neue Verfahren und Taktiken gelehrt werden. Im selben Jahr, am 01. Oktober 1979, übernahm Oberst Kurt Veeser das Kommando von Oberst Schulz. Die 80er-Jahre waren geprägt von Kontinuität, denn weder änderten sich die Aufgaben noch standen neue Einsatzmuster an. Doch zwei Kommandeurwechsel fielen in diese Zeit, am 10. Oktober 1982 übernahm Oberst Günter Hanstein von seinem Vorgänger, ab 01. Oktober 1987 führte Oberst Peter Baumann die Waffenschule. Er war es auch, der mit der Heeresfliegerwaffenschule die Wiedervereinigung erlebte und die bedeutsamen Änderungen auch für die Heeresflieger. Die folgenden Neugliederungen des Heeres betrafen allerdings nicht die Waffenschule, deren Bedeutung mittelfristig sogar zunahm. Auf Grund der Notwendigkeit einer kostengünstigen, aber qualitativ hochstehenden Ausbildung wurde das Schulungskonzept überarbeitet. Wichtig dabei war die Ablösung der betagten Alouette II durch ein modernes Muster und die Umstellung der Schulung, die deutlich mehr Simulatorstunden und weniger Flugstunden fordern sollte.

Ab 01. April 1995 übernahm Oberst Fritz Garben das Kommando über die Heeresfliegerwaffenschule und wurde gleichzeitig General der Heeresflieger. Oberst Garben wurde am 28. April 1995 zum Brigadegeneral befördert, sicherlich eine eindeutige Aufwertung der Waffenschule innerhalb der Heeresflieger. Schon 1996 begann der Bau zweier großer Simulatorgebäude, mit insgesamt zwölf der modernsten Simulatoren (je zwei UH-1D- und CH-53G- sowie acht SHS-Schulungshubschrauber). Im Jahre 1997 wurden dann 15 EC 135 bei Eurocopter bestellt. Durch diverse Verzögerungen dauerte es allerdings bis zum 13. September 2000, bis der erste EC 135 offiziell der Heeresfliegerwaffenschule übergeben werden konnte. Auch die Beschaffung der Simulatoren zog sich hin, sodass die integrierte Ausbildung erst im Verlauf des Jahres 2001 begonnen werden konnte. Aus diesem Grund blieben die Alouette II, die eigentlich schon Mitte der 90er-Jahre ausgemustert werden sollten, vorerst im Dienst.

Unter ihrem neuen Kommandeur, Brigadegeneral Dr. Dieter Budde steuert die Heeresfliegerwaffenschule nun in eine sichere Zukunft. Sie wird weiterhin eine deutlich moderne Ausbildung der Heeresflieger durchführen. In der Planung ist sogar eine weitere, der Lehrgruppe A angeschlossene Inspektion, die die Grundschulung für Luftwaffen- und Marine-Hubschrauberführer durchführen soll. Hierfür werden höchstwahrscheinlich weitere Eurocopter EC 135 beschafft.

Auftrag und Organisation

Die Heeresfliegerwaffenschule mit ihren zurzeit etwa 820 Soldaten und 480 zivilen Mitarbeitern ist die zentrale Ausbildungsstätte der Heeresfliegertruppe und schafft durch eine umfassende allgemeinmilitärische und fliegerische Ausbildung die Voraussetzung für die Luftbeweglichkeit und Luftmechanisierung des Heeres. An der Spitze der Schule, die dem Heeresamt unterstellt ist, steht der General der Heeresflieger und Kommandeur der Heeresfliegerwaffenschule. Neben seiner Verantwortung für die Ausbildung obliegen ihm zentrale Aufgaben der Regelung des Flugbetriebs im Heer sowie der Zukunftsplanung und Weiterentwicklung der Heeresfliegertruppe. Ihm zur Seite stehen der Schulstab, der Leitende Fliegerarzt des Heeres, der Beratende Fliegerpsychologe und die Truppenverwaltung. Unterstellt sind weiterhin der Bereich Lehre und Ausbildung mit den Lehrgruppen A und B, die Luftfahrzeugtechnische Abteilung, die Gruppe Weiterentwicklung mit der Heeresfliegerversuchsstaffel 910, die Unterstützungsgruppe sowie das Standortsanitätszentrum.

Der Schulstab wird von einem Leiter Schulstab geführt und ist in folgende Abteilungen unterteilt:
- S1 Personal, Innere Führung und Öffentlichkeitsarbeit
- S2 Militärische Sicherheit
- S3 Organisation, Alarmierungswesen, Flugsicherheit
- S4 Materialbewirtschaftung, Arbeitsschutz
- S6 Führungsunterstützung, Informationstechnik-Sicherheit

Der Leitende Fliegerarzt des Heeres steht dem fliegerärztlichen Dienst im Heer vor und ist verantwortlich für die fliegerärztliche Versorgung an der Heeresfliegerwaffenschule. Er berät den General der Heeresflieger in allen Fragen des fliegerärztlichen Dienstes des Heeres. Weiterhin wirkt er mit bei Planung und Vorbereitung der sanitätsdienstlichen Unterstützung der Einsätze der Heeresfliegertruppe und ist Lehrstabsoffizier für das Unterrichtsfach Flugmedizin und Flugphysiologie.

Der Beratende Fliegerpsychologe wirkt mit bei der Auswahl von Anwärtern für die Hubschrauberpilotenausbildung in der Bundeswehr und berät Fluglehrer- und Schüler bei Problemen in der Ausbildung. Daneben schult er Lehrer in pädagogischer Psychologie, unterstützt bei der Gestaltung von Arbeitsplätzen und ist an Flugunfalluntersuchungen beteiligt.

Die Truppenverwaltung kümmert sich um die wirtschaftliche und sachgerechte Verwendung der zugewiesenen Gelder. Hierzu gehört die Zahlung von Wehrsold, Flieger- oder sonstiger Zulagen sowie Trennungsgeld, Reisekosten, Entlassungsgeld und dergleichen. Bei aufkommenden Fragen stehen zivile Mitarbeiter für eine Beratung zur Verfügung. Die Truppenverwaltung ist durch ihre genaue Kostenverfolgung unverzichtbarer Bestandteil der Waffenschule.

Lehre und Ausbildung

Dieser zentrale Bereich des Verbandes ist für die eigentliche Schulung und Ausbildung verantwortlich. Seine Bedeutung wird dadurch unterstrichen, dass ihr Leiter auch gleichzeitig stellvertretender Kommandeur der Heeresfliegerwaffenschule ist. Ihm unterstellt sind die beiden Lehrgruppen A und B; in der einen wird die fliegerische, in der anderen die allgemeinmilitärische Ausbildung durchgeführt.

Für die vorfliegerische und fliegerische Ausbildung aller Luftfahrzeugführer der Heeresflieger ist die Lehrgruppe A verantwortlich. Hierzu stehen der Schule nahezu 100 Hubschrauber der Typen Alouette II, UH-1D, Bo 105M/P, CH-53G und neuerdings auch EC 135 zur Verfügung, von denen im Durchschnitt täglich dreißig Maschinen im Einsatz sind. Neben der Vermittlung fliegerischer und theoretischer

Ein kleiner Teil der Hubschrauber-Grundausbildung der Heeresflieger (ca. zwölf Teilnehmer pro Jahr) findet beim Euro-Nato Training in Ft. Rucker (Alabama/USA) statt. Das 20-wöchige Training besteht aus 80 Flug- und 30 Simulatorstunden. Der Heeresfliegerverbindungsstab USA 5 kümmert sich dabei um die Belange der deutschen Teilnehmer. Darüber hinaus sind Austauschoffiziere (gemischt Heer, Luftwaffe, Marine) auch als Fluglehrer eingesetzt. Neben den Grundschullehrgängen absolvieren die angehenden Piloten vor allem die Instrumentenflugausbildung in Ft. Rucker.

Die Bückeburger Schule verfügt über mehrere CH-53G.

Fertigkeiten sind hierbei Disziplin und Kameradschaft wesentliche Ziele der Lehrgänge. In der I. Inspektion findet die vorfliegerische Ausbildung und die Hubschrauberführergrundausbildung statt. Zurzeit wird diese noch vorwiegend mit der Alouette II durchgeführt, die zwar für das manuelle Erlernen des Fliegens weiterhin gut geeignet ist, aber durch ihre herkömmliche Instrumentierung nicht auf moderne Typen wie den Tiger oder den Transporthubschrauber NH90 vorbereiten kann. Die II. Inspektion führt die Weiterschulung auf den Einsatzmustern Bo 105, UH-1D und CH-53G durch. Weiterhin wird hier die Instrumentenflugausbildung durchgeführt, die vorwiegend auf Simulatoren absolviert wird. In beide Inspektionen integriert sind erfahrene Fluglehrer, sie werden vor Beginn ihrer Tätigkeit von Fluglehrern der Heeresfliegerwaffenschule umfassend geschult.

Um die Fluglärmbelastung der Bückeburger Bevölkerung zu reduzieren, wird ein Großteil der Ausbildung auf kleinen im Umland gelegenen Übungsplätzen durchgeführt. Mit Sulingen, Düdinghausen, Leierberg, Loccum, Röcke, Reinsdorf, Goldbeck und Laatzen stehen der Heeresfliegerwaffenschule acht Hubschrauberübungsplätze in kaum besiedelten Gebieten zur Verfügen. Steht Flugbetrieb für einen dieser Plätze auf der Tagesordnung, verlegen zeitgerecht ein Feuerwehrfahrzeug und ein Tankwagen dorthin und bilden einen Versorgungspunkt. Dann beginnt die Verlegung der Hubschrauber – und meist ein schweißtreibender Tag für die Flugschüler. Denn hier ist ein möglichst genaues Abfliegen der Platzrunden mit Alouette II oder das Transportieren von Außenlast mit CH-53G zu üben.

Zur allgemeinen Minderung der Lärmbelastung und gleichzeitig zu einer kosteneffizienteren und qualifizierteren Ausbildung tragen die Simulatoren der Schule bei, zusammengefasst im der Lehrgruppe A untergeordneten Simulatorzentrum. Herzstück waren lange Zeit vier vor allem als In-

Treues Stück: Über 40 Jahre ist die Alouette II mittlerweile im Dienst. Sie wird noch bis etwa 2003 für die Heeresflieger fliegen.

Mit der Eurocopter EC 135 hat die Alouette einen sehr leistungsfähigen Nachfolger gefunden.

Das Gelände der Schäfer-Kaserne am Achumer Flugplatz. In Bildmitte sind die Simulatorgebäude zu erkennen, links davon die L-förmig angelegten Gebäude der Lehrgruppe A.

Ausbildung auf dem Platz. Zuerst lernt der Flugschüler einwandfreie Platzrunden zu fliegen. Dabei werden regelmäßig Punktlandungen geübt. Der überwiegende Teil dieser Ausbildung findet allerdings auf Übungsplätzen in der näheren Umgebung statt.

strumentenflugtrainer eingesetzte UH-1D-Simulatoren. Neben dieser weiterhin genutzten Anlage entstand in Bückeburg ab 1996 das sicherlich modernste Simulatorzentrum der NATO mit zwölf hochmodernen Bewegungs- und Vollsichtsimulatoren der Firma CAE. Je zwei Cockpits von CH-53G und UH-1D sowie acht der EC 135 setzten das wegweisende Schulungskonzept um (s. auch »High Tech – Das neue Ausbildungskonzept der Heeresflieger«).

Ebenfalls der Lehrgruppe A angegliedert ist die Flugbetriebsstaffel mit ihrer Flugberatungsstelle. Hier erhalten die Hubschrauberführer Informationen über Fluggebiete, Flugstrecken und Flugplätze. In entsprechenden Flugplänen werden alle relevanten Daten gesammelt und fest gehalten. Sie werden vom Start- und Zielflughafen registriert und dienen der Überwachung des Fluges. Wichtiger Auftrag der Flugbetriebsstaffel ist die sichere Koordination des Flugverkehrs in den Flugsicherungskontrollstellen. Das im weithin sichtbaren Tower arbeitende Personal regelt den Sichtflugverkehr am Platz und garantiert einen reibungslosen Ablauf der vielen Starts und Landungen. Daneben überwachen die Soldaten in der Anflugkontrolle an Radargeräten die Platzumgebung und führen die Maschinen vor allem bei schlechter Sicht sicher an den Platz heran.

Die Geophysikalische Beratungsstelle 102 informiert die Luftfahrzeugführer über die zu erwartende Wetterlage an Flugplätzen und auf den geplanten Flugstrecken. Sie bildet die Grundlage für die Flugplanung. Datenmonitore und eine Vernetzung mit vielen weiteren Wetterstationen ermöglichen ein recht genaues Wetterbild, das für eine sichere Flugdurchführung äußerst wichtig ist.

Die Heeresflugplatzfeuerwehr 102 stellt in 24-Stunden-Bereitschaften den Brandschutz auf dem Flugplatz und in den Kasernenanlagen sicher. Ausgerüstet mit mehreren Löschfahrzeugen verfügt die Feuerwehr über Wasser-, Schaum- und Trockenpulverfahrzeuge. In Notfällen stehen diese modernen Fahrzeuge auch dem Umland zur Verfügung.

Die Lehrgruppe B, in der Bückeburger Jägerkaserne untergebracht, führt in drei Inspektionen die allgemeinmilitärische Ausbildung und die Führerausbildung für die Soldaten der Heeresflieger durch.

In der IV. Inspektion werden Offiziersanwärter in einer Spezialgrundausbildung und in Offizieranwärterlehrgängen ausgebildet. Den Lehrgangsteilnehmern werden die Kenntnisse, Fertigkeiten und Fähigkeiten vermittelt, die für ihre zukünftige Führungsaufgabe erforderlich sind. Darüber hinaus nehmen Offiziere der IV. Inspektion an Fortbildungslehrgängen auf der Ebene Zugführer, Einheitsführer und Bataillonskommandeur teil.

Mannschaften und Unteroffiziere ohne Portepee werden in der V. Inspektion vor allem infanteristisch ausgebildet. Im Vordergrund steht hierbei das Führen einer Gruppe und das Vertiefen technischer Fähigkeiten.

Die VI. Inspektion vermittelt in der allgemeinen Grundausbildung den Zeitsoldaten und Grundwehrdienstleistenden die ersten militärischen Kenntnisse und Fertigkeiten. In zweimonatigen Lehrgängen wird somit die Basis für den weiteren Werdegang der jungen Soldaten gelegt. Weiterhin wird in dieser Inspektion eine Sicherungs- und Wachausbildung durchgeführt, die die Inhalte der Grundausbildung ergänzt und vertieft.

Ausbildungsflug auf der Bell UH-1D. Der rechts sitzende Flugschüler führt einen »Navigations-Checkflug« durch und muss dem links sitzenden Fluglehrer seine Fähigkeiten unter Beweis stellen.

Hochbetrieb auf dem Bückeburger Tower. Die Fluglotsen müssen hier eine hohe Anzahl Flugbewegungen kontrollieren.

In Bückeburg stehen vier UH-1D Simulatoren der Firma CAE, die überwiegend zum Instrumentenflugtraining genutzt werden. Auch nach Inbetriebnahme der neuen Simulatoren werden diese wertvollen Trainingseinrichtungen bestehen bleiben.

*Nose by nose:
Ein neuer Einsatz für diese zwei CH-53G steht bevor.*

Ohne Technik kein Flugbetrieb: Aus diesem Grund ist die Luftfahrzeugtechnische Abteilung der Heeresfliegerwaffenschule für die Durchführung des Auftrages eine wichtige Komponente. Gegliedert in eine Stabsstaffel, eine Wartungsstaffel Alouette II/Bo 105, eine Wartungsstaffel UH-1D und CH-53, eine Instandsetzungsstaffel und eine Ausbildungswerkstatt gehören diesem Verband etwa 250 Soldaten und rund 170 zivile Mitarbeiter an.

In den beiden Wartungsstaffeln werden die Hubschrauber gewartet und kleineren Inspektionen unterzogen; sie stellen die für den Flugbetrieb geforderten Maschinen zur Verfügung. Da bei der Bundeswehr höchste Sicherheitsstandards gelten, sind einwandfreie Arbeitsabläufe und geschulte Spezialisten nötig. In der Instandsetzungsstaffel werden an den Hubschraubern der Schule in bestimmten Intervallen Inspektionen durchgeführt und Instandsetzungsarbeiten ausgeführt. Hier sind Fachkenntnisse bis ins Detail nötig. Die Qualifikation der Mitarbeiter reicht von der Fachkraft über den Meister bis hin zum Ingenieur. Die Luftfahrzeugtechnische Abteilung ist vom Aufgabenspektrum und vom Mitarbeiterstamm her durchaus mit einem mittleren Industrieunternehmen zu vergleichen. Der große Anteil der zivilen Fachkräfte gerade in diesem Bereich zeigt einerseits die Bedeutung der Heeresfliegerwaffenschule als Arbeitgeber im Raum Bückeburg, anderseits aber auch, dass ohne zivile Mitarbeiter der Schulbetrieb nicht möglich wäre.

Um Zugriff auf die dringend benötigten Fachkräfte zu haben, verfügt die Abteilung über eine Lehrwerkstatt, in der

An den Kontroll- und Steuerkonsolen des Simulator sitzt ein erfahrener Fluglehrer, der die Aktionen der Schüler genau verfolgt.

Wartung an einer der Alouette-Schulmaschinen.

Der Flugbetrieb ist für diesen Tag beendet. Die Angehörigen der Wartungsstaffel schleppen eine Alouette von der Vorfeldposition in Richtung Halle.

In der Instandsetzungsstaffel erhalten alle Hubschrauber der Schule regelmäßige Inspektionen.

bis zu 16 Ausbildungsplätze jährlich vergeben werden. Hier wird der Beruf des Fluggerätmechanikers oder der Fluggerätmechanikerin in der Fachrichtung Instandhaltungstechnik gelehrt. Die Ausbildung dauert dreieinhalb Jahre und schließt mit der Facharbeiterprüfung vor der Industrie- und Handelskammer ab.

In der Unterstützungsgruppe sind einige Bereiche zusammengefasst, die für den Betrieb der Schule die Voraussetzungen schaffen. Sie stellt mit ihren vielschichtigen Aufgaben den »Dienstleistungsbereich« der Schule dar und gliedert sich in die Teileinheiten Stammstaffel, Materialbewirtschaftung, Materialbereitstellung, Materialerhaltung, Sanitätsunterstützung und Fachmedienzentrum. Folgende Hauptaufgaben werden wahrgenommen:

- Beschaffung, Verwaltung, Lagerung und Ausgabe von Verbrauchsmaterial
- Versorgung mit Flug- und KFZ-Kraftstoff sowie Munition
- Bereitstellung von Kraftfahrzeugen und Ausbildungsgerät, Lagerung von Waffen, Verwaltung von Hörsaalausstattungen
- Wartung und Instandhaltung von Kraftfahrzeugen und Gerät
- Sanitätsdienstliche Betreuung des fliegenden Personals, personelle und materielle Unterstützung des Standortsanitätszentrums Bückeburg
- Sanitätsdienstliche Unterstützung des Flugunfallbereitschaftsdienstes
- Unterstützung des Lehr- und Ausbildungsbetriebes durch das Fachmedienzentrum

Zu diesem Fachmedienzentrum gehören eine umfangreiche Bibliothek, Internet-Zugangsmöglichkeiten, eine Dienstvorschriften- und Kartenstelle sowie CUA-Hörsäle (computerunterstütze Ausbildung). Weiterhin verfügt es über eine Unterrichtsmitschauanlage, eine Videothek sowie eine Fertigungsstelle für Zeichen-, Foto- und Druckerzeugnisse.

Mit zum Rationalisierungskonzept des EC 135-Betriebs gehört die zivile Wartung der EC 135-Flotte, die von Eurocopter durchgeführt wird.

Die Stammstaffel fasst alle Soldaten zusammen, die in den verschiedenen Stabsbereichen, der Gruppe Weiterentwicklung und der Unterstützungsgruppe ihren Dienst tun.

Gruppe Weiterentwicklung und Heeresfliegerversuchsstaffel 910

Der General der Heeresflieger trägt maßgebliche Verantwortung für Konzeption, Führungs- und Einsatzgrundsätze sowie für Organisation, Ausbildung und Ausrüstung dieser Truppengattung. Die ihm unterstellte Gruppe Weiterentwicklung der Heeresfliegertruppe unterstützt ihn maßgeblich bei der Bewältigung dieser Aufgabe. Geleitet von einem Offizier im Range eines Oberst i.G. besteht diese wichtige Gruppe aus fünf Dezernaten einschließlich geophysikalischem Fachpersonal, dem Flugsicherheitsstabsoffizier des Heers und – als durchführendes Organ diverser Truppenversuche – die Heeresfliegerversuchsstaffel 910.

In den Dezernaten werden durch die rund 60 Mitarbeiter Gebiete wie Grundlagen, Führung, Einsatz, Ausbildung, Organisation, Ausrüstung und Softwarepflege bearbeitet. Sie entwickeln Beiträge der Heeresfliegertruppe zu den Zielvorstellungen des Heeres im Hinblick auf den Einsatz von Hubschraubern und die Weiterentwicklung der Luftbeweglichkeit und Luftmechanisierung. Hierzu gehört die Mitwirkung bei der Entwicklung, Erprobung und Beschaffung neuer Waffensysteme. Hierbei kooperiert die Gruppe mit anderen Truppengattungen des Heeres, der Luftwaffe und Marine und dem Amt für Wehrbeschaffung, insbesondere mit der Wehrtechnischen Dienststelle 61.

Im Einzelnen werden folgende Aufgaben wahrgenommen:

- Weiterentwicklung von Führungs- und Einsatzgrundsätzen und Erarbeiten der Einsatzkonzepte
- Bearbeiten des Fachbereichs »Flugbetrieb im Heer« und der Bereiche Flugsicherung, Luftverkehrsrecht, Flugsicherheit und Standardisierung
- Feststellung von Ausrüstungslücken und daraus abzuleitende Initiativen
- Erarbeiten von Konzepten für die Truppen- und Führerausbildung

Wichtiger Bestandteil der Gruppe Weiterentwicklung ist die Heeresfliegerversuchsstaffel 910. Hier werden viele Tests in eigener Regie durchgeführt.

- Auswerten technischer Entwicklungen
- Erarbeitung der Strukturplanung der gesamten Heeresfliegertruppe und Mitwirken in Stationierungsfragen
- Initiieren und Durchführen von Truppenversuchen
- Erarbeiten von Vorschriften und Erstellen von Beiträgen zu truppengattungsübergreifenden Vorschriften
- Erstellen von Konzepten zur Flugwetterberatung im Heer und von Beiträgen zur Weiterentwicklung der Ausrüstung des Geophysikalischen Dienstes

Zurzeit ist die Gruppe mit der Einführungsvorbereitung der beiden neuen Waffensysteme – dem Unterstützungshubschrauber Tiger und dem Transporthubschrauber Heer NH90 – besonders beschäftigt. Viele Details sind im Vorfeld dieser Umrüstung zu beachten, stellen diese modernen Hubschrauber doch in vielen Bereichen eine ganz besondere Herausforderung dar. Auch die zurzeit laufende Kampfwertsteigerung der CH-53G und UH-1D begleitet die Gruppe maßgeblich. Hier wird vor allem auf Reichweitenerhöhung, Nachttiefflugtauglichkeit, elektronische Schutz- und Defensivmaßnahmen ein Hauptaugenmerk gelegt.

Ebenfalls hohe Bedeutung kommt der nun anlaufenden neuen Ausbildung mit EC 135 und dem dazugehörigen High Tech-Simulator zu. So wurde das so genannte »Integrierte Lern- und Trainingssystem« (ILT) entwickelt, bei dem neben den praktischen Ausbildungsteilen eine computerunterstützte theoretische Schulung zur Anwendung kommt. Die Gruppe Weiterentwicklung beschäftigt sich darüber hinaus mit der Definition der Nutzeranforderungen bei Fahrzeugen, Waffen, allgemeinem Gerät, Bekleidung, Ausrüstung, Funkgeräten, Fernmeldematerial und zukünftigen Transport- und Aufklärungshubschraubern.

Um wichtige Tests in eigener Regie durchführen zu können, ist der Gruppe die Heeresfliegerversuchsstaffel 910 unterstellt. Mit zehn Bo 105 und etwa 100 Mann Personal führt die Einheit neben Truppenversuchen fliegerische, taktische und logistische Untersuchungen durch, die der Weiterentwicklung der Einsatzgrundsätze und Einsatzverfahren dienen. Maßgeblich wurde bei der Staffel zum Beispiel das Fliegen bei Nacht mit Bildverstärkerbrille getestet und somit zur Einsatzreife gebracht. Die Angehörigen der Staffel müssen auf Grund der besonderen Aufgaben über einen hohen Qualifikationsgrad verfügen.

Hightech – Das neue Ausbildungskonzept der Heeresflieger

Neben den modernen Stabs- und Ausbildungsgebäuden der Heeresfliegerwaffenschule in Achum wuchs in den letzten Jahren der neue, architektonisch ansprechende Simulator-Komplex heran, der ausreichend Platz für das neue Herzstück der Heeresfliegerausbildung bieten wird. In ihm werden nach und nach insgesamt zwölf Simulatoren untergebracht: je zwei für CH-53G und UH-1D und acht für EC 135. Mit diesen Anlagen wird das Ausbildungszentrum das modernste seiner Art auf der Welt sein. Nachdem der Zulauf neuer Hubschraubertypen wie Tiger und NH90 bevorsteht, musste die etwas antiquierte Ausbildung, die im praktischen Teil ausschließlich aus der Schulung auf der veralteten Alouette II bestand, neu ausgerichtet und den veränderten Bedürfnissen angepasst werden. Natürlich spielten auch finanzielle Aspekte eine Rolle, denn die begrenzten Mittel machen es nötig, Einsparpotenziale so weit wie möglich zu nutzen. Das neue, von der Gruppe Weiterbildung konzipierte Ausbildungssystem besteht nun aus drei sich jeweils ergänzenden Bausteinen. Die erste Komponente ist das »Integrierte Lern- und Trainingssystem« (ILT), bei dem an Computerarbeitsplätzen Theorieinhalte und Bedienvorgänge geübt werden. Drei Hörsäle mit je zwölf vernetzten Schülerarbeitsplätzen, mit jeweils zwei großen Farbmonitoren ausgerüstet, sind dafür vorhanden. An ihren Stationen arbeiten die Schüler diverse Lernprogramme durch, die den komplexen Stoff anschaulich und interaktiv vermitteln. Dieses Ausbildungsprogramm bildet die Grundlage für das nun anschließende Training in einem der Simulatoren. Sie zeichnen sich durch einen modularen Aufbau aus, der es gestattet innerhalb von wenigen Stunden

Herzstück des neuen Ausbildungskonzeptes der Heeresflieger sind die hochmodernen Simulatoren. Sie sind im Drebing-Haus untergebracht – benannt nach Brigadegeneral Hans Drebing, General der Heeresflieger vom 01. April 1971 bis 31. März 1979.

verschiedene Cockpits zu installieren. Wertvoll ist auch das exzellente Sicht- und Bewegungssystem, das zu einer sehr realitätsnahen Ausbildung beiträgt. Von den hohen Anschaffungskosten abgesehen sind die Stundenkosten im Simulator natürlich deutlich geringer als reale Flugstunden. Dazu kommen auch Umweltaspekte, denn die Verbrennung von Flugbenzin entfällt und die Lärmbelastung wird verringert.

Die dritte Komponente bildet der neue Schulungshubschrauber (SHS), der Eurocopter EC 135. Seit 1997 in der Bestellung, sollten die 15 Maschinen eigentlich von Juli 1998 bis Mai 1999 ausgeliefert werden. Einige Änderungswünsche im Vergleich zum zivilen Modell brachten allerdings eine Verzögerung mit sich, sodass erst am 13. September 2000 die erste Maschine offiziell an die Heeresflieger übergeben werden konnte. So verfügt die EC 135 im Vergleich zur zivilen Version über umfangreichere Avionik und über ein höher gesetztes Landegestell (siehe auch Kapitel »High Tech-Trainer – Eurocopter EC 135«). Die zweimotorige Maschine ist äußerst leise und bietet günstige Betriebskosten. Durch ihr modernes Cockpitlayout und die digitale Instrumentierung (»Glascockpit«) und auch durch ihre im Vergleich zur Alouette II deutlich verbesserten Flugleistungen eignet sich die Maschine hervorragend zur Vorbereitung auf NH90 und Tiger. Mit Eintreffen der ersten Maschinen erhielten zuerst die Fluglehrer ihre Ausbildung auf der EC 135. Ab August 2001 begann dann die Schulung auf dem neuen Muster. Das gesamte Ausbildungssystem kann aber erst nach Zulauf aller Simulatoren ab 2003 in Betrieb gehen. Dieses sieht im Einzelnen vor, alle fliegerischen Lerninhalte auf dem Simulator zu üben und anschließend im Helikopter zu überprüfen. So erhält der Pilot 50 Stunden Basisausbildung im Simulator und 16,5 Flugstunden auf dem SHS. Hieran schließt sich eine Phase der erweiterten Grundausbildung mit 70 Simulator- und 37,5 Flugstunden an, in der insbesondere Instrumentenflug, Navigation, Nachtflug, grundsätzliche Einsatzverfahren sowie Fliegen im Gebirge geübt werden. Es folgen dann noch weitere 20 Stunden Nachttiefflugausbildung im Simulator und sechs Stunden über realem Gelände. Insgesamt werden also insgesamt 200 Ausbildungsstunden absolviert, wobei 140 im Simulator und 60 im Hubschrauber stattfinden, was im Vergleich zur bisherigen Ausbildung einer Verringerung der realen Flugstunden um etwa 60 Prozent entspricht.

Mit Hilfe des neuen Ausbildungskonzeptes und der hochmodernen Geräte können die Heeresflieger einen deutlichen Qualitätssprung realisieren, gleichzeitig die Kosten senken und die Umwelt schonen. So werden die jungen Piloten im Vergleich zur vorangegangen Ausbildung neben

Zwei der insgesamt zwölf Simulatoren. Sie bieten ein hochmodernes Sicht- und Bewegungssystem. Die Cockpits können in Stundenfrist auf einen anderen Typ umgerüstet werden.

der fliegerischen Grundausbildung optimal auf modernes Cockpitmanagement sowie auf Instrumenten- und Nachttiefflug vorbereitet.

Von diesem überzeugenden Konzept werden auch Luftwaffe und Marine profitieren, denn es ist geplant, mit Einführung des von diesen beiden Teilstreitkräften ebenfalls georderten NH90 die Hubschrauberführerausbildung in Bückeburg zu konzentrieren. Das internationale Interesse an dieser wegweisenden Ausbildung ist schon jetzt groß, so würden auch gerne das französische, das italienische und das finnische Heer an der Ausbildung teilnehmen.

Das Hubschraubermuseum in Bückeburg

Im Zentrum der Stadt Bückeburg liegt das große und weit über Deutschlands Grenzen bekannte Hubschraubermuseum. Untergebracht in einem historischen Gebäude und einer anschließenden modernen Halle sind hier rund 50 Exponate – viele davon Unikate – im hervorragendem Zustand ausgestellt. Daneben wird der Besucher anhand von Modellen, Bildern und Zeitdokumenten umfassend über die interessante Geschichte der Tragflügler informiert. Technikinteressierte kommen durch viele ausgestellte Funktionsteile mit entsprechenden Hintergrundinformationen auf ihre Kosten.

Das Museum entstand aus einer auf dem Flugplatz Achum zusammengetragenen Lehrsammlung der Heeresfliegerwaffenschule. Ende der 60er-Jahre war die Sammlung derart angewachsen, dass kein ausreichender Platz mehr zur Verfügung stand. Die Stadt Bückeburg stellte daraufhin ein altes, unter Denkmalschutz stehendes Fachwerkgebäude zur Verfügung. Als Träger des Museums entstand der »Verein Hubschrauberzentrum e.V. Bückeburg«, zu dessen Gründungsmitgliedern Persönlichkeiten wie General a.D Adolf Galland, Sergei Sikorsky, Hanna Reitsch, die erste Hubschrauberpilotin Deutschlands, Oberst Hans Drebing, der spätere General der Heeresflieger, und weitere zählten. Nach entsprechenden Renovierungsarbeiten wurde die neue Ausstellung des Hubschraubermuseums Bückeburg am 09. Juni 1971 eingeweiht. Doch auch hier war der Platz begrenzt, viele Hubschrauber mussten im Freien abgestellt werden. Deswegen entschloss man sich, als Erweiterung eine moderne Halle zu errichten, die schließlich am 05. Mai 1980 feierlich eröffnet werden konnte.

Das Museum verfügt neben seiner Hubschrauberausstellung auch über ein umfassendes Archiv: In ihm sind Tausende Bücher, Filme und Dokumente aus der Geschichte der Tragflügler zusammengetragen.

Brigadegeneral Hans Drebing, General der Heeresflieger vom 01. April 1971 bis 30. September 1979 war Gründungsmitglied des bekannten Hubschraubermuseums.

Heeresfliegerregiment 6

Der nördlichste Verband der deutschen Heeresflieger ist das in Hohenlockstedt/Itzehoe stationierte Heeresfliegerregiment 6. Ausgerüstet mit rund 40 Bell-UH-1D-Hubschraubern deckt es einen großen Teil des militärischen Transportbedarfs im Norden ab und hat als KRK-Verband (KRK = Krisenreaktionskräfte) weitere wichtige Aufgaben bei verschiedensten Auslandseinsätzen zu erfüllen.

Die Geschichte dieses Verbandes begann im April 1959, als die in Celle aufgestellte Heeresfliegerstaffel 814 in Heeresfliegerstaffel 6 umbenannt und etwa einen Monat später nach Itzehoe verlegt wurde. Ausgerüstet mit Do 27 und zu Testzwecken mit einigen Skeeter-Hubschraubern mussten sich die Angehörigen anfangs in einem provisorischen Barackenlager einrichten. Dieses und auch das Flugfeld, ein neu angelegter Sportflugplatz, erhielt bald den später bekannten Namen »Hungriger Wolf« – hervorgegangen aus der alten Bezeichnung eines angrenzenden Gehöftes. Der Skeeter überstand die Testphase nicht, und so erhielt die Staffel mit der modernen Alouette II im März 1960 ein neues Hubschraubermuster für Verbindungs- und Aufklärungseinsätze.

Geführt vom Oberstleutnant Dr. Tiedgen, einem Heeres-

Nach 30 Jahren UH-1D-Betrieb wurde diese Maschine mit einer Sonderbemalung versehen. Diese UH-1D war die erste auf dem »Hungrigen Wolf«.

Vorbereitung auf einen neuen Einsatz. Im Hintergrund der Tower des Flugplatzes Hohenlockstedt.

flieger der ersten Stunde, erfuhr die Staffel im Rahmen der Heeresstruktur 2 im November 1962 die Aufwertung zum Bataillon. Zur Freude der Soldaten waren dann endlich feste Unterkünfte bezugsfertig, und auch die Arbeiten auf dem Flugplatzgelände, vor allem aber an der Wartungshalle, kamen gut voran. Im Frühjahr 1963 erhielt das Bataillon mit der Sikorsky H-34G ein größeres Gerät. Dieser Transporthubschrauber war – wie vorher auch schon der Skeeter – im täglichen Einsatz auf Herz und Nieren zu überprüfen. Der ungewöhnliche Hubschrauber mit dem Pratt-&-Whitney-Sternmotor erwies sich dabei als brauchbares Transportgerät und wurde in größeren Stückzahlen für Luftwaffe, Marine und Heer beschafft. Im Gegensatz zu anderen Bataillonen erhielt der Verband im September 1963 einen eigenen Instandsetzungszug. Später zur Staffel aufgewertet, konnten somit Instandsetzungsarbeiten vor Ort durchgeführt werden. Eineinhalb Jahre später, im März 1965, erhielten der Unterkunftsbereich offiziell den Namen »Waldersee-Kaserne«, benannt nach Generalfeldmarschall Alfred Graf von Waldersee, der unter anderem Chef des Generalstabs und Ehrenkommandeur des 9. Artillerieregiments in Itzehoe war.

Ein neues Zeitalter begann für das Bataillon am 05. November 1968, denn an diesem Tag erhielt der Verband seine erste Bell UH-1D. Als leichter Transporter ersetzte dieser moderne, instrumentenflugtaugliche Hubschrauber die sich nach und nach in den Ruhestand verabschiedenden Sikorsky H-34.

Erst Ende 1971 erhielt der Verband, der in der Heeresstruktur 3 als einziger Bataillonsrang beibehielt, seine komplette materielle und personelle Ausstattung. Zu dieser Zeit hieß es auch Abschied von der geliebten und bewährten Dornier Do 27 nehmen. Es folgten ruhigere Jahre des routinierten Dienstbetriebes, bei dem das Bataillon allerdings bei einigen Hilfseinsätzen seine Leistungsfähigkeit und Bedeutung nachweisen konnte.

Eine größere Umstrukturierung ergab sich im April 1980, als der Verband zum gemischten Heeresfliegerregiment umgegliedert und damit aufgewertet wurde. Neben der klassischen Transport- und Verbindungsaufgabe sollte künftig auch die Panzerabwehr eine wichtige Rolle für das Heeresfliegerregiment 6 spielen. Dies brachte auch eine Veränderung der Ausrüstung mit sich. Ab März 1981 erhielt das Regiment mit dem Panzerabwehrhubschrauber (PAH-1) MBB Bo 105P und dem Verbindungshubschrauber (VBH) Bo 105M zwei neue Einsatzmuster. Gleichzeitig musterte man die bewährte Alouette II bis August 1982 schrittweise aus. Im Februar 1984 war die Neuausrüstung abgeschlossen; zu diesem Zeitpunkt verfügte der Verband über 24 Bell UH-1D (LTH), 21 MBB Bo 105P (PAH-1) und 14 Bo 105M (VBH), die jeweils in einer eigenständigen Staffel zusammengefasst waren. Im Mai 1984 veranstaltete das Regiment anlässlich des Jubiläums »25 Jahre Heeresflieger« einen Tag der offenen Tür, der über 25.000 Besucher anlockte. Zwei Jahre später erhielt das Regiment auf Grund 65 000 unfallfreier Stunden den Flugsicherheitspokal verliehen. Das Jahr 1990 brachte am 03. Oktober die Wiedervereinigung der beiden deutschen Staaten. Dies und der anschließende Zusammenbruch des Warschauer Paktes führten – nach Verminderung der Bedrohung – zu einer erheblichen Veränderung der deutschen Streitkräfte, die auch das Heeresfliegerregiment 6 betraf. So löste man 1993 die 6. Panzergrenadierdivision auf, zu deren Unterstützung das Regiment zuvor mit Transport- und Verbindungsflügen sowie Panzerabwehr im Einsatz gewesen war. Eine Neugliederung stand an und hatte zur Folge, dass das Regiment der Heeresfliegerbrigade 3 in Mendig unterstellt wurde. Alle Bo 105 wurden bis Oktober 1993 abgegeben, die PAH

Die zuverlässige Bell UH-1D im Dienst des Heeresfliegerregiments 6.

gingen zu den Panzerabwehrregimentern, und auch die Verbindungsmaschinen verließen den Platz in verschiedene Himmelsrichtungen. Gleichzeitig erhielt das Regiment weitere Bell UH-1D, bis die Sollstärke von 52 dieser zuverlässigen Hubschrauber erreicht war. Somit war das HFlgRgt 6 wieder zum reinen Transportverband geworden.

»KRK-Fähigkeit« hieß das Stichwort, und der nördlichste Heeresfliegerverband begann sich intensiv auf diese neuen Aufgaben vorzubereiten. Der Krisenherd Balkan forderte dann schließlich auch den Einsatz deutscher Truppen, und so übernahm das Regiment von Mai bis Oktober 1996 mit 180 Soldaten und 12 Hueys den Hauptanteil der gemischten Heeresfliegertransportabteilung in Zadar/Kroatien. Diese Aufgabe lief unter der Bezeichnung GECONIFOR (German Contingent Implementation Force) und wurde später durch GECONSFOR (German Contingent Stabilization Force) abgelöst. Auch hieran hatten sich die Flieger des »Hungrigen Wolfs« weiterhin zu beteiligen. Ein Einsatz im größeren Stil folgte dann allerdings erst wieder im Kosovo – von März bis Dezember 1999. Im Rahmen von GECONKFOR (German Contingent Kosovo Force) verlegten 150 Mann an Personal und bis zu neun UH-1D nach Toplicane zur dortigen gemischten Heeresfliegertransportabteilung. Auch im Jahre 2000 war das Regiment an diesem fordernden Auslandseinsatz beteiligt.

Anfang 2001 allerdings traf eine wichtige Nachricht die Angehörigen des Verbandes und die Region wie ein Schlag: Per Erlass verfügte Verteidigungsminister Scharping am 16. Februar 2001 die Reduzierung oder die Auflösung zahlreicher Bundeswehrverbände, darunter auch des Heeresfliegerregiments 6 auf dem »Hungrigen Wolf« – bis voraussichtlich 2004 soll der Verband nach und nach aufgelöst werden; seine Hueys werden auf andere Verbände verteilt. Diese Entscheidung stellt einen nachhaltigen Verlust für die Heeresflieger dar und betrifft einen Verband, der zu den traditionsreichsten dieser Truppe gehörte.

Heeresfliegerregiment 10

Der anhaltende Druck auf die Bundeswehr, über eine Truppenreduzierung die Kosten zu senken, führte im Februar 2001 zu einer weit reichenden Strukturreform, die auch die Heeresflieger mit ihren Regimentern betraf. Von den drei mit Bell UH-1D ausgerüsteten leichten Transportregimentern in Itzehoe, Faßberg und Niederstetten war eines zur Auflösung vorgesehen. Als die Entscheidung letztendlich fiel, war beim HFlgRgt 10 die Erleichterung groß, denn neben dem Heeresfliegerregiment 30 in Niederstetten blieb das Heeresfliegerregiment 10 von der Auflösung verschont. So kann der traditionsreiche Verband nun seine Geschichte fortschreiben, die im April 1971 begann.

Zu diesem Zeitpunkt wurde aus Teilen der Heeresfliegerbataillone 7 und 11, der Heeresflieger-Instandsetzungsstaffel 108 und der Heeresflieger-Ausbildungskompanie 432 das »leichte Heeresfliegertransportregiment 10« gebildet, das mit Bell UH-1D sowie in der Verbindungsrolle mit Alouette II ausgerüstet wurde. Geführt wurde das junge, in Celle-Wietzenbruch stationierte Regiment von Oberst von Arnstorff, der das Kommando im April 1972 an Oberstleutnant Brinkmeier weitergab. Im November desselben Jahres nahm das Regiment bei einer Flutkatastrophe in Norddeutschland an einem ersten groß angelegtem Hilfseinsatz teil.

Im Mai 1975 erreichte der Verband in nur vier Jahren seine 50.000ste Flugstunde auf UH-1D und Alouette II, sicherlich eine stolze Leistung. Ab Juli 1976 übernahm das le HFlgTrspRgt 10 die Rettungsstation Christoph 8 am St. Marienhospital in Lünen, Kreis Unna, und damit erstmals SAR- (Search-and-Rescue-) Verantwortung. Für diese bis Januar 1978 andauernde Aktion wurde ständig ein Hubschrauber mit Besatzung für eventuelle zivile Hilfsflüge abgestellt. Um die Jahreswende 1978/1979 führte das Regiment zahlreiche Rettungs- und Versorgungsflüge bei einer Schneekatastrophe in Schleswig-Holstein durch.

Im Rahmen der Heeresstruktur 4 ergaben sich auch für das Celler Regiment im Oktober 1979 einige Änderungen. So teile man die bisherige Stabs- und Versorgungsstaffel in eine Stabsstaffel und eine Versorgungsstaffel. Weiterhin änderte sich die Regimentsbezeichnung nun in Heeresfliegerregiment 10. Gleichzeitig mit diesen eher kosmetischen

Eine Bell UH-1D des Heeresfliegerregiments 10 mit UN-Markierungen während des Somalia-Einsatzes.

Außenlandung einer Maschine des Regiments. Obwohl die UH-1D schon viele Jahre im Einsatz ist, gilt sie noch immer als sehr zuverlässig.

Veränderungen erreichte das Regiment ein Befehl mit deutlich größerer Tragweite: Er besagte, dass es auf den nur wenige Kilometer nördlich von Celle gelegenen Luftwaffenfliegerhorst Faßberg zu verlegen habe. Dieser Transfer begann 1980, und im September 1981 konnte mit einem ersten Regimentsappell der Umzug als offiziell abgeschlossen gemeldet werden. Kurz zuvor, im Juli, hatte Oberstleutnant Burkowski von Oberst Brinkmeier das Kommando übernommen.

Ab 1983 erweiterte sich das Einsatzspektrum der Faßberger Besatzungen mit Einführung der Bildverstärker-Brille stark: Mit diesem Hilfsmittel, einem am Helm montierten

Zwischenstation: Diese Faßberger Maschine macht einen kurzen Tankstopp auf dem Flugplatz Fritzlar.

Nachtsichtgerät, war es nun möglich, bei Dunkelheit tief zu fliegen.

Im November 1985 nahm das Regiment an einer großen Luftparade anlässlich »30 Jahre Bundeswehr« teil. Ein erneuter Kommandowechsel stand im April 1986 bevor: In diesem Monat übergab Oberst Burkowski die Führung des Regimentes an Oberstleutnant Hudalla. Im März 1990 konnte das Regiment stolz auf 200 000 Gesamtflugstunden mit Bell UH-1D und Alouette II zurückblicken.

Mit Beginn der 90er-Jahre änderten sich die Anforderungen an die Truppe ein weiteres Mal. Die Bedrohung aus dem Osten gehörte der Vergangenheit an, und neue Herausforderungen eines nun international stärker eingebundenen Deutschlands standen im Vordergrund. Ein erster Einsatz ergab sich im Anschluss an den Golfkrieg 1991, als viele Tausende Kurden vor Saddam Hussein in kaum erreichbare Bergregionen der Türkei und des Iran flohen. Von Kälte und Hunger bedroht, stellten unter anderem Heeresflieger die Versorgung der Not leidenden Menschen sicher. Das Heeresfliegerregiment 10, dessen Hubschrauber und Besatzungen für die Zeit des Einsatzes im Iran stationiert waren, beteiligten sich an dieser weithin beachteten Hilfsaktion.

Im August 1992 wurde das Regiment offiziell den Krisenreaktionskräften (KRK) zugeordnet. Von Dezember 1992 bis Dezember 1993 waren die Faßberger mit der Stationsübernahme Christoph 13 in Bielefeld wieder im SAR-Dienst.

Nach dem Bürgerkrieg in Somalia beschloss die UNO am 13. April 1992 umfangreiche Hilfen für die vom Hunger bedrohte Bevölkerung dieser Region. Hieraus entwickelte sich im Verlauf des Jahres 1993 der umfangreiche UNOSOM-II-Einsatz, bei dem ein 1700 Mann starkes deutsches Kontingent in Belet Uen stationiert war und die Vereinten Nationen logistisch unterstützte. Als Leitverband für die bis 23. März 1994 andauernde Aktion fungierte das Heeresfliegerregiment 10.

Die ab April 1994 greifende Heeresstruktur 5 bedeutete für das HFlgRgt 10 einige gravierende Änderungen. Die zuvor eigenständigen Einheiten Stabsstaffel und Versorgungsstaffel wurde zur Stab-/Versorgungsstaffel zusammengelegt. Darüber hinaus stellte man die Stab-/Flugbetriebsstaffel der Fliegenden Abteilung 101 sowie die Stabsstaffel der Luftfahrzeugtechnischen Abteilung 102 auf und löste die mit Alouette II ausgerüstete Verbindungshubschrauberstaffel auf. Gleichzeitig erfolgte ein Unterstellungswechsel vom I. Korps zur neu geschaffenen Heeresfliegerbrigade 3. Unabhängig davon übernahm das Regiment zu diesem Zeitpunkt von der Luftwaffe die Verantwortung für den Flugplatz Faßberg. Viele Jahre hatte sich der Verband tatkräftig durch humanitäre Einsätze, Hilfsleistungen und großes Engagement in der Öffentlichkeit ausgezeichnet, was das Land Niedersachsen im Dezember 1994 durch die Verleihung eines Fahnenbandes honorierte.

Bei einem erneuten Kommandowechsel übergab Oberst Hudalla die Führung des Regiments an den späteren General der Heeresflieger, Oberstleutnant Budde. Jeweils im August 1994 und 1995 standen Flüge zur Waldbrandbekämpfung in Nordhausen (Harz), Brokel und Munster-Dethlingen auf dem Plan. Hierbei wurden die im Einsatz befindlichen UH-1D mit einem 1000 Liter Wasser fassenden Feuerlöschbehälter ausgerüstet und somit zur »Fliegenden Feuerwehr«. Ab Ende 1995 übernahm das Faßberger Regiment erneut zusätzliche Verantwortung, diesmal als Leitverband der Heeresflieger beim deutschen Kontingent zu IFOR (GECONIFOR). Für den inzwischen zum Oberst beförderten Regimentskommandeur Budde endete die Zeit im Regiment, sein Nachfolger wurde im Oktober 1996 Oberstleutnant Bund. Die im April 1997 begonnene Neugliederung »Neues Heer für neue Aufgaben« (NHFNA) brachte für das HFlgRgt 10 vor allem die Änderung der Unterstellung von der Heeresfliegerbrigade 3 zur neu geschaffenen Luftmechanisierten Brigade 1. Das Jahrhunderthochwasser an der Oder im Juli 1997 führte zu einem außergewöhnlichen Hilfseinsatz, bei dem unter anderem 30 000 Soldaten beteiligt waren. Die Heeresflieger stellten dringend benötigtes Fluggerät ab, und dabei wurde der Heeresfliegereinsatzverband »Hochwasser«, bestehend aus Hubschraubern und Besatzungen diverser Regimenter und Staffeln, von Oberstleutnant Bund, Kommandeur des HFlgRgt 10, geführt. Mit dem Transport von unzähligen Sandsäcken und weiterem Material konnten die meisten Dämme stabilisiert werden – somit blieb dem Land Brandenburg eine Katastrophe erspart.

Im Januar 1999 übergab Oberst Bund das Heeresfliegerregiment 10 an Oberstleutnant Küster. Unter seiner Führung stellte man ab Mai 2000 das erste – sechs Monate bestehende – Einsatzkontingent der Heeresflieger für SFOR und KFOR ab. Diese Einsätze im ehemaligen Jugoslawien dauern zurzeit noch an, und so bereitet sich das Faßberger Regiment auf seinen erneuten Einsatz für SFOR/KFOR ab November 2001 vor. Wie schon bei unzähligen Einsätzen zuvor werden die gut ausgebildeten und hoch motivierten Angehörigen des Verbandes auch diese erneute Herausforderung mit Bravour meistern.

Heeresfliegerregiment 15

Für das Heer ist Lufttransportkapazität zur Erfüllung seines Auftrages von herausragender Bedeutung. Neben den leichten UH-1D benötigte man aber unbedingt einen Transporthubschrauber, der deutlich größeres Gerät und mehr Soldaten aufnehmen konnte. Die Wahl fiel Anfang der 70er-Jahre auf den Sikorsky CH-53. Dieser Großhubschrauber konnte mit seinen sechs Tonnen Nutzlast sechsmal so viel wie die bereits im Heeresfliegerdienst stehende UH-1D transportieren. Gleichzeitig schien es aber unmöglich, ein solch großes und kompliziertes Gerät in die altgewohnte Staffel- oder Bataillonsstruktur zu integrieren. Die dafür dringend benötigten unterstützenden Funktionen wie

Stärke im Verband: Zwei CH-53G des HFlgRgt 15 üben zusammen mit Fallschirmjägern das schnelle Absetzen von »Wieseln«.

Instandsetzung und Ersatzteilversorgung sollten direkt in den Verband mit eingliedert sein. Dies war mit ein Grund, die Umstrukturierung der Heeresfliegerverbände in Regimenter zu forcieren. So wurde am 01. April 1971 in Rheine-Bentlage aus dem Heeresfliegerbataillon 100, der Heeresfliegerinstandsetzungsstaffel 107 und weiterem, aus Hildesheim kommendem Personal das Heeresfliegerregiment 15 gebildet. Es gliederte sich in eine Stabs- und Versorgungsstaffel, eine Fliegende und eine Luftfahrzeugtechnische Abteilung. Zu Anfang noch mit Sikorsky H-34G ausgerüstet, konzentrierte sich das Regiment auf seine Transportaufgabe, bereitete aber schon eifrig die Einführung des neuen Musters vor. Am 22. März 1974 verabschiedete der Verband die lieb gewonnenen und zuverlässigen H-34 Choctaw. Drei Monate später, am 22. Juni 1974, erhielt das Regiment seine ersten vier Sikorsky CH-53G MTH (mittlere Transporthubschrauber).

Trotz ihrer Komplexität gelang die Einführung recht gut. Ihre deutlich höhere Transportkapazität und Schnelligkeit eröffneten dem Heer ganz neue Dimensionen.

Diese waren besonders bei diversen Hilfseinsätzen gefragt, in die das Regiment in den Folgejahren mit eingebunden wurde. Sei es bei der Bekämpfung der Waldbrände in Niedersachsen, bei Hochwasserhilfsflügen in der Elbmündung 1975/76 oder bei Rettungseinsätzen bei der Schneekatastrophe in Schleswig-Holstein und Niedersachsen 1979 – überall waren die Besatzungen und Maschinen des Regiments schnell vor Ort.

Um dringend benötigte Nachwuchskräfte für die Instandhaltung zu erhalten, baute das Regiment 1984 eine Lehrlingswerkstatt für bis zu zwölf zivile Auszubildende auf. Die 90er-Jahre hielten für das Regiment aus Rheine-Bentlage viele neue Aufgaben und Herausforderungen bereit. Im wahrsten Sinne des Wortes eine Feuertaufe bestanden einige Besatzungen, als sie 1990 als »fliegende Feuerwehr« in Griechenland am Berg Athos eingesetzt waren. Mit Hilfe einiger 5000 Liter Wasser fassender Feuerlöschbehälter – genannt »Smokey« – konnte das Feuer eingedämmt werden; somit wurden viele Menschenleben gerettet, und unersetzliches Kulturgut vor der Zerstörung bewahrt.

Auch wenn deutsche Verbände nicht aktiv im Golfkrieg beteiligt waren, gab es doch indirekte Aufgaben zu übernehmen. So flog das HFlgRgt 15 während der Operation »Desert Storm« amerikanische Verwundete von Ramstein aus in verschiedene umliegende Krankenhäuser. Doch die eigentlich fordernde Aufgabe wartete auf das Regiment nach Ende der Kampfhandlungen im Irak: Millionen Kurden flüchteten aus Angst vor der irakischen Armee in das Grenzgebiet der Türkei und des Iran. Mit insgesamt zwölf CH-53 verlegte das Regiment in den Iran, um die Not der Menschen durch Versorgungsflüge im schwer zugänglichen Hochgebirge zu lindern. Mit über 500 Tonnen eingeflogener Hilfsgüter stellten die Sikorsky des Heeresfliegerregiments 15 oft die rettenden Engel aus der Luft dar. Nahtlos an diese Operation schloss sich eine weitere Aufgabe in dieser Region an: Von 1992 bis 1996 unterstützten zwei CH-53 UN-Waffeninspektoren bei ihren Inspektionsaufgaben im Irak. Dabei waren die Besatzungen in der Nähe Bagdads stationiert, bei ihren Einsätzen wurden sie oft von irakischen Hubschraubern begleitet.

Im Zuge der Heeresstruktur 5 musste sich das Regiment ab 1994 umgliedern. Die Stabs- und Versorgungsstaffel legte man wieder zu einer Staffel zusammen, die Fliegende Abteilung 151 und die Luftfahrzeugtechnische Staffel 152 erhielten zusätzlich je eine Stabsstaffel, in die die Bo 105M (VBH) integriert wurden. So erhielt das Regiment mit der Verbindungskomponente einen weiteren Auftrag übertragen sowie ein zusätzliches Hubschraubermuster. Gleichzeitig änderte sich die Unterstellung des Verbandes, denn die neu aufgestellte Heeresfliegerbrigade 3 in Mendig übernahm die Führung aller MTH-Regimenter der Heeresflieger.

Bei Einführung der Krisenreaktionskräfte (KRK) erwuchs dem Verband besondere Bedeutung, sollte er doch künftig als Leitverband der MTH-Kräfte fungieren. Im November 1995 beteiligten sich Teile des Verbandes am UN-Einsatz in Bosnien.

Seit Februar 1997 ist das Heeresfliegerregiment 15 verantwortlich für Aufstellung, Ausbildung und Führung einer in Rajlovac stationierten mittleren Heeresfliegertransportstaffel mit bis zu sieben CH-53G und 130 Soldaten.

Der Verband machte im Jahre 1995 von sich reden, als er maßgeblich am Umzug des Luftwaffenmuseums von Uetersen nach Berlin-Gatow beteiligt war. Ganze Flugzeuge wurden unter den Rumpf der CH-53 geschnallt und per Luftfracht direkt zum neuen Standort transportiert. Ebenfalls schwierig – aber um ein Vielfaches wichtiger – waren die Einsätze des Regiments beim Jahrhunderthochwasser an der Oder im Jahre 1997. Mit unzähligen Tag- und Nachtflügen konnten die Besatzungen aus Rheine eine große Zahl Sandsäcke zur Stabilisierung des Deiches bereitstellen und somit einen kleinen Beitrag zum Erfolg dieser Operation leisten.

Die im Februar 2001 beschlossenen Standortentscheidungen zur umfassenden Bundeswehr-Strukturreform meinten es gut mit dem nördlichsten MTH-Verband: So wird das Heeresfliegerregiment 15 auch weiterhin – wahrscheinlich sogar mit mehr Personal und Luftfahrzeugen – seinen wichtigen Beitrag für das Heer, für das Bündnis und die Allgemeinheit leisten können.

Heeresfliegerregiment 16

Die Panzerabwehrhubschrauber (PAH) des Heeres stellen eine schnelle, flexible und äußerst wirkungsvolle Waffe zur Panzerabwehr dar. Insgesamt drei Einsatzverbände sind damit ausgerüstet, auch das im nördlichen Teil der Republik stationierte Panzerabwehrregiment 16 in Celle-Wietzenbruch. Es wurde am 02. April 1979 als erstes von drei geplanten PAH-Regimentern aufgestellt und blickt somit auf eine mittlerweile über 20-jährige Geschichte zurück. Unter dem ersten Kommandeur, Oberstleutnant Baumann, dauerte es allerdings noch bis zum 04. Dezember 1980, bis der erste heiß erwartete PAH-1, eine MBB Bo 105P, feierlich übergeben werden konnte. Da die Umschulung einiger Piloten schon vorher erfolgt war, konnte der Flugbetrieb unverzüglich aufgenommen werden. Nach und nach liefen weitere Maschinen zu und gaben den Piloten die Möglichkeit, langsam in die noch ungewohnte Rolle des Panzerjägers hineinzuwachsen. Vordringlichste Aufgabe war erst einmal das Üben mit Bodenverbänden, denn nur im Verbund mit anderen Waffengattungen kann der PAH seine volle Wirkung erreichen. Schnell erkannten nun auch Skeptiker, welchen Wert der PAH durch seine wirkungsvolle HOT-Waffenanlage für die Panzerabwehr hat. Die Bo 105

Ein PAH-1 des Heeresfliegerregiments 16. Anfänglich verfügte der Verband für seine Verbindungsaufgaben zusätzlich über einige Alouette II.

»Charly« Zimmermann, Angehöriger des HFlgRgt 16, begeisterte Anfang der 80er Jahre auf vielen Veranstaltungen mit seinem Kunstflugprogramm. Im Jahre 1981 wurde er Weltmeister im freien Stil.

wurde von den Piloten sehr gut aufgenommen, stellt sie doch ein sehr unkompliziertes, zuverlässiges und wendiges Fluggerät dar. Gerade Letzteres machte sich Hauptmann Karl »Charly« Zimmermann zunutze, der bei den Hubschrauber-Weltmeisterschaften 1981 in Polen den Weltmeistertitel im freien Stil erringen konnte. Zimmermann wurde in dieser Zeit zum bekanntesten Heeresflieger, der bei verschiedenen Veranstaltungen sein außergewöhnliches Können demonstrierte.

Im Laufe des Jahres 1984 erhielt das Celler Regiment seinen 56. und letzten PAH zugeteilt, weiterhin wurden zu dieser Zeit noch einige Alouette II für Verbindungsaufgaben genutzt. Damit war auch der Aufbau des Verbandes nahezu abgeschlossen. Es folgten Jahre des Routinedienstbetriebes, in denen das Regiment bei verschiedenen nationalen und internationalen Übungen die hohe Leistungsfähigkeit des PAH nachweisen konnte. Das große Interesse am Verband zeigte sich am 14. Juli 1987, als anlässlich eines Flugtages 150 000 Gäste den Flugplatz besuchten, darunter auch der damalige niedersächsische Innenminister Wilfried Hasselmann. Bei dieser Gelegenheit demonstrierten die Piloten mit exakten Formationsflügen und dem extrem niedrigen PAH-Einsatzprofil ihr Können.

Eine spannende Zeit begann für das Regiment mit der deutschen Wiedervereinigung am 03. Oktober 1990. Durch den Zusammenbruch des Warschauer Paktes entfiel die Bedrohung aus dem Osten weitgehend – aus Feinden wurden nach und nach Freunde. So wäre es noch kurz zuvor undenkbar gewesen, dass 1991 der stellvertretende russische Verteidigungsminister und Oberbefehlshaber der Landstreitkräfte, General Warenikow, das Heeresfliegerregiment 16 besuchte und mit einem PAH-1 mitflog. Folge dieser Entspannung war unter anderem auch eine deutliche Verringerung und Umstrukturierung der deutschen Streitkräfte. Auf Grund einer Erweiterung des Aufgabenspektrums blieb das HFlgRgt 16 allerdings von Kürzungen verschont.

So ordnete man den Verband 1992 – wie auch die meis-

Mit korrigierter Farbgebung präsentiert sich dieser PAH des Celler Regimentes.

ten anderen Heeresfliegereinheiten – den Krisenreaktionskräften (KRK) zu. Ein Jahr zuvor, im Juni 1991, hatte man sich schweren Herzens von der letzten der insgesamt vier Verbindungshubschrauber Alouette II verabschiedet. Sie hatten ab 1983 unfallfrei rund 6700 Flugstunden erbracht. Für die Verbindungsaufgabe nutzt der Verband seitdem »abgerüstete« Bo 105P, also Maschinen, deren Waffenanlage zum Teil ausgebaut ist. Etwa zeitgleich erhielt der erste PAH die Kampfwertsteigerung zum PAH-1A1: Dies betraf vor allem die Waffenanlage, die deutlich verbessert wurde.

Im Rahmen der ab April 1994 wirksam gewordenen Heeresstruktur 5 musste das Regiment – wie auch die anderen Verbände – mit weniger Personal auskommen. So legte man unter anderem Stabsstaffel und Versorgungsstaffel zur Stabs- und Versorgungsstaffel zusammen. Das HFlgRgt 16 wurde nach Auflösung des Heeresfliegerkommandos 1 direkt dem I. Korps in Münster unterstellt.

Im Jahre 1995 wurde dem Verband auf Grund vierjährigen unfallfreien Fliegens vom Inspekteur der Luftwaffe, Generalleutnant Mende, der Flugsicherheitspokal verliehen.

Zwei Jahre später, im April 1997, änderte sich für das Regiment die Unterstellung: Als vorgesetzte Dienststelle erhielt die neu geschaffene, in Fritzlar beheimatete Luftmechanisierte Brigade 1 Befehlsgewalt über den Celler Verband. Obwohl der PAH im ehemaligen Jugoslawien nicht zum Zuge kam, waren doch fortwährend Soldaten und zivile Mitarbeiter aus dem Celler Verband zur Unterstützung vor Ort eingesetzt.

Im April 1999 feierte der Verband sein 20-jähriges Bestehen und gleichzeitig das Erreichen der 77 000sten unfallfreien Flugstunde.

Die ab dem Jahr 2000 eingeleitete Reduzierungswelle innerhalb der Bundeswehr erfasste mit der offiziellen Verkündung des zukünftigen Standortkonzeptes durch Verteidigungsministers Scharping am 16. Februar 2001 auch das Heeresfliegerregiment 16: Die für das Regiment, seine Soldaten und zivilen Mitarbeiter sowie für die Stadt und die Region Celle bittere Entscheidung des Ministeriums hieß Auflösung des HFlgRgt 16 bis ca. 2003. Ein Hoffnungsschimmer verbleibt allerdings, denn in Celle soll, so die vorläufige Planung, eine so genannte »Heeresfliegerunterstützungsstaffel« gebildet werden, die mit etwa 15 Bo 105 ausgerüstet wird: Vielleicht wird diese Einheit dann die stolze Tradition des Heeresfliegerregimentes 16 im neuen Jahrtausend weiterführen können.

Heeresfliegerregiment 25

Die Geburtsstunde des in Laupheim/Oberschwaben gelegenen Heeresfliegerregiments 25 schlug am 01. April 1971: Im Rahmen der Heeresstruktur 3 wurde aus den Laupheimer Verbänden, dem Heeresfliegerbataillon 200 (dem II. Korps zugehörig) und der Heeresfliegerinstandsetzungsstaffel 207 das mittlere Heeresfliegertransportregiment 25 aufgestellt. Einsatzmuster des Regiments war die Sikorsky H-34, die auch schon zu Zeiten des Heeresfliegerbataillons 200 zuverlässig ihren Dienst verrichtet hatte. Die Einführung der modernen Sikorsky CH-53G war allerdings schon geplant, und so liefen die Vorbereitungen wie bauliche Veränderungen am Flugplatz oder Schulung der Angehörigen mit Aufstellung des Regimentes langsam an. Zwei Jahre später, 1973, war es dann so weit: Die ersten CH-53G wurden von Speyer, der Lizenzproduktionsstätte der Maschine, nach Laupheim überführt. Mittlerweile war die noch mit einem Sternmotor betriebene H-34G nach rund 65 000 Flugstunden aus dem Dienst genommen worden. Am 19. Mai 1974 feierte das Regiment »Zehn Jahre Flugplatz Laupheim« und stellte bei dieser Gelegenheit ihr neues Einsatzmuster den über 150 000 Zuschauern vor.

Neben den Routineflügen im Bereich des II. Korps führte der Verband auch immer wieder Transport- und Hilfseinsätze im nationalen und internationalen Rahmen durch. So stellt 1976 eine Luftbrücke in das Erdbebenkatastrophengebiet um Udine in Italien den fliegerischen Höhepunkt des Jahres dar. Besatzungen des mHFlgTrspRgt 25 stellen im »Shuttle-Verkehr« die Versorgung der als Katastrophenhelfer eingesetzten Pioniere sicher. Gleichzeitig mit dem Nachschub für die Soldaten wurden tonnenweise Hilfsgüter für die betroffene Bevölkerung eingeflogen.

Das Jahr 1979 brachte im Zusammenhang mit der Heeresstruktur 4 Veränderungen auch für die Heeresflieger mit sich. Für das Laupheimer Regiment beschränkten sich diese aber im Wesentlichen auf die ab Oktober 1979 gültige Namensänderung vom »mittleren Heeresfliegertransportregiment 25« zum »Heeresfliegerregiment 25«. Eine neue Qualität für die Verwendung der CH-53G bedeutet die 1982 vollzogene Einführung der Bildverstärkerbrille (BiV), die nun Nachttiefflug mit dem schweren Hubschrauber ermöglichte.

Ein außergewöhnlicher Einsatz ergab sich 1983 für das Regiment, das wegen seiner Nähe zu den Alpen prädestiniert ist für Einsätze in dieser fliegerisch anspruchsvollen Region. Eine 3,5 Tonnen schwere Forschungsplattform mit kompletter Laser-Überwachungseinrichtung wurde von ei-

Erstes Einsatzmuster des Heeresfliegerregiments 25 war die Sikorsky H-34G. Sie wurde aber schon bald darauf von der Sikorsky CH-53G abgelöst.

»Line-up« des neuen und modernen Musters beim Heeresfliegerregiment 25, die Sikorsky CH-53G.

ner CH-53G für das Max-Planck-Institut zur Erforschung der Ozonsicht auf die 2963 Meter hohe Zugspitze gebracht. Die Transportprofis der Bundeswehr stehen übrigens allen zivilen Organisationen gegen Bezahlung offen – es muss allerdings nachgewiesen werden, dass keine andere in Deutschland ansässige Firma den Transport sicher bewerkstelligen kann. So werden fast nur die schwierigsten Fälle den Heeresfliegern übertragen. Doch aufgrund des hohen Ausbildungsstandes konnten schon viele Sonderaufträge erfolgreich gemeistert werden. Im Jahr 1984 nahmen Teile des Regiments an der groß angelegten Heeresübung »Flinker Igel« teil. Zwei Jahre später feierte man das 30-jährige Bestehen der Bundeswehr sowie 15 Jahre Heeresfliegerregiment 25 mit einem großen Zapfenstreich. Für zehn Jahre unfallfreies Fliegen – entsprechend rund 70 000 Flugstunden – erhielt das Heeresfliegerregiment 25 1989 den Flugsicherheitspokal in Gold.

Mit dem Zusammenbruch des Warschauer Paktes und der deutschen Wiedervereinigung standen die Zeichen der 90er-Jahre eindeutig auf Entspannung. Dies bedeutete aber für die Heeresflieger nicht weniger Aktivitäten – das Gegenteil war der Fall. Ausgelöst durch den Golfkrieg flüchteten 1991 Kurden aus dem Irak in das unwegsame Bergland der Türkei und des Iran. In einer beispiellosen Aktion versorgte das Heeresfliegerregiment 25 vom 13. April bis 29. Mai etwa 250 000 Flüchtlinge.

Dabei stellten die insgesamt 110 Helfer des Verbandes den Lufttransport von rund 800 Tonnen Hilfsgütern sicher. Noch im selben Jahr – nach Ende des Golfkriegs – begann für die Laupheimer ein sehr langer Einsatz im Irak: Nachdem der Sicherheitsrat der Vereinten Nationen den Irak zur Offenlegung seiner Waffenlager und Produktionsstätten verpflichtet hatte, mussten UN-Inspektoren vor Ort Überprüfungen vornehmen; im Zeitraum zwischen September 1991 und Juli 1996 stellte das HFlgRgt 25 ständig Besatzungen, technisches Personal und Hubschrauber für den Transport der UN-Sonderkommissare im Irak ab. Die Maschinen waren dabei in der irakischen Hauptstadt Bagdad stationiert.

Auf Bitten Griechenlands entsandte das Bundesverteidigungsministerium am 26. August 1993 fünf CH-53-Hubschrauber mit ihren Löschbehältern (»Smokey«) zur Waldbrandbekämpfung in das schwer zugängliche Gebiet in der Nähe von Lárisa. Bis zum Ende der Aktion – etwa sechs Wochen später – absolvierten die Laupheimer Besatzungen rund 1200 Löscheinsätze.

Im Rahmen der Heeresstruktur 5 wurde das Regiment im April 1994 umgliedert. Die Fliegende Abteilung 251 und die Luftfahrzeugtechnische Staffel 252 erhielten zusätzlich je eine Stabsstaffel, in die Bo 105M (VBH) integriert wurden. Mit dieser Verbindungskomponente erhielt das Regiment einen weiteren Auftrag sowie ein zusätzliches Hubschraubermuster. Gleichzeitig änderte sich die Unterstellung des Verbandes: Das Regiment wechselte vom II. Korps zur neu aufgestellten Heeresfliegerbrigade 3.

Nur kurze Zeit später, am 03. Juli 1994, feierte das Regiment mit einem Großflugtag »30 Jahre Heeresflieger in Laupheim«. Hier kamen über 50.000 Besucher zusammen und bestaunten neben 80 Hubschraubern und Flugzeugen eine in Sonderfarben prachtvoll bemalte CH-53G des Regiments. Nur wenige Monate später, am 24. Januar 1995, erhielt der Verband als äußeres Zeichen seiner Verbundenheit mit der Bevölkerung den Beinamen »Oberschwaben«

Über den Wolken.

verliehen. Auch in diesem Jahr halfen Laupheimer Besatzungen in Griechenland wieder beim Löschen von Waldbränden: Diesmal waren es sechs deutsche CH-53, die von 23. bis 31. Juli in Attika ihre anspruchsvollen Einsätze flogen. Anfang Februar 1996 begann die Bundeswehr sich an der UN-Mission UNPROFOR in Bosnien-Herzegowina zu beteiligen. Den der NATO unterstehenden IFOR-Truppen (Implementation Force) gehörten während des gesamten Einsatzzeitraums bis zu drei CH-53G des Heeresfliegerregiments 25 an.

Mit Beginn des Jahres 1997 entstand aus der IFOR die SFOR-Truppe (Stabilization Force). Bis heute sind in jedem Kontingent Soldaten in Rajlovac bei Sarajevo im Einsatz. Vom 13. bis 15. März 1997 führte die Bundeswehr mit der »Operation Libelle« ihren ersten Kampfeinsatz durch. Dabei evakuierten deutsche Truppen des SFOR-Kontingents mit Hilfe von sechs Sikorsky CH-53G – zwei davon aus Laupheim – deutsche Botschaftsangehörige und Flüchtlinge anderer Nationen aus der umkämpften albanischen Hauptstadt Tirana.

Im Juli 1997 bedrohte das Jahrhunderthochwasser der Oder weite Teile Brandenburgs. Neben vielen anderen Helfern beteiligt sich auch das Heeresfliegerregiment 25 vom 17. Juli bis 13. August mit vier CH-53G und einer Bo 105 an der Aktion. Zusammen wurden über 400 Flugstunden zur Sicherung der aufgeweichten Dämme absolviert.

Nach dem Schneechaos und diversen Lawinenabgängen in den österreichischen Alpen mussten Orte des total abgeschnittenen Paznaun-Tals im Februar 1999 aus der Luft versorgt oder evakuiert werden. An dieser Aktion beteiligten sich fünf Großraumhubschrauber CH-53G des Heeresfliegerregiments 25, retten dabei 3786 Menschen und transportierten rund 30 Tonnen Hilfsgüter.

Im selben Jahr noch begann für das Regiment ein neues Engagement auf dem Balkan: Nach Beendigung der Kriegshandlungen im Kosovo beteiligten sich ab Februar auch Laupheimer Soldaten und Hubschrauber an der KFOR-Truppe. Stationiert war das Kontingent zuerst auf dem mazedonischen Flugplatz Ohrid, später im kosovarischen Prizren.

Auslandseinsätze werden für das Regiment weiterhin eine große Rolle spielen, denn die Bundeswehr, die NATO

Anlässlich des Jubiläums »30 Jahre Heeresflieger in Laupheim« wurde diese CH-53G in attraktiver Sonderlackierung präsentiert.

Auch eine Bo 105M VBH erhielt einen Sonderanstrich für »30 Jahre Heeresflieger in Laupheim«.

und auch die UN zählen auf die Transportspezialisten aus Laupheim. Nachdem nun feststeht, dass das Regiment auch nach den im Frühjahr 2001 beschlossenen Truppenreduzierungen weiter bestehen bleibt, werden auf die Laupheimer noch so manche Herausforderungen in nationalem und internationalem Rahmen zukommen.

Aufbau und Gliederung

Das Heeresfliegerregiment 25 ist ein typischer fliegender Verband dieser Truppengattung mit einigen kleinen Besonderheiten, die sich nicht zuletzt durch die geographische Lage begründen.

Mit seinen 32 CH-53G (MTH) – acht davon in der aufgewerteten Version CH-53GS (s. Kapitel »Sikorsky CH-53«) – führt es im Auftrag des Heeres Transporteinsätze von Soldaten und Material durch. Wie beschrieben spielen Hilfseinsätze, zum Beispiel mit Feuerlöschbehälter bei Waldbränden und Einsätze im Rahmen der Krisenreaktionskräfte (KRK) dabei eine wichtige Rolle. Darüber hinaus müssen sich die Besatzungen ständig mit speziellen Verfahren und Einsatzprofilen wie dem Fliegen mit Nachtsichtbrille (BiV) in Übung halten. Durch seine Alpennähe führt das Regiment darüber hinaus die Gebirgsflugausbildung aller CH-53-Besatzungen durch.

Neben den MTH sind dem Laupheimer Verband 18 Bo 105M (VBH) zugeordnet. Mit diesen zuverlässigen Maschinen werden vor allem Personentransporte durchgeführt. Bei den Laupheimer VBH spielt das Fliegen in den Bergen ebenfalls eine große Rolle. Nachdem die in Landsberg stationierte Gebirgsheeresfliegerstaffel 8 im Laufe des Jahres 1994 aufgelöst wurde, gab es zunächst keine Einheit mehr, die vornehmlich zur Unterstützung der Gebirgsjäger vorgesehen war. Somit wurde dieser Auftrag den Heeresfliegerregimentern 30 in Niederstetten (ausgerüstet mit UH-1D) und dem HFlgRgt 25 übertragen. Nicht selten werden die VBH des Laupheimer Verbandes von den Gebirgsjägern angefordert; sie führen dann mit ihren speziell ausgerüsteten Bo 105 (Lasthaken, Außenspiegel) mit einem am Rumpf eingehängten Netz Versorgungsflüge durch oder transportieren Bergführer mit kleinen Trupps an unzugängliche Stellen (s. auch Kapitel »Unterwegs in den Alpen«). Die hierfür unerlässliche Gebirgsflugausbildung auf der Bo 105 wird ebenfalls vom HFlgRgt 25 sichergestellt.

Die etwa 960 Angehörigen – Soldaten wie zivile Mitarbeiter – stellen die optimale Erfüllung der vielfältigen Aufgaben des Verbandes sicher. Das Regiment gliedert sich in den Regimentsstab, die Stabs- und Versorgungsstaffel, die Fliegende Abteilung 251 und die Luftfahrzeugtechnische Abteilung 252.

Dem Regimentskommandeur im Range eines Oberst steht ein Stab zur Seite, der folgende Aufgaben abdeckt:
- S1 Personal, Innere Führung und Öffentlichkeitsarbeit
- S2 Militärische Sicherheit
- S3 Organisation, Alarmierungswesen, Flugsicherheit
- S4 Materialbewirtschaftung, Arbeitsschutz

Transport auch in bergigen Regionen ist für die CH-53G kein Problem.

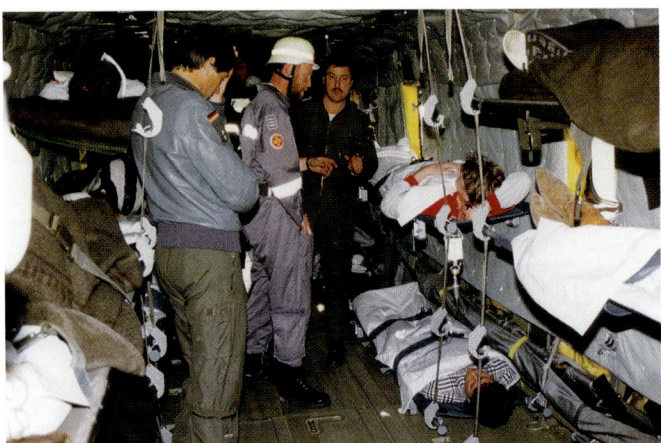
Fliegendes Lazarett: Gemeinsame Übung des Regiments mit einer zivilen Hilfsorganisation.

Die Feuerwehr, der Fliegenden Abteilung 251 zugehörig, ist bei Flugbetrieb jederzeit einsatzbereit. Auch während flugfreier Zeiten ist sie ständig in Bereitschaft.

- S6 Führungsunterstützung, Informationstechnik und Sicherheit

Unterstützt wird der Regimentsstab von der Stabs- und Versorgungsstaffel Heeresfliegerregiment 25 mit ihren etwa 250 Soldaten und 17 zivilen Mitarbeitern. Sie ist die größte Einheit am Standort und deckt ein breites Aufgabenspektrum ab. Nachfolgend ein kurzer Überblick über die vielfältigen Tätigkeiten dieser Staffel:

- Planung und Durchführung der Ausbildung für die Soldaten der Staffel
- Zubereitung der Verpflegung für den gesamten Standort
- Instandsetzung der Kraftfahrzeuge und Aggregate des Regiments
- Bevorratung und Ausgabe von Kraftstoffen für Hubschrauber und Kraftfahrzeuge
- Ärztliche Betreuung und sanitätsdienstliche Versorgung
- Herstellen und Betreiben von Fernmeldeverbindungen bei Übungen
- Transport, Bevorratung und Ausgabe von Versorgungsartikeln wie Bekleidung, Ersatzteilen und Munition
- Unterstützung der Offizier- und Unteroffizierheimgesellschaften mit Personal

Fliegende Abteilung 251

In der Fliegenden Abteilung sind alle mit dem direkten Flugeinsatz im Zusammenhang stehende Funktionen konzentriert. Der Abteilungsstab, als Teil der Stab-/Flugbetriebsstaffel, unterstützt den Kommandeur in der Abteilungsführung, bei der Ausbildungsplanung sowie bei Planung, Durchführung und Überwachung des Flugbetriebs.

Die Stab-/Flugbetriebsstaffel deckt ein weites Aufgabenspektrum ab. Die Piloten des Flugeinsatzzuges führen mit der Bo 105M Verbindungsflüge und Flüge im Rahmen der Aus- und Weiterbildung in Deutschland und im angrenzendem Ausland durch. Dabei verfügen viele Piloten auch über die Qualifikation, mit Hilfe der Bildverstärkerbrille bei Nacht zu fliegen. Des Weiteren führt die Staffel die Gebirgsflugausbildung auf dem Muster Bo 105 durch und transportiert auf Anforderung Außenlasten im Gebirge.

Ebenfalls der Stab-/Flugbetriebsstaffel zugeordnet ist die platzansässige Flugsicherung, die vom Tower aus sämtliche Flugbewegungen innerhalb der Kontrollzone Laupheim steuert. Weiterhin ermöglichen ihre Angehörigen durch Radarkontrolle sichere An- und Abflüge vor allem bei schlechteren Wetterverhältnissen. Zur Unterstützung von Besatzungen und Piloten betreibt die Staffel eine Flugberatungsstelle, die alle Luftraumdaten zur sicheren Einsatzdurchführung liefert. Weiterhin werden hier alle Flüge von Start bis Landung überwacht und gegebenenfalls Suchmaßnahmen eingeleitet.

Sicherheit und Rettung werden bei der Heeresflugplatzfeuerwehr des Standortes großgeschrieben. Mit ihrem Personal und entsprechenden Löschfahrzeugen stellt sie in zwei Schichten rund um die Uhr eine Brandbekämpfungsbereitschaft im Bereich der Kaserne und während des Flugbetriebs eine Pistenbereitschaft ab.

Als zusätzlichen Auftrag stellt die Flugbetriebsstaffel die Aktivierung der Heeresfliegerverbindungs- und Aufklärungs-

Zur Verladung von sperrigen Gütern kann das Heck abgeklappt werden.

staffel 200 sicher, die nur im Verteidigungsfall zum Tragen käme und dann im Wesentlichen aus beorderten Reservisten besteht.

Die CH-53-Besatzungen des Regiments sind in den Transporthubschrauberstaffeln zusammengefasst. Unter Leitung der Staffelkapitäne führen Sie den eigentlichen Transportauftrag des Regiments durch.

Die Geophysikalische Beratungsstelle rundet das Bild der Fliegenden Abteilung 251 ab. Mit ihrem Personal unterstützt sie die fliegenden Besatzungen bei der Flugvorbereitung für In- und Auslandsflüge durch Analyse des Wettergeschehens und durch eine Flugstreckenprognose.

Luftfahrzeugtechnische Abteilung 252

Leistungsfähigkeit und Einsatzfähigkeit eines Heeresfliegerverbandes werden maßgeblich vom technischen Zustand seiner Luftfahrzeuge bestimmt – hierfür zeichnet die Luftfahrzeugtechnische Abteilung, bestehend aus Stabs-, Wartungs- und Instandsetzungsstaffel, mit ihren insgesamt 479 Soldaten und 51 zivilen Mitarbeitern verantwortlich. Als »Halter« der Maschinen kommen der Luftfahrzeugtechnischen Abteilung folgende Hauptaufgaben zu:
• Bereitstellen einsatzbereiter Hubschrauber
• Planung und Durchführung von periodischen Inspektionen
• Störbehebung bei kleineren Mängeln bis hin zur Beseitigung schwerer Schäden

Das Personal der Stabsstaffel unterstützt den Kommandeur bei Führung, Ausbildung und Erhaltung der personellen und materiellen Einsatzbereitschaft der Abteilung. Wichtige Aufgaben der Einheit sind zudem Planung, Koordinierung und Steuerung der Wartung und Instandhaltung der Hubschrauber des Verbandes. Weiterhin stellt sie die Versorgung mit Ersatzteilen von der Schraube bis zum Rotorkopf sicher.

Die Wartungsmechaniker der Staffel sind für die Betreuung der dem Heeresfliegerregiment 25 zugeordneten Bo 105M VBH verantwortlich.

Nicht zuletzt sind Prüfer und nachprüfflugberechtigte Flugzeugführer der Stabsstaffel zu nennen, die im Rahmen der Qualitätssicherung einen wichtigen Beitrag zur Flugsicherheit leisten.

Die Mitarbeiter der Wartungsstaffel – 1./LfzTAbt 252 – betreuen das Waffensystem CH-53G und GS, indem jede Maschine für den Einsatz vorbereitet und nach Beendigung wieder in Empfang genommen wird. Regelmäßige Vor- und Nachflugkontrollen gehören ebenso zu ihren Aufgaben wie die Beseitigung kleinerer Mängel und Störungen. Daneben stellt die Staffel bordtechnisches Personal, das bei der Ein-

Blattwechsel: Die Instandsetzungsstaffel des Regiments kann auch unter erschwerten Bedingungen ihre Aufgabe erfüllen – wie hier am Donaustrand.

weisung von Passagieren, dem Verladen und Sichern von Fracht und der Luftraumbeobachtung bei diversen Einsätzen aktiv wird.

In der Instandsetzungsstaffel – 2./LfzTAbt 252 – werden für die Sikorsky CH-53G/GS geplante Materialerhaltungsmaßnahmen wie zum Beispiel regelmäßige periodische Inspektionen durchgeführt. Dabei werden Großbaugruppen demontiert, auf ihre Funktionsfähigkeit überprüft und Verschleißteile erneuert. Weiterhin ist die Staffel für die Behebung schwerer Mängel und Schäden verantwortlich. Hierfür sind Kenntnisse bis ins kleinste Detail Voraussetzung. Die Qualifikation der Mitarbeiter reicht von der Fachkraft über den Meister bis hin zum Ingenieur. In den dazugehörigen Fachwerkstätten – wie zum Beispiel der Triebwerks- oder Avionikswerkstatt – sind Spezialisten am Werk, die die Komponenten genau prüfen und gegebenenfalls instand setzen.

Die Instandsetzungsstaffel muss dem Verband pro Jahr etwa 4800 Flugstunden mit CH-53 und 4300 Flugstunden mit Bo 105 ermöglichen.

Die Qualität der Arbeit wird in eindrucksvoller Weise durch die seit Jahren positive Unfall- und Zwischenfallbilanz im Zusammenhang mit technischem Versagen der Luftfahrzeuge belegt.

Die engagierten, hoch motivierten und gut ausgebildeten Angehörigen der Luftfahrzeugtechnischen Abteilung 252 werden maßgeblich dazu beitragen, dass das Heeresfliegerregiment 25 seine hohe Einsatzbereitschaft in einem erweiterten Aufgabenfeld auch weiterhin hält.

Wartungsarbeiten am großen Rotorkopf der CH-53G.

Unterwegs in den Alpen

Es ist 09.00 Uhr an einem strahlend schönen Freitagmorgen auf dem Heeresflugplatz Laupheim bei Ulm. Vor der kleinen Wartungshalle 5 wird eine Bo 105M (VBH) mit der Kennung 80+42 vom Bordwart gewissenhaft für einen neuen Einsatz vorbereitet. Sie gehört mit rund 20 weiteren VBH zur Stabsstaffel der Luftfahrzeugtechnischen Abteilung 252 des Heeresfliegerregiments 25 und wird von Piloten der Stab-/Flugbetriebsstaffel der Fliegenden Abteilung 251 geflogen. Als Hauptaufgabe der Staffel werden Verbindungsflüge in ganz Deutschland und im angrenzendem Ausland durchgeführt und dabei vor allem Persönlichkeiten von Mi-

Zur Zugspitze hoch führt das Reintal.

Im kleinen Bo-105-VBH-Verband werden die Berge bei Garmisch-Partenkirchen überflogen.

litär und Politik befördert. Als Besonderheit wird in der Staffel das sehr anspruchsvolle Gebirgsfliegen auf Bo 105 gelehrt und das Transportieren von Außenlasten durchgeführt.

Einem VW-Bus entsteigt Oberfeldwebel Rededsky, ein Pilot mit viel Flugerfahrung im Gebirge. Er wird uns heute die Besonderheiten dieser außergewöhnlich schönen und anstrengenden Fliegerei demonstrieren, denn dieser Einsatz führt zur Unterstützung der Gebirgsjäger ganz in die Nähe von Garmisch-Partenkirchen. Nachdem der Bordwart die Maschine flugfertig übergeben hat, überzeugt sich Rededsky bei einem »Exterior Check«, einer Sichtkontrolle von außen, noch einmal vom technischen Zustand der Bo. »Alles okay« befindet er, und wir schnallen uns in den äußerst engen Sitzen der Maschine an. Nur noch wenige Überprüfungen, die Anlassgenehmigung vom Tower ist erteilt, und

In die Bergmatten gekauert.

Gratwanderung: Von beiden – Hubschrauberpiloten wie Gebirgsjägern – wird hierbei höchste Konzentration abverlangt.

schon beginnt sich der Rotor, angetrieben von zwei Turbinen, zu drehen. Kurz darauf schweben wir quer über den Platz zum Abflugpunkt. Mit einer leichten Linkskurve fliegen wir auf Kurs Süd den deutschen Alpen entgegen. Die Bo gehört trotz ihrer zwei Turbinen nicht zu den schnellsten Hubschraubern. Mit nur 100 Knoten – etwa 180 km/h – bewegen wir uns in 100 Metern Höhe und genießen den Blick über die wunderschöne Landschaft. Es dauert eine ganze Weile, bis in der Ferne das Bergpanorama der Alpen sichtbar wird. Rededsky zieht die Maschine jetzt höher und überprüft anhand des Drehmomentes am Rotor die Leistungsreserve dieser Maschine für den Flug in luftiger Höhe. Der Pilot im VBH ist – im Gegensatz zum doppelt besetzten PAH – auf sich allein gestellt und muss neben Fliegen und Navigieren auch noch den Luftraum beobachten und den Sprechfunk durchführen. Vor uns taucht nun schon der bekannte deutsche Alpenort Garmisch-Partenkirchen auf, und mit sicherem Auge steuert uns Rededsky zur nahe gelegenen Alpspitze, wo zurzeit eine Kompanie Gebrigsjäger in einem Ausbildungscamp Bergsteigen übt. Schon in den frühen Morgenstunden war Hauptmann Eggers, ebenfalls Angehöriger der Stab-/Flugbetriebsstaffel der Fliegenden Abteilung 251, zur Unterstützung der Gebirgsjäger aufgebrochen. Seine Bo 105 VBH ist nicht weit vom Lager auf einer günstigen Landemöglichkeit zu erkennen, die wir nun auch ansteuern. Sanft setzt Redesdky den Hubschrauber auf dem – nun doch sehr steinigen und unebenen – Stück Grün auf und stoppt die Turbinen. Wir haben bis zum nächsten Einsatz nun noch etwas Zeit, über die Ausbildung zum Gebirgspiloten zu sprechen.

Es beginnt mit Gebirgsflugtheorie, die sich unter anderem mit speziellen Wettererscheinungen, mit Navigation im Gebirge, Technikproblemen in größerer Höhe, Gefahren der Berge und Umweltschutz beschäftigt. Daran schließt sich ein zehn Flugstunden dauernder erster praktischer Abschnitt – die Gebirgsflugeinweisung – in den Alpen an. Besondere Aufmerksamkeit wird dabei der Landung gewidmet, dem kompliziertesten Teil des Fluges. Vor dem Aufsetzen muss der Pilot zunächst eine Hocherkundung durchführen. Ist der anvisierte Landeplatz geeignet? Sind Menschen oder Tiere in der Nähe? Wie ist die Hauptwindrichtung? Wo bestehen Notlandemöglichkeiten? Nun folgen die Hangwinderkundung und ein etwa drei Meter überhöhter Probeanflug, bei dem der Landeplatz noch mal »gecheckt« und die genaue Höhe, Geschwindigkeit über Grund und die Leistung überprüft werden. Erst dann erfolgt die Landung. Für die Schüler, meist schon über etliche Flugstunden verfügend, erweist sich dieses Fliegen als das Anspruchsvollste in der Hubschrauberfliegerei. Das schnell wechselnde und schwer berechenbare Wetter trägt einen

Die Felswand scheint bedrohlich nah.

Gruppenbild mit Muli. Die Akteure nach getaner Arbeit.

Als Besonderheit erhielten die VBH des HFlgRgt 25 einen zusätzlichen Lasthaken, um Außenlasten aufzunehmen.

So erklimmen die Heeresflieger die Zugspitze.

wichtigen Teil zu den besonderen Bedingungen bei. Ist die alpine Einweisung erfolgreich absolviert, folgt ein zweiter praktischer Teil der Gebirgsflugausbildung, der den Flugschüler zwei Wochen in das französische Gebirgsflugzentrum nach Saillagouse/Südfrankreich führt. Insgesamt 20 Stunden gilt es in den Pyrenäen unter Aufsicht erfahrener Bergpiloten zu absolvieren und dabei die verschiedensten Landeplätze anzufliegen. Mit einem »Checkflug« muss der Schüler abschließend seine Eignung für diese Art der Fliegerei unter Beweis stellen.

Mittlerweile ist es kurz vor 11.00 Uhr und somit Zeit für den nächsten Einsatz. »Unterstützung der Gebirgsjäger« heißt für die Piloten der Heeresflieger vor allem Versorgung an unzugänglichen Stellen, aber auch Transport von Bergführern und Trupps. Letzteres soll nun geübt werden. Mit dem charakteristischen Summen beginnt sich der Rotor von Eggers' Bo 105 zu drehen, und kurz darauf hebt die Maschine ab. Zwischenzeitlich hat sich der aus drei Gebirgsjägern bestehende Trupp in der Nähe eines herausragenden Gesteinsbrockens platziert und wartet auf sein »Taxi«. Einfach einsteigen ist hier nicht Sinn der Übung: Als die Bo naht, erklimmt der Erste den Felsen und hangelt sich gekonnt an Bord des schwebenden Hubschraubers. Es folgen die anderen zwei. Pilot und Gebirgsjäger trainieren hier ihre Geschicklichkeit. In der zweiten Maschine verfolgen wir den Flug an Bergkämmen vorbei, durch Schluchten und Täler der deutschen Alpen bis zum Absetzpunkt des Trupps. Dabei ist äußerste Vorsicht geboten, denn wegen des schönen Wetters sind viele Segelflieger und Gleitschirme in der Luft. Unsere Nachbarmaschine kippt auf neuen Kurs ab und steuert einen Gebirgskessel an, das Ziel der Verlegung. Auf einem herausragenden Felsbrocken verlassen die Soldaten den Hubschrauber, der – von Hauptmann Eggers exakt gesteuert – dabei genau seine Position hält. Alles verläuft erwartungsgemäß gut, und wir drehen ab. Während Eggers weitere Verlegungen mit den Gebirgsjägern übt, bleibt uns ein Moment Zeit, die herrliche Alpenlandschaft rund um die

Die aufgenommene Last wird ohne Mühe von der Bo 105 VBH zum Übungsplateau geflogen.

Zugspitze zu genießen. Doch es zeigt sich schnell das schwierige Fliegen in diesem Gelände: Auf einem Bergplateau versucht Rededsky die Maschine zu landen, doch die hier oben herrschenden Windverhältnisse und die beschränkte Leistung der Bo 105 verhindern dies. An einer anderen Stelle, nur wenige Kilometer entfernt, ist ein Absetzten dagegen problemlos möglich. Den Abschluss dieses Fluges bildet ein Tiefflug durch das malerische Reintal und der Rückflug zum nahe gelegenen Ausbildungslager der Gebirgsjäger.

Nach einer kurzen Mittagspause folgt die Demonstration einer weiteren außergewöhnlichen Aufgabe der VBH des Heeresfliegerregiments 25: Transportieren von Außenlasten mit Bo 105. Mit Hilfe einer speziellen Aufhängung am Rumpf der Maschine können dabei in Tragenetzen Lasten von bis zu 500 kg befördert werden. Dem Pilot steht zur Beobachtung der Außenlast ein extern montierter Spiegel zur Verfügung. Durch diese Art der Beförderung ist es auch mit Bo 105 möglich, Soldaten in schlecht zugänglichem Gebiet – ohne Landemöglichkeit – mit dem Nötigsten zu versorgen.

Da der Spritvorrat langsam zur Neige geht, drehen Eggers´ und unsere VBH nach Norden ab und fliegen nach Kaufbeuren. Hier, auf einem Luftwaffenfliegerhorst, erhalten wir das »kostbare Nass« für unseren Rückflug nach Laupheim. Während Eggers sich zu einer weiteren Unterstützungs- und Übungstour in den Alpen verabschiedet, nehmen wir Kurs in Richtung Laupheim. Mit einer eleganten Kurve nähern wir uns dem Landepunkt und schweben dann zu unserem Abstellplatz vor Halle 5.

Heeresfliegerregiment 26

Das einzige bayerische Heeresfliegerregiment ist das in Roth bei Nürnberg beheimatete HFlgRgt 26.

Als eines von insgesamt drei Panzerabwehrhubschrauberregimentern ist es mit der Eurocopter (MBB) Bo 105P ausgerüstet und dem II. Korps mit Sitz in Ulm unterstellt. Mit einer Gesamtpersonalstärke von 900 Soldaten und zivilen Mitarbeitern setzt es sich aus der Stabs-/Versorgungsstaffel, der Fliegenden Abteilung 261 und der Luftfahrzeugtechnischen Abteilung 262 zusammen.

Mit der Aufstellung des Verbandes in Roth wurde ab dem 01. Juli 1979 begonnen, und nur drei Monate später, am 01. Oktober 1979, erfolgte die offizielle Indienststellung. Als erster Kommandeur führte Oberstleutnant Csoboth das junge Regiment. Der Standort Roth wurde zu diesem Zeitpunkt noch durch das Heeresfliegerregiment 20 genutzt, doch dieser mit Bell UH-1D ausgerüstete leichte Transportverband verlegte in der Folge nach Neuhausen ob Eck. Da sich das Eintreffen des ersten PAH-1 bis zum 04. Dezember 1980 verzögerte, wurde der Flugdienst zuerst mit einigen Bell UH-1D durchgeführt.

Der Einsatzhubschrauber des Heeresfliegerregiments 26 – die Bo 105P – hier in der Version PAH-1A1.

Ein PAH des Regiments in einem attraktiven Sonderanstrich.

Während der Heeres-Großübung »Scharfe Klinge« vom 14. bis 18. September 1981 konnte das HFlgRgt 26 erstmals in größerem Rahmen mit Erfolg eingesetzt werden. Am 20. April des Folgejahres führte das Regiment einen Appell durch, bei dem die Übergabe des insgesamt 100. PAH – des 22. PAH an das Rother Regiment – begangen wurde. Am 30. September 1982 übergab Oberstleutnant Csoboth das Kommando an Oberst Roesen. Unter seiner Führung erhielt der Verband am 09. März 1984 einen Pokal für drei Jahre unfallfreies Fliegen, kurz darauf – im Juli – traf endlich der 56. und letzte PAH in Roth ein. Somit konnte das Regiment in voller Sollstärke an der Herbstübung »Flinker Igel« vom 14. bis 20. September teilnehmen. Am 04. Oktober 1984 erfolgte eine erneute Kommandoübergabe von Oberst Roesen an Oberstleutnant Winkler. Im darauf folgenden Jahr erreichte das HFlgRgt 26 am 08. Februar die 25 000ste Gesamtflugstunde und richtete vom 09. bis 12. November 1985 einen »Tag der offenen Tür« auf Grund des 30-jährigen Bestehens der Bundeswehr aus.

Um die Kontakte zu Heeresfliegern befreundeter Nationen zu fördern, führte die 1. Staffel der Fliegenden Abteilung 261 vom 06. bis 21. Mai 1987 einen Staffelaustausch mit ihren französischen Kollegen in Phalsbourg durch. Im März 1988 erreichte der Verband, mittlerweile von Oberst Pöhlmann geführt, seine 50 000ste Flugstunde.

Nach der DDR-Grenzöffnung im November 1989 strömten viele Tausend Bürger in den Westen und erhielten unter anderem Notaufnahme im Unterkunftsbereich des Heeresfliegerregimentes 26. Im März des folgenden Jahres nahmen Teile des Verbandes an der NATO-Rahmenübung »Crested Eagle« teil. Kurz darauf stellten Rother PAH-Besatzungen ihren Leistungsstand unter Beweis, als sie den in Itzehoe durchgeführten PAH-Wettbewerb gewannen. Die Kampftauglichkeit der Bo 105P wurde mit der Version PAH-

1A1 vor allem durch Aufwertung der Waffenanlage (HOT-2) deutlich verbessert. Die erste so modifizierte Bo 105 lief am 30. Juli 1991 dem Regiment zu.

Dass in den 90er-Jahren eine neue Zeit angebrochen war, zeigte sich auch durch den Besuch eines GUS-Inspektorenteams (Gemeinschaft Unabhängiger Staaten) am 14. August 1992. Im darauf folgenden Jahr, am 29. April 1993 erreichten die Piloten des Verbandes die 100 000ste Flugstunde – die Hälfte davon war im bodennahen Einsatzprofil geflogen worden. Im Rahmen der Heeresstruktur 5 erhielt das Regiment im April 1994 eine angepasste Struktur und wurde nach Auflösung des Korps-Heeresfliegerkommandos 2 direkt dem II. Korps unterstellt. Ende des Jahres ging die Führung des Verbandes von Oberst Pöhlmann in die Hände von Oberstleutnant Schaulinski über. Obwohl die PAH der Panzerabwehrregimenter nicht für Auslandseinsätze vorgesehen waren, beteiligten sich Angehörige des HFlgRgt 26 ab dem 30. Dezember 1995 erstmals am deutschen IFOR-Kontingent (GECONIFOR) im ehemaligen Jugoslawien. Nach deren Rückkehr folgte ab dem 07. Mai aus Roth eine zweite Abordnung, doch der alltägliche Betrieb wurde weiter aufrecht erhalten. So führte man regimentsintern vom 07. bis 18. Oktober 1996 die Übung »Schnelle Hornisse 96« durch. Ab Januar 1997 beteiligte sich das HFlgRgt 26 auch an SFOR, der Nachfolgeorganisation von IFOR. Kurz darauf, im März 1997, weilte eine ukrainische Delegation im Rahmen von KSE in Roth und inspizierte den Verband. Zwei Monate später bekam man erneut Besuch, diesmal von der 15. slowenischen Brigade. Im Frühjahr 1998 hatten die Angehörigen Grund stolz zu sein, denn der Verband bekam für zehn Jahre unfallfreien Fliegens vom General Flugsicherheit den Flugsicherheitspokal überreicht. Dies zeigt eindrucksvoll die hohe Priorität der Flugsicherheit bei den Heeresfliegern, sichergestellt vor allem durch gut geschulte und verantwortungsvolle Techniker und Piloten.

Am 28. September 1998 löste Oberstleutnant Singer Oberst Schaulinski an der Spitze des Verbandes ab. Unter seiner Führung nahmen Soldaten aus Roth am ersten deutschen Kontingent der KFOR teil. Mitte 1999 kam mit Verteidigungsminister Rudolf Scharping hoher Besuch nach Roth. Mit ihm wurde vor allem die Zukunft des Heeresfliegerregiments 26 besprochen, denn durch die geplanten Truppenreduzierungen wurde die Auflösung eines PAH-Regiments als wahrscheinlich angesehen. Natürlich konnte der Minister hierbei noch keine offizielle Aussage treffen, doch knapp ein Jahr später bestätigte sich die Auflösung eines PAH-Verbandes (HFlgRgt 16 in Celle). Die endgültige Entscheidung wurde in Roth mit viel Erleichterung aufgenommen, denn das ortsansässige Regiment ist unter anderem Garant für Arbeitsplätze in der Region. Somit ist der Weiterbestand des einzigen bayerischen Heeresfliegerverbandes gesichert; er wird in einigen Jahren den Eurocopter Tiger erhalten.

Heeresfliegerregiment 30

Die Geschichte des damals noch leichten Heeresflieger-Transportregiments 30 (le HFlgTrspRgt) begann am 01. April 1971 im nordhessischen Fritzlar. An diesem Tag wurde der Verband aus den Heeresfliegerbataillonen 2 und 12, jeweils ohne deren 2. Staffel, der Heeresfliegerinstandsetzungsstaffel 308 und der 3./Heeresfliegerbataillon 5 gebildet.

Das Regiment gliederte sich in eine Stabs- und Versorgungsstaffel, die aus je drei Staffeln bestehende Fliegende Abteilung 310 und die Luftfahrzeugtechnische Abteilung 320. Ausgestattet wurde das Regiment mit dem leichten Transporthubschrauber Bell UH-1D. Mit diesem relativ neuen Muster konnte das Regiment seine Transportaufgabe innerhalb des III. Korps optimal erfüllen.

Ende der 80er-Jahre erhielten die Heeresflieger mit dem Panzerabwehrhubschrauber der 1. Generation (PAH-1) auf Basis der MBB Bo 105 zu ihrer Transport- und Verbindungsaufgabe eine kämpfende Komponente hinzu. Dies stellte wegen der drückenden Überlegenheit des Warschauer Paktes auf dem Gebiet der gepanzerten Fahrzeuge für Bundeswehr und NATO eine dringend notwendige Abwehrmaßnahme dar. Die hierdurch notwendigen Umgliederungen innerhalb der Heeresflieger wurden im Rahmen der Heeresstruktur 4 realisiert. Dabei wurde als Standort des Panzerabwehrregiments 36 das strategisch günstig gelegene Fritzlar ins Auge gefasst. Da der Flugplatz für zwei Regimenter zu klein schien, veranlasste die Heeresführung den Umzug des nun als Heeresfliegerregiment 30 bezeich-

Nach einem Einsatz kehrt diese Bell UH-1D des Heeresfliegerregiments 30 zu einem Abstellplatz zurück.

neten Verbandes. Im Juli 1980 verließ das Regiment Nordhessen und verlegte einige Hundert Kilometer südlich nach Niederstetten. Zwischen Bad Mergentheim und Rothenburg ob der Tauber gelegen, siedelte sich das Regiment in Niederstetten an – in topographisch herausragender Lage auf einem Hochplateau.

Schon seit April 1961 bestand dieser Heeresflugplatz in Niederstetten. Die Ersten vor Ort waren die Heeresfliegerstaffel 10, die Heeresfliegerinstandsetzungsstaffel 208 und das Flugplatzkommando (H) 752. Aus der Heeresfliegerstaffel 10 wurde im November 1961 das Heeresfliegerbataillon 10 und im November 1964 schließlich das der 12. Panzerdivision zugehörige Heeresfliegerbataillon 12. Im Rahmen der Heeresstruktur 3 entfiel der Bataillonsstatus und die Einheit wurde wieder zur Heeresfliegerstaffel 12.

Die Soldatenunterkunft in Niederstetten heißt seit 1966 Hermann-Köhl-Kaserne, benannt nach dem deutschen Luftfahrtpionier, der im April 1928 den Atlantik in einem $36\frac{1}{2}$-stündigen Flug überquerte. Schnell lebten sich das Regiment und seine Soldaten und Zivilangestellten in Niederstetten ein. Zum Jubiläum »25 Jahre Heeresflieger« lud das Regiment am 22. Juni 1986 zu einem »Tag der offenen Tür« ein, an dem über 20.000 Besucher teilnahmen.

Der Dienstbetrieb beim Heeresfliegerregiment 30 war – neben den routinemäßigen Transporteinsätzen für das II. Korps – geprägt durch eine Vielzahl von Übungen in ganz Europa. Dies rührt daher, dass Teile des Regiments schon seit 1974 der »Allied Command Europe Mobile Force« (AMF) zugehörig waren. In ihr wurden ausgesuchte NATO-Einheiten zu einer schnellen Eingreiftruppe in Größenordnung einer Brigade zusammengefasst. Verbunden mit dieser Aufgabe war ein sehr hoher Ausbildungsstand aller Staffelangehörigen sicherzustellen, da sie bei vielen Einsätzen und Übungen im gesamten NATO-Gebiet eingesetzt wurden. Die Einheit befand sich in einer ständigen 72-Stunden-Bereitschaft. Ab 1979 wurde der AMF-Auftrag von der 1. Staffel/Fliegende Abteilung 301 abgedeckt. Während der AMF-Kommandierungen wuchs die 1. Staffel unter Einbeziehung von Material und Personal anderer Standorte in kurzer Zeit zur Heeresflieger-Transportstaffel (AMF) auf. Diese aufwändige Prozedur führte schon bald zu Überlegungen, eine dritte, materiell und personell autarke Einheit zu schaffen. Diese entstand schließlich am 01. Oktober 1993 als »leichte Heeresfliegertransportstaffel 9 (AMF)« und verfügte über 155 Soldaten, Rad- und Kettenfahrzeuge sowie über zwölf UH-1D. Im Rahmen der AMF (Land) war sie der »Force Heli Unit« (FHU), einer multinationalen Hubschraubereinheit, zugeordnet. Ihr Aufgabenbereich umfasste:

- Verlegung und Transport von Artilleriebatterien, Fernmelde-, Sanitäts- und Infanterieeinheiten
- Verwundetentransporte
- Versorgung aus der Luft
- Erkundung
- Marschüberwachung
- SAR-Einsätze bei Tag und Nacht

Darüber hinaus konnten ihre Besatzungen als vorgeschobener Beobachter für Artillerie oder Luftwaffe eingesetzt werden. Von 1974 bis 1994 nahmen die AMF-Heeresflieger an 56 Übungen im Ausland teil.

Trotz sehr guter Übungsresultate und einer hohen internationalen Anerkennung wurde die Staffel vor allem aus Ratonalisierungsgründen zum 31. März 1998 wieder aufgelöst. Der Auftrag blieb allerdings erhalten und wurde erneut dem HFlgRgt 30 übertragen.

Das Heeresfliegerregiment 30 wurde – einhergehend mit den Veränderungen im Rahmen der Heeresstruktur 5 – im April 1994 der neu aufgestellten Heeresfliegerbrigade 3 unterstellt. Die neue Heeresstruktur war unter anderem Ergebnis der in den 90er-Jahren deutlich veränderten Anforderungen an die deutschen Streitkräfte. Vor allem die Einsätze im ehemaligen Jugoslawien forderten und fordern außergewöhnlichen Einsatz, und das Heeresfliegerregiment 30 ist dabei keine Ausnahme. An IFOR, SFOR und KFOR war das Regiment maßgeblich beteiligt. Daneben spielen Hilfseinsätze in In- und Ausland weiterhin eine wichtige Rolle. So stellte das Regiment beim Jahrhunderthochwasser an der Oder ab dem 17. Juni 1997 sechs Besatzungen und vier UH-1D für die Rettungsmaßnahmen ab. Sie konnten während des zweiwöchigen Einsatzes ihr hohes fliegerisches Können und ihre umfangreichen fachlichen Kenntnisse unter Beweis stellen und einen Beitrag zum Gelingen der Aktion leisten.

Eineinhalb Jahre später kam es in den österreichischen Alpen zu einer folgenschweren Lawinenkatastrophe. Hier war schnelle Hilfe erforderlich, und so entsandte das Niederstetter Regiment vom 25. bis 27. Februar 1999 zwei UH-1D mit Besatzungen. Als sehr vorteilhaft zeigte sich dabei, dass Besatzungen des HFlgRgt 30 mit den Kameraden der österreichischen Heeresflieger noch kurz zuvor gemeinsame Übungen durchgeführt hatten. Die eingesetzten Hubschrauber flogen vor Ort 25 Stunden, transportierten dabei 4100 kg Versorgungsgüter und evakuierten 475 Personen.

Die im Frühjahr 2001 verkündeten Standortschließungen betrafen nicht Niederstetten. Das bedeutet, dass das Regiment weiterhin einen wichtigen Beitrag für die deutschen Heeresflieger leisten wird. Dabei dürfen sich die Angehörigen des Verbandes nun auch auf ein neues Hubschraubermuster freuen, denn der NH Industries NH90 soll, so die Planung, der Truppe ab 2005 zulaufen und die UH-1D ersetzten.

Heeresfliegerregiment 35

Die Wiege der Heeresflieger nach dem Kriege stand in Niedermendig, dem ersten Standort der fliegenden Truppengattung des Heeres. Am 07. Januar 1957 übernahm Major Ebeling, ein Heeresflieger der ersten Stunde, das von Franzosen genutzte Flugfeld. Kurz darauf, am 19. Februar 1957, erfolgte die Aufstellung des Heeresfliegerkommandos 801. Unter der Führung von Oberst Häring in Niedermendig stationiert, entwickelte es sich zum leitenden Heeresfliegerverband. Daneben siedelten sich das Flugplatzkommando (H) 841, die Heeresfliegerversorgungs- und Ersatzteilkompanie 834 und ab Mitte 1957 die erste fliegende Einheit – Heeresfliegerstaffel 811, ausgerüstet mit Dornier Do 27 und Bell 47G-2 – auf dem Flugplatz an. Aus dieser Staffel entstand bald die mit verschiedenen Luftfahrzeugen ausgestattete Heeresflieger-Lehrstaffel 51, die am 01. Juli 1959 der in Niedermendig gebildeten Heeresfliegerwaffenschule unterstellt wurde. Schon kurz darauf verlegten die Schule und die Heeresflieger-Lehrstaffel 51 nach Bückeburg. In Niedermendig verblieb die Heeresfliegertransportstaffel 303, aus der im November 1962 das Heeresfliegerbataillon 300 gebildet wurde. Ausgerüstet mit der doppelrotorigen Vertol V43 (H-21C), war diese Einheit dem III. Korps in Koblenz unterstellt.

Der enorme Transportbedarf der Bodentruppen führte ab Mitte der 60er-Jahre zu einer detaillierten Suche nach einem leistungsfähigen Nachfolgemuster für die Typen H-21C und H-34G. Schon bald wählte man die moderne und äußerst leistungsfähige Sikorsky CH-53G aus und beschaffte im November 1968 insgesamt 110 dieser Transporthubschrauber. In Lizenz bei VFW in Speyer gefertigt, hob die erste CH-53G schließlich am 11. Oktober 1971 zu ihrem Jungfernflug ab. Da ein komplexes Gerät wie die CH-53

Die Jubiläumsmaschine »30 Jahre Heeresflieger in Mendig«.

Eine von 32 CH-53G des Heeresfliegerregiments 35.

kaum in die vorhandene Bataillonsstruktur passte, beschloss man, Regimenter zu bilden, die ähnlich den Luftwaffengeschwadern über eingegliederte Technik- und Versorgungsstaffeln verfügen sollten. So ging im April 1971 aus der 2. und 3. fliegenden Staffel des Heeresfliegerbataillons 300 sowie aus der Heeresfliegerinstandsetzungsstaffel 307 das mittlere Heeresfliegertransportregiment 35 (m HFlgTrspRgt 35) hervor. Die erste Fliegende Staffel des Heeresfliegerbataillons 300 bildete die weiterhin in Mendig ansässige selbstständige Heeresfliegerstaffel 301.

Im Verlauf des Jahres 1972 war es dann so weit: Die ersten von insgesamt 35 CH-53G landeten in Mendig und wurden dem Verband übergeben. Jetzt galt es, in möglichst kurzer Zeit ein neues, gänzlich anderes Waffensystem zu integrieren, eine besondere Herausforderung nicht zuletzt für die Technik, die überwiegend Neuland betreten musste. Doch auch die Besatzungen, nun aus Pilot, Copilot und Bordwart bestehend, mussten sich an ihre neue Aufgabe gewöhnen. Drei Jahre nach Einführung des MTH (Mittlerer Transporthubschrauber), so die Heeresfliegerbezeichnung der CH-53, kam auf Grund des verheerenden Waldbrandes in Niedersachsen ein Großeinsatz auf das HFlgTrspRgt 35 zu. Bis zu zwölf MTH waren hierbei im Rettungs- und Löscheinsatz, wobei der bis zu 5000 Liter Wasser fassende Feuerlöschbehälter »Smokey« Verwendung fand.

Der nächste außergewöhnliche Einsatz des Verbandes ereignete sich über zehn Jahre später, als Mendiger Soldaten 1988 zu Hilfeleistungen beim Erdbeben in Armenien, damals noch zur UdSSR gehörend, eingesetzt waren. Im gleichen Jahr erfolgte der erste Flug der Aktion »Friedensdorf«, bei der schwer verletzten afghanischen Kindern geholfen wurde. Zwei Jahre später beteiligten sich MTH des Verbandes an den Löschflügen am heiligen Berg Athos in Griechenland. Anschließend lief die heikle Operation »Lindwurm« an, bei der amerikanische Chemie-Waffen abtransportiert wurden. Das Jahr 1991 hielt einige außergewöhnliche Einsätze für das Heeresfliegerregiment 35 bereit. Zuerst wurden Maschinen des Verbandes für Verbindungsflüge zwischen Frankfurt, Ramstein und Nürnberg verwendet, bei denen verletzte amerikanische Soldaten aus dem Golfkrieg transportiert wurden. Außerdem begann die Operation »Kurdenhilfe«, bei der in Zusammenarbeit mit weiteren Heeresfliegerregimentern rund 250 000 Flüchtlinge in den praktisch unerreichbaren Bergregionen Ostanatoliens mit 800 Tonnen Hilfsgütern wie Decken, Zelten und Nahrungsmitteln versorgt wurden. Dieser Einsatz endete am 29. Mai 1991. Noch im selben Jahr erhielt das Regiment für seine herausragenden Leistungen auf dem Gebiet der Flugsicherheit einen Pokal vom Inspekteur der Luftwaffe. Weiterhin brachte das ereignisreiche Jahr 1991 den Beginn des UNSCOM-Irak-Einsatzes, bei dem drei MTH der Heeresflieger für Transportflüge der UN-Waffeninspektoren bereitgestellt wurden. Diese Hilfe für die UN endete erst im August 1996.

Zur Stab-/Flugbetriebstaffel Fliegende Abteilung 351 gehört diese Bo 105M VBH.

In den Jahren 1993 und 1995 flog das Regiment erneut Feuerlöscheinsätze in Attika und Lárisa, Griechenland. Zwischenzeitlich hatte sich für den Verband eine organisatorische Veränderung ergeben. Im April 1994 unterstellte man im Rahmen der Heeresstruktur 5 das Regiment, vorher dem III. Korps zugehörig, der neu aufgestellten und ebenfalls in Mendig ansässigen Heeresfliegerbrigade 3. Neben der Transportfliegerei sollte man darüber hinaus nun auch Verbindungsaufgaben übernehmen. Dazu erhielt der Verband zu seinen 35 CH-53G zusätzlich 20 Bo 105M VBH, die in einer Stabsstaffel zusammengefasst wurden.

Ab 1996 beteiligte sich der Verband am deutschen Kontingent (GECONIFOR) in Kroatien und ein Jahr später an dem sich anschließenden SFOR-Einsatz in Bosnien-Herzegowina. Ein Jahr später, im Juli 1997, verursachten anhaltende Regenfälle in Tschechien und Polen ein Jahrhunderthochwasser an der Oder. Auch das Mendiger Regiment unterstützte den Einsatz, bei dem von allen Regimentern und von der Heeresfliegerwaffenschule bis zu 14 MTH im Einsatz waren. Bis zum Ende der Aktion am 12. August wurden etwa 4600 Tonnen Material – vor allem Sandsäcke – transportiert. Damit hatte man maßgeblichen Anteil daran, dass eine Katastrophe verhindert werden konnte. Im Winter 1998/99 beteiligte sich das Heeresfliegerregiment 35 an den Hilfsflügen der Lawinenkatastrophe im österreichischen Galtür. Seit Sommer 1999 ist das Regiment im Kosovo eingesetzt.

Trotz dieser vielen nationalen und internationalen Aufgaben, die den Verband weit über Deutschland hinaus bekannt machten, beschloss Bundesverteidigungsminister Rudolf Scharping im Rahmen der allgemeinen Truppenreduzierung die Auflösung des Heeresfliegerregiments 35.

Diese im Februar 2001 getroffene Entscheidung sieht vor, Personal und CH-53-Hubschrauber auf die zwei verbleibenden MTH-Regimenter zu verteilen. Doch der traditionsreiche Flugplatz Mendig wird weiter bestehen bleiben: Eine so genannte »Heeresfliegerunterstützungsstaffel« soll – so die heutige Planung – die weiterhin am Standort verbleibende Heeresfliegerbrigade 3 unterstützen.

Das Mendiger Regiment ist unter anderem beim SFOR-Einsatz mit eingebunden.

Heeresfliegerregiment 36

Nachdem im Jahre 1977 durch den Bundestag die Beschaffung von 212 Panzerabwehrhubschraubern PAH-1 (Bo 105P) beschlossen worden war, begannen konkrete Planungen zu deren Stationierung. Als Ergebnis sollten neben der Heeresfliegerwaffenschule drei weitere reinrassige Regimenter und ein gemischter Verband mit dem neuen Typ ausgerüstet und nach geographischen Gesichtspunkten auf vorhandenen Heeresflugplätzen stationiert werden. Für den mittleren Bereich der Bundesrepublik schien der Heeresflugplatz Fritzlar ein PAH-Regiment aufnehmen zu können. So wurde entschieden, hier das aufzustellende Heeresfliegerregiment 36 zu stationieren und das bis dato dort untergebrachte, mit UH-1D ausgerüstete leichte Heeresfliegertransportregiment 30 (le HFlgTrspRgt 30) nach Niederstetten in der Nähe von Rothenburg ob der Tauber zu verlegen.

Der Flugplatz selbst blickt dabei auf eine wechselvolle Geschichte zurück. Zwischen 1935 und 1939 entstand dieser Wehrmachtsfliegerhorst, auf dem das KG 54 sowie verschiedene Aufklärungs- und Nachtjagdgruppen beheimatet waren. Nach dem Krieg nutzen erst Amerikaner und dann Franzosen den günstig gelegenen Platz, bis am 20. November 1956 die Trikolore eingeholt und die Bundesdienst-

»Flightline« des Heeresfliegerregiments 36 auf dem Flugplatz Fritzlar. Der Platz stellt durch seine geographische Lage im Zentrum Deutschlands eine wichtige Drehscheibe für die Heeresflieger dar.

Vorbeiflug an dem bekannten, in der Nähe Fritzlars gelegenen Edersee.

flagge gehisst wurde. Die erste fliegende Einheit war die Heeresfliegerstaffel 812, später in Heeresfliegerstaffel 2 umbenannt, aus dem das Heeresfliegerbataillon 2 erwuchs. Von November 1959 bis Oktober 1969 war zusätzlich die Heeresfliegerstaffel 5 in Fritzlar stationiert, bis sie ihren Weg nach Mendig fand. Aus Teilen des HFlgBtl 2 entstand im April 1971 das le HFlgTrspRgt 30 und wiederum die selbständige Heeresfliegerstaffel 2, die dann erst in den 90er-Jahren aufgelöst wurde.

Der Organisationsbefehl Nr. 329/79 (H) vom 27. Juni 1979 des Führungsstabes des Heeres ordnete zum 01. Oktober 1979 die Aufstellung des Heeresfliegerregimentes 36 an. Ab diesem Tag zog das Personal – teilweise vom leichten Heeresfliegertransportregiment 30, teilweise von anderen Einheiten hinzuversetzt – in die Kaserne ein. Erster Kommandeur des Regiments wurde Oberst Helmuth Schnurer.

Erst nach und nach trafen weiteres Personal und Material ein. Ende Juli 1980 begann der Flugbetrieb – allerdings noch mit einigen UH-1D-Hubschraubern des HFlgRgt 30 und zwei Alouette II. Zeitgleich begann an der Heeresfliegerwaffenschule in Bückeburg die Umschulung der ersten zwölf Piloten auf Bo 105P. Am 16. Januar 1981 war es dann endlich so weit: Der erste eigene PAH (86+38) landete, aus Roth kommend, in Fritzlar. Er hatte eine beschwerliche Reise hinter sich, denn bedingt durch technische Probleme und Schneeschauer zog sich die Überführung zwei Tage hin. Es dauerte weitere neun Monate, bis mit eigenem Personal die erste fliegertaktische Ausbildung auf PAH abgeschlossen werden konnte.

Der Aufbau des Regimentes ging unter Oberst Roland Müller, der am 18. August 1982 Oberst Schnurer ablöste, stetig weiter, bis er dann schließlich mit Eintreffen des 56. und letzten PAH am 07. September 1984 als abgeschlossen gemeldet werden konnte. In der Zwischenzeit waren eine Unterflurtankanlage gebaut und die Errichtung eines neuen Flugleitungsgebäudes begonnen worden.

Der 12. Juni 1986 markierte ein wichtiges Datum für die deutsche PAH-Fliegerei: An diesem Tag wurde in Fritzlar im Beisein des Inspekteurs des Heeres, Generalleutnant Sandrat, und des Oberbefehlshabers der Alliierten Streitkräfte Mitte, General Chalupa, die NATO-Assignierung der PAH-Regimenter vorgenommen.

Ein Jubiläum besonderer Art konnte ein Jahr später, im April 1987, gefeiert werden: das 30-jährige Bestehen der Heeresflieger, bei dem über 40.000 Besucher zum Fritzlarer Flugtag kamen.

Einen Ansturm ganz anderer Art musste das Regiment ab dem 09. November 1989 meistern. Nach der Grenzöffnung strömten viele Tausend Bürger aus der damaligen DDR in den Westen und erhielten Notaufnahme in der eiligst hergerichteten Kaserne und in Halle 7 des Flugplatzes. Innerhalb von fünf Monaten erhielten in dieser turbulenten

Zeit 12 000 Menschen Unterkunft in der Georg-Friedrich-Kaserne, dabei waren zu Spitzenzeiten bis zu zwölf Kasernengebäude für die Übersiedler reserviert. Natürlich musste in dieser Zeit der Dienstbetrieb unter dem ab 10. August 1987 amtierenden neuen Kommandeur Oberst Christoph Ziegaus wie gewohnt weiterlaufen. Doch neue Herausforderungen kündigten sich an, vor allem sollte durch eine Arbeitsgruppe des III. Korps die Luftbeweglichkeit des Heeres unter Beteiligung des Regiments neu untersucht werden. Die Luftbeweglichkeit schien 1989 im Vergleich zum Warschauer Pakt nicht voll entwickelt, und so bot sich eine konsequentere Nutzung der dritten Dimension an. Zusammengefasst unter dem Stichwort FOFA (»Follow on Forces Attack« = nachfolgender Anriff) ergaben sich die folgenden Forderungen für das Heer:

- Verstärkung der gemeinsamen Operationsführung von Heeresfliegern und Fallschirmjägern, organisatorische Zusammenführung dieser Truppenteile und Verfügbarmachung als luftbewegliche Kampftruppen
- Bessere Nutzung des gefechtsfeldnahen Raums für Kampf, Aufklärung, Führung und Einsatzunterstützung
- Langfristige Weiterentwicklung der Luftbeweglichkeit und Befähigung der hubschraubergestützten Kampfverbände zum Gefecht der verbundenen Waffen aus der Luft

Diese wichtigen Punkte fanden später bei der Neuausrichtung der Heeresflieger Niederschlag, doch musste die Truppe erst die drastischen personellen Reduzierungen Anfang der Neunziger verkraften. Das Heeresfliegerregiment 36 erhielt ab 01. April 1994 eine schlankere Struktur und musste Teileinheiten auflösen oder in gekaderte Staffeln umwandeln. Auch die Unterstellung änderte sich. Nach Auflösung des III. Korps in Koblenz und des Heeresfliegerkommandos 3 in Mendig ordnete man das Heeresfliegerregiment 36 dem neuen IV. Korps in Potsdam zu. Da der Flugplatz durch seine zentrale Lage eine optimale Drehscheibe zwischen Nord und Süd sowie West und Ost darstellte, verblieb in Fritzlar eine Radar-Anflugkontrollstelle. Die Kontrollzone wurde weiter aufrecht erhalten.

Am 14. Dezember 1995 übernahm Oberst Horstmar Bussiek das Heeresfliegerregiment 36. Unter seiner Führung erwuchs dem Regiment eine besondere Aufgabe, musste doch auf Befehl vom 29. November 1995 die neue Luftmechanisierungsbrigade 1 aufgestellt werden. Diese neue Brigade sollte ebenfalls in Fritzlar ansässig sein und zum 01. April 1997 in Dienst gestellt werden. Damit übernahm sie die Führung der Heeresfliegerregimenter 10 (UH-1D, Faßberg), 16 (Bo 105P, Celle), 36 (Bo 105P, Fritzlar) und der Heeresfliegerverbindungs- und Aufklärungsstaffel 400 (Bo 105M, Cottbus). Im selben Jahr übernahmen die Fritzlarer auch die Funktion des Leitverbandes der Krisenreaktionskräfte der Panzerabwehrhubschrauber des Heeres. Zu dieser Zeit beteiligte sich das Regiment auch aktiv am Einsatz der GECONIFOR im ehemaligen Jugoslawien – allerdings ohne die Bo 105.

Einige Hubschrauber und Soldaten des Regiments leisteten wichtige Unterstützung bei den Hilfseinsätzen des denkwürdigen Oderhochwassers im August 1997. Im Februar 1999 erhielt das Regiment Befehl, einen gemischten Heeresfliegerverband im Rahmen der NATO Operation »Joint Guaranator Tier 3« für den Einsatz im Kosovo aufzustellen.

Seit 15. März 2001 heißt der neue Regimentskommandeur Albert Dittmar. Unter seiner Führung wird das Regiment Ende 2001 für ein Jahr lang die bei SFOR eingesetzten LTH durch 5 abgerüstete PAH in der VBH-Rolle ersetzen. Darüber hinaus wird der neue Kommandeur das Regiment zur Aufnahme des neuen Unterstützungshubschraubers TIGER, der ab 2004 aufgenommen werden soll, vorbereiten. Somit wird das Heeresfliegerregiment 36 das erste TIGER-Regiment sein.

PAH – Kämpfen in Baumwipfelhöhe

Noch liegen Stille und Dunkelheit über dem Fritzlarer Flugplatz, doch im Flugleitungsgebäude der Fliegenden Abteilung 361 des Regiments unten im weithin sichtbaren Tower herrscht schon geschäftiges Treiben. Es ist 06.25 Uhr, und die Angehörigen der ersten Fliegenden Staffel bereiten sich auf das allmorgendliche Briefing vor. Pünktlich um 06.30 Uhr – alle Piloten haben mittlerweile ihren Platz an den Schwarmtischen eingenommen (die Staffel ist in vier Schwärme unterteilt, davon ist eine nicht aktiv) – betritt der Meteorologe den Raum. Mikrokosmos Fritzlar: Während in der teilweise höher gelegenen Stadt schon die aufgehende Sonne zu erahnen ist, liegen noch dichte Nebelschwaden über dem Flugplatzgelände. Doch der Meteorologe gibt Entwarnung: Ein schöner Tag mit guter Sicht wartet auf die Piloten und ist somit wie geschaffen für die Hauptaufgabe des Regiments – fliegen bis an die Grenze des Möglichen.

Der Einsatzoffizier erteilt folgenden Auftrag an zwei Besatzungen: Start um etwa 06.00 Uhr (Z), kurze Landung auf dem nahe gelegenen Truppenübungsplatz bei dem dort aufgebauten Versorgungspunkt und Tiefflug in das nordhessische Hinterland, Erkunden geeigneter Stellungen zur Bekämpfung möglicher gepanzerter Ziele, Rückflug auf einer geeigneten Route im Tiefstflug, Zwischenstopp mit Betriebsstoffaufnahme am Versorgungspunkt, Rückkehr in die erkundeten Stellungen, danach Rückflug zum Platz. Nach

In relativ großer Höhe beginnt der Flug ins Zielgebiet, nach und nach wird die Höhe reduziert.

der Auftragserteilung beginnen die vier Piloten mit der Planung der Flüge – so werden zum Beispiel Zeiten, Flugwege, benötigter Kraftstoff und dergleichen festgelegt und der Einsatz insgesamt abgesprochen. Einmal mehr werden Notverfahren durchgegangen, denn im Fall des Falles zählen Sekunden. Das Wetter klart langsam auf. Die Take-off-Zeit von 05.55 (Z) wird angemeldet und der Technik übermittelt; sie ist für die pünktliche Bereitstellung der Maschinen verantwortlich.

Etwa zeitgleich zu dieser Besprechung setzt sich ein kleiner Konvoi der Stabs-/Versorgungsstaffel mit Ziel Außenlandeplatz in Bewegung. Der Versorgungszug – in diesem Fall bestehend aus einem Führungs-, einem Transport- und einem Tankfahrzeug sowie einem Fernmeldetrupp und Sanitätern – soll den Versorgungspunkt für die zwei PAH aufbauen. Die PAH-Einsatzflexibilität hängt entscheidend von dieser Unterstützung ab. Im Ernstfall besetzt das Regiment einen Verfügungsraum und etabliert dort Führungs-, Nachschub-, Instandsetzungs- und Sicherungseinheiten. Etwas vorgelagert, etwa 60 Kilometer von der Verteidigungslinie entfernt, im so genannten »vorgeschobenen Verfügungsraum«, befindet sich je eine fliegende Staffel mit ihren fünf Schwärmen zu je sieben PAH mit ihren Versorgungseinheiten. Dieser provisorische Stützpunkt ist Ausgangspunkt für jede PAH-Operation. Wenige Kilometer hinter der Front befinden sich dann weitere gut getarnte Versorgungspunkte, die gegebenenfalls für die Aufnahme von Betriebsstoff und Waffen ihre Position auch verlegen können.

Schnell und routiniert bauen die Soldaten der Stabs-/Versorgungsstaffel an diesem frühen Morgen den vorgeschobenen Gefechtsstand auf. Wichtig ist hier vor allem der Aufbau eines Kommunikationsnetzes, um die Verbindung zu anderen Heeresteilen und mit allen Einheiten innerhalb des Stützpunktes zu gewährleisten. An anderer Stelle des Truppenübungsplatzes wird der Versorgungspunkt für die PAH aufgebaut. Vor allem gute Tarnung des Tankfahrzeugs und der Versorgungsfahrzeuge spielen hier eine wichtige Rolle.

Genau eine Minute vor acht schwillt das typische Motorengeräusch der zwei Panzerabwehrhubschrauber deutlich an, und kurz darauf landen die zwei Maschinen neben dem gerade fertig gestellten Gefechtsstand. Nach kurzem Aufenthalt heben sie ab und verschwinden hinter den nächsten Waldkante. Zunächst bewegen sie sich noch in rund 30 Metern Höhe und mit maximaler Geschwindigkeit, die bei der Bo 105 bei etwa 180 km/h liegt. Mit Herannahen an die gedachte Verteidigungslinie werden Fahrt und Höhe stetig reduziert.

Die Besatzung eines Panzerabwehrhubschraubers besteht aus dem links sitzenden Kommandanten, der im Gefecht auch die Ziel- und Waffenanlage bedient, und einem weiteren, rechts sitzenden Piloten. Im Ernstfall würde der Schwarmführer erneut Rücksprache mit dem Brigadege-

Konzentration im Cockpit des PAH. Links sitzt der Kommandant und Schütze, rechts ein weiterer Pilot.

Gut getarnt hinter Bäumen lauert der PAH auf ein Ziel.

fechtsstand der Bodentruppen halten und von dort seinen Einsatzbefehl erhalten. Weiterhin erhielte der Schwarmführer hier aktualisierte Informationen zur Feindlage wie genaue Position, Stärke, vermutete Absicht, Schwerpunkte, Luftlage und dergleichen, danach den genauen Standort und den Operationsplan der eigenen Kräfte. Des Weiteren würden erneut die Führungsunterlagen wie Frequenzen, Decknamen und Bezugspunkte aktualisiert.

Die PAH sind bodenunabhängige Waffensysteme, die zusammen mit den Kampftruppen operieren und sie für eine begrenzte Zeit unterstützen. Ihre hohe Beweglichkeit erlaubt es, die Panzerabwehr der vorne eingesetzten Kampftruppen über größere Entfernungen und Hindernisse hinweg rasch zu verstärken.

Dabei ist es wegen ihrer hohen Verwundbarkeit wichtig, immer über eigenem Gebiet zu operieren und so weit wie möglich die volle Reichweite der HOT-Lenkwaffen auszunutzen. Bei eigenen Angriffen sollen PAH die Flanken sichern, um bei möglichen Gegenangriffen sofort präsent zu sein. In der Verteidigung kämpfen sie aus verdeckten Stellungen heraus.

Mittlerweile fliegen die beiden Maschinen in nur drei Metern Höhe und pirschen sich an einem Bach entlang. Mit höchster Konzentration fliegen die Besatzungen im Konturenflug, gedeckt gegen mögliche optische und elektronische Aufklärung. Ein nun vor ihnen auftauchender bewaldeter Hügel bietet sich optimal als Stellung an, und so schieben sie sich Meter für Meter in ihre Positionen. Hier lauern sie, kaum sichtbar, auf ein mögliches Ziel. Mit Hilfe ihrer leistungsfähigen optischen Zielanlage können die Kommandanten/Richtschützen das vor ihnen liegende Feld gut beobachten.

Sollte ein gepanzertes Fahrzeug in Sichtweite kommen, kann es anvisiert werden, und aus einer Entfernung von maximal viertausend Metern erfolgt die Auslösung der drahtgesteuerten HOT-Lenkflugkörper. Mit einem kleinen Kontrollhebel lenkt der Kommandant gefühlvoll die HOT, indem er das Fadenkreuz auf dem Ziel nachführt. Derweil hält der Pilot die Bo in einer möglichst ruhigen Schwebelage. Durch den sehr hohen Ausbildungsstand der Besatzungen kann im Allgemeinen eine Trefferquote von über 90 Prozent erzielt werden. Nachdem ein Schuss erfolgt ist, muss ein sofortiger Standortwechsel durchgeführt werden. Dies wird bei dieser Mission angenommen, und so steuern die beiden Maschinen in Baumwipfelhöhe über das hügelige Gelände und suchen weitere geeignete Stellungen. Spätestens der zur Neige gehende Kraftstoffvorrat zwingt die Maschinen im Tiefstflug zurück zum aufgebauten Versorgungspunkt auf dem Truppenübungsplatz, der im Ernstfall idealerweise nur wenige Kilometer weit entfernt liegen würde. Am Versorgungspunkt angekommen, landen die beiden Maschinen

Nach einem Schuss muss der schnelle Stellungswechsel erfolgen.

auf der Lichtung neben den Betankungspunkten. Dorthin führen vom gut getarnten Tankwagen aus Schläuche durch das hohe Gras, je ein Soldat steht bereit. Bei weiter laufendem Rotor erhalten die PAH neuen Treibstoff. Im Ernstfall würden jetzt auch die HOT-Behälter entfernt und neue HOT angebracht. Binnen weniger Minuten sind die zwei Maschinen wieder einsatzbereit, heben ab und fliegen in Richtung ihrer eben erkundeten Stellungen. Wieder bewegen sie sich im wenige Meter hohen Konturenflug über die nordhessische Landschaft, immer bemüht, alle Deckungen auszunutzen und geeignete Stellungen zu finden. Dabei gilt den Überlandleitungen stets besonderes Augenmerk. Nach über zwei Stunden Einsatz drehen die Maschinen ab und fliegen relativ hoch – in 70 Metern Höhe – zurück zum Flugplatz Fritzlar. Dort werden sie von Bordwarten in Empfang genommen und für den nächsten Flug vorbereitet.

Mittlerweile haben sich die zwei Besatzungen zum Debriefing, einer Flugnachbesprechung, zusammengesetzt und besprechen wichtige Punkte ihres Einsatzes.

Die Männer wissen, dass sie mit ihrem wendigen PAH und der präzisen Waffen- und Zielanlage über viele Jahre hinweg eine schlagkräftige Waffe zur Verfügung hatten. Nun allerdings – nach über 20 Jahren Einsatz – wird der Nachfolger immer mehr herbeigesehnt. Vor allem die fehlende Nachtkampffähigkeit und die hohe Verwundbarkeit des PAH erster Generation machen dieses Muster für Auslandseinsätze nur durch Aufrüstung mit ballistischem Schutz eingeschränkt brauchbar, und so wird eine Ablösung durch den Eurocopter Tiger immer dringlicher. Dieser steht in den Startlöchern, der erste Serienhubschrauber ist mittlerweile fertig gestellt, nach weiteren Tests soll er Ende 2002 der Truppe zur Ausbildung übergeben werden. Insgesamt sind bis jetzt 80 Tiger fest bestellt, der Gesamtbedarf der Heeresfliegertruppe liegt bei 212 Maschinen. Im Gegensatz zum PAH-1 und vorangegangenen Planungen wird der Tiger dann kein reiner Panzerabwehrhubschrauber (PAH-2) mehr, sondern ein Unterstützungshubschrauber (UHU) sein. Seine Leistungsfähigkeit und die Vielzahl der verfügbaren Waffen verleihen ihm ein ganz anderes Profil als das des PAH-1.

Scharfer Schuss

Übung macht den Meister, dieses Sprichwort gilt im besonderen Maße für die Piloten der Panzerabwehrhubschrauber. Doch nicht nur das anspruchsvolle Gelände-Konturenfliegen, sondern auch der Umgang mit der Ziel- und

Das Auftanken bei laufendem Rotor ist eine Sache von wenigen Minuten.

Waffenanlage des PAH und das Schießen wollen regelmäßig geübt sein. Für Letzteres steht in Fritzlar ein spezieller Simulator zur Verfügung, in dem alle Piloten in regelmäßigen Abständen die notwendigen Handgriffe lernen und üben. Aufgebaut an beiden Enden einer Wartungshalle des Regiments, besteht er aus einem Kommandantenplatz mit Zieleinrichtung, einer nachgebildeten Hügellandschaft mit verschiedenen, sich bewegenden Panzersilhouetten und einer Computeranlage.

Die HOT-2, eine drahtgesteuerte Lenkwaffe der Firma Euromissile mit 4000 Metern Reichweite, ist sehr zuverlässig, benötigt aber feinfühlige Lenkkommandos des Schützen. Zu starke Steuerausschläge mit dem »Stick« verursachen ein »Aufschwingen« der Waffe, die dadurch in einen unkontrollierbaren Zustand geraten kann. Anhand eines Computerausdrucks kann ein Schütze im Simulator seine

Trockenübung: In diesem Simulator wird das Schießen mit der HOT-2 trainiert.

Auf der gegenüberliegenden Seite der Hubschrauberhalle befinden sich bewegliche Ziele, die elektronisch erfasst und so auch bekämpft werden können. Viele Übungsstunden werden vorausgesetzt, bis es zum scharf Schießen auf den Schießstand geht.

Steuereingaben nach dem Schuss überprüfen. Überschreiten die Ausschläge einen bestimmten Grenzwert, kann davon ausgegangen werden, dass die HOT ihr Ziel verfehlt hätte.

Die rote Fahne auf der Schießbahn signalisiert, dass scharf geschossen wird.

Diese wertvolle Übungsmöglichkeit ersetzt aber nicht das scharfe Schießen unter realen Bedingungen in einem schwebenden Hubschrauber. So stellt das HOT-Schießen auf einem Truppenübungsplatz den Jahreshöhepunkt für die Besatzungen dar. Auf Grund der hohen Kosten – etwa 40 000 DM pro HOT – kann ein Pilot dabei allerdings nur ein bis zwei Lenkflugkörper abfeuern.

Im Sommer 2001 verlegt ein Großteil der Fliegenden Abteilung 361 des Fritzlarer Regiments auf den Truppenübungsplatz Bergen nördlich von Celle. Die Schießbahn 1A verfügt über einen überhöht liegenden Leit- und Kommandostand, eine Abstellplatte für die Maschinen und über verschiedene Ziele wie feststehende Panzerwracks oder sich bewegende, drei mal drei Meter große Panzersilhouetten. Zwei PAH werden zum Schießen vorbereitet und sind mit großen, gelben Lettern – A und B – auf dem Heck gekennzeichnet. Eine große Tafel informiert jeden Piloten, wann und auf welcher der beiden Maschinen er an der Reihe ist.

Nach Abschluss aller Vorbereitungen beginnt das Schießen. Statt der grünen wird nun die rote Flagge am Kommandostand aufgezogen. Unter den Augen des Regimentskommandeurs Horstmar Bussiek schwebt die mit A bezeichnete Maschine etwa 100 Meter vor die Abstellplatte und nimmt ihre Stellung ein. Bei Feuerbereitschaft schaltet der Schütze die rote Positionslampe der Bo 105P an. Über Funk erhält er nun ein Ziel in 3800 Metern Entfernung zugewiesen, visiert es mit Hilfe seiner optischen Anlage an und startet die HOT. Höchste Konzentration ist nun nötig um

100 Meter vor der Platte richtet der Pilot auf Ansage des Schützen den PAH-1 aus und hält ihn in einem ruhigen Schwebezustand, ehe der Flugkörper gestartet wird. Der Schuss wird ausgelöst!

Treffer oder nicht: Warten auf das Ergebnis!

Die zweite aufmunitionierte Maschine wartet bereits auf der Platte auf ihren Einsatz.

Da sich das Gefechtsschießen über den ganzen Tag hinzieht, müssen die beiden Hubschrauber zwischenzeitlich auch aufgetankt werden.

Im Team werden die Maschinen aufmunitioniert. Das heißt, die HOT-2 Hülsen werden entfernt und die neuen Behälter mit ihren Lenkflugkörpern fachgerecht eingesetzt.

in den wenigen Sekunden Flugzeit die Waffe sicher ins Ziel zu lenken. Hierbei ist nicht nur ein möglichst ruhig schwebender Hubschrauber, sondern auch eine Sicht von etwa acht Kilometern Grundvoraussetzung. Der Signaldraht wickelt sich in Bruchteilen einer Sekunde ab, über ihn erhält die HOT ihre Steuersignale. Bei diesem ersten Schuss wird das Ziel genau mittig getroffen. Mit einer Steilkurve kehrt die Maschine zur Abstellpunkt zurück und setzt auf. Nun ist der zweite Panzerabwehrhubschrauber an der Reihe und bringt sich in Stellung. Auch hier leuchtet die Positionslampe auf, und nur wenig später löst sich die Lenkwaffe mit lautem Krachen aus ihrem Behälter. Auch hier kann der Kommandeur zufrieden einen Treffer registrieren. Mittlerweile hat der Schütze in Hubschrauber »A« gewechselt, und der dritte Kandidat hebt nach Landung von »B« für die kurze Flugstrecke ab: auch hier ein Treffer.

Zügig und routiniert wiederholt sich der Vorgang, zwischenzeitlich werden bei laufenden Rotoren leere HOT-Behälter gegen neue, 56 Kilogramm schwere Lenkwaffen ausgetauscht. Nach einigen Stunden Schießens, nur unterbrochen durch eine kurze Nachtankpause, steht mit 90 Prozent Trefferquote das gute Ergebnis dieser Übung fest. Regimentskommandeur und Leiter sind zufrieden. Das Live-Schießen ermöglichte den Piloten ein realitätsnahes Training, dabei bestätigten sich ein weiteres Mal der hohe Ausbildungsstand und die Zuverlässigkeit der HOT-Panzerabwehrwaffe.

Heeresfliegerverbindungs- und Aufklärungsstaffel 400

Die jüngste fliegende Einheit der Heeresflieger hat ihre Wurzeln beim ehemaligen NVA-Kampfhubschraubergeschwader 3 (KHG 3). Nach der Wiedervereinigung wurde dieser in Cottbus stationierte und mit Mil Mi-2, Mi-8 und Mi-24 ausgerüstete Verband personell stark reduziert. Am 26. März 1991 löste man das KHG 3 auf und bildete hieraus die Heeresfliegerstaffel Ost, die Heeresfliegerstaffel 70 und die Heeresfliegerkommandantur 701. Die beiden fliegenden Einheiten führten in der Folgezeit mit der Mil Mi-8 Transport- und Verbindungsflüge durch. Die Mi-8 erwies sich dabei als robustes Arbeitstier, das mit seinen rund vier Tonnen Nutzlast eine beachtliche Transportleistung erbrachte. Die hohen Unterhaltskosten, auch auf Grund der teuren Ersatzteilversorgung, bedingten die Ausmusterung des Typs im März 1993. Drei Monate später, im Juni 1993, trafen die ersten Bo 105M in Cottbus ein.

Am 01. Oktober 1993 schließlich fusionierten Heeresfliegerstaffel Ost und Heeresfliegerstaffel 70 und bildeten die neue Heeresfliegerverbindungs- und Aufklärungsstaffel 400. Unter Führung von Oberstleutnant Hans Hermann Maß schulte das Personal nun kontinuierlich auf die Bo 105M um – das neue Muster des Verbandes. Auch Um-

Angehörige der Heeresfliegerverbindungs- und Aufklärungsstaffel 400 aus Cottbus demonstrieren Teamgeist.

Die Staffel ist mit 18 Bo 105M VBH ausgerüstet.

bauten am Tower und an den Wartungshallen wurde begonnen; sie konnten am 30. Mai 1995 beendet werden. Am 31. März 1994 übernahm Oberstleutnant Jürgen Rehbein das Kommando der Cottbusser Staffel. Unter seinem Kommando wurde der Verband im April 1994 der Heeresfliegerbrigade 3 in Mendig unterstellt. Am 11. Mai 1995 konnte Rehbein auf Grund unfallfreien Fliegens den Flugsicherheitspokal für die HFlgVbdgAufklStff 400 in Empfang nehmen. Im Herbst desselben Jahres nahmen Teile des Verbandes an den ersten Übungen und Manövern teil und zeigten dabei auch den Wert der taktischen Aufklärung. Dieses konnte ein Jahr später bei der NATO-Übung »Partnership for Peace« in Albanien auch im internationalen Rahmen unter Beweis gestellt werden. Als Verband der Krisenreaktionskräfte (KRK) stellten die Cottbusser ab 30. Januar 1997 die ersten Soldaten für den SFOR-Einsatz in Bosnien ab.

Am 01. April 1997 wechselte die Unterstellung der Staffel von der Heeresfliegerbrigade 3 zur neu aufgestellten Luftmechanisierten Brigade 1. Im Sommer desselben Jahres bestand die Staffel die bis dahin härteste Belastungsprobe, als das Hochwasser der Oder weite Teile Brandenburgs bedrohte. Auf dem Höhepunkt der Hilfsaktion standen in Cottbus bis zu 54 Hubschrauber der verschiedensten Einheiten bereit, deren Einsätze maßgeblich von Soldaten der Heimatstaffel koordiniert wurden. Durch unzählige Flüge in das Katastrophengebiet leisteten die Angehörigen der HFlgVbdgAufklStff 400 einen wichtigen Beitrag zum guten Gelingen dieser Jahrhundertaktion.

Am 26. September 1997 fand auf dem Heeresflugplatz Cottbus ein feierlicher Appell zur Übergabe der Staffel von Oberst Jürgen Rehbein an Hauptmann Carsten Rotter statt. Zwei Jahre später, am 29. Juli 1999, erhielt der Staffelkapitän aus den Händen von Brigadegeneral Senden zum zweiten Mal in der Geschichte des Verbandes eine Urkunde für unfallfreies Fliegen. Am 22. Oktober 2000 wechselte das Kommando erneut: Von Major Carsten Rotter übernahm Major Heiko Reichenau die Cottbusser Staffel.

Die im Frühjahr 2001 verkündeten Standortschließungen auf Grund der beschlossenen Truppenreduzierung betrafen glücklicherweise nicht den Cottbusser Verband. Ob die Staffel allerdings weiter Heeresfliegerverbindungs- und Aufklärungsstaffel 400 heißen wird oder mit einem anderen Namen in die neue Struktur des Heeres und der Heeresflieger einfließt, ist noch nicht entschieden. Der Verbleib der Heeresflieger in Cottbus jedenfalls ist für die Staffelangehörigen, die Stadt und das Umland gesichert.

Heeresflieger im Einsatz

Hilfs-, Katastrophen- und KRK-Einsätze im In- und Ausland

Mit der Wiedervereinigung und der nunmehr vollen Souveränität wuchs auch der internationale Druck auf das vereinte Deutschland, sich stärker als bisher an Hilfseinsätzen in Katastrophengebieten oder an Auseinandersetzungen zu beteiligen, in denen die Vereinten Nationen ein Friedenskontingent stellten. Der Ost-West-Konflikt war mit Öffnung des Eisernen Vorhangs praktisch zu Ende. Doch nun erwuchsen daraus, verursacht durch die Souveränität ethnischer Gruppen und Völker, neue Spannungen, die nur durch Intervention der Völkergemeinschaft United Nations (UN) oder – im europäischen Raum durch die NATO – nicht eskalierten. Im Rahmen dieser UN- oder NATO-Maßnahmen hat sich mittlerweile auch die Bundeswehr eingegliedert und stellt für solche Einsätze entsprechendes Kontingente, so genannte Krisenreaktionskräfte (KRK), zur Verfügung. Die Rechtsgrundlage dafür wurde durch ein Urteil des Bundesverfassungsgericht vom 12. Juli 1994 geschaffen, das den verfassungsrechtlichen Rahmen für den Einsatz deutscher Soldaten über die Landes- und Bündnisverteidigung hinaus regelt. Im Einzelnen geht daraus hervor, dass bewaffnete deutsche Streitkräfte sich künftig uneingeschränkt an friedenssichernden Einsätzen im Rahmen von Aktionen der NATO und der EU zur Umsetzung von Beschlüssen des Sicherheitsrats der UN beteiligen dürfen. Dies gilt auch für die rein nationale Teilnahme bewaffneter deutscher Streitkräfte an militärischen Aktionen der Vereinten Nationen auf der Grundlage eines entsprechenden Mandates des UN-Sicherheitsrates.

Nationale Hilfs- und Katastropheneinsätze

Innerhalb der Landesgrenzen leistete die Bundeswehr schon ab den 60er-Jahren Hilfe bei Notfällen oder Katastrophen.

Sturmflut

Zu einem der spektakulärsten Hilfseinsätze der Heeresflieger zählt die Sturmflutkatastrophe in Hamburg und Umgebung im Jahre 1962. Diese Sturmflut vom 16. und 17. Februar 1962 ließ den Hamburger Pegelstand auf 5,73 m über Normalstand anschwellen. Alle südlichen Gebiete waren überschwemmt, viele Orte waren von den Sturmfluten eingeschlossen. Verzweifelt klammerten sich Menschen an alles, was noch aus dem Wasser ragte.

Eiligst ersuchte der Hamburger Senat beim BMVg um Hilfe, und diese kam prompt, vor allem durch Pioniere und Hubschrauber.

Als im Jahre 1962 Hamburg und Umgebung von einer Sturmflutkatastrophe betroffen wurden, kamen die rettenden Engel aus der Luft. Mitten im Geschehen: die Sikorsky H-34-Hubschrauber.

Im Verbund mit anderen Einheiten wurden die Menschen auch von den Dächern evakuiert.

Und so kamen für viele die rettenden Engel wieder aus der Luft. Es waren die Heeresflieger aus Celle, Bückeburg, Itzehoe, Rotenburg/Wümme oder Rheine, die sich mit ihren Hubschraubern gegen Regen und Sturm stemmten und vielerorts durch Rettung von Menschen kleine Wunder vollbrachten.

Die Zentrale wurde in Fuhlsbüttel, dem Hamburger Flughafen, eingerichtet.

Der Auftrag der im Verbund eingesetzten Fliegerkräfte von Luftwaffe, Marine und benachbarten NATO-Einheiten bestand nicht nur darin, Menschen zu retten, was natürlich oberste Priorität besaß, sondern auch darin, die angeforderten Pioniere zu unterstützen. Der Einsatzbereich erstreckte sich nicht nur auf Hamburg und Umgebung, sondern erstreckte sich auch auf die Nordseeinseln. Hierbei wurden die Transporthubschrauber H-34 oder H-21 zu wahrhaften Lasteseln umfunktioniert: Pioniergerät, Schlauchboote, Zelte, Decken, Bekleidung, vor allem aber auch Lebensmittel und medizinische Hilfe für die eingeschlossenen Menschen mussten eingeflogen werden.

Geleitet wurden die Hubschraubereinsätze von den Oberstleutnanten Granz, Küster und Drebing von der Heeresfliegerwaffenschule.

Insgesamt wurden mit 87 Hubschraubern 2328 Einsätze geflogen, 914 Tonnen Hilfsgüter transportiert und 1117 Menschen gerettet.

Wo immer Hilfe benötigt wurde, waren die Heeresflieger im Einsatz, so bei den Waldbränden in Niedersachsen im Jahre 1975, der Schneekatastrophe in Norddeutschland 1979, bei den Waldbränden in Niedersachsen 1983 und in Brandenburg 1992. Die Löschkapazität der Sikorsky CH-53G-Hubschrauber mit ihrem Feuerlöschbehälter (Smokey) mit einem Fassungsvermögen von 5000 Litern machte sie auch im Ausland bekannt. So waren drei Maschinen diesen Typs im Jahre 1990 in Griechenland erfolgreich im Einsatz, als ein Waldbrand die Mönchsrepublik Athos bedrohte. Auf Bitten Griechenlands entsandte das BMVg am 26. August 1993 einen Einsatzverband von fünf CH-53G zur Waldbrandbekämpfung in das schwer zugängliche Gebiet um Lárisa. Bis zum 09. Oktober wurden dort etwa 1200 Löschflüge durchgeführt. Auch in den folgenden Jahren waren die Sikorsky zum Teil über Monate im Feuerlöscheinsatz in Griechenland, so 1995 in Attika und 1998 in Tanagra.

Bemerkenswerte Katastrophenhilfe wurde zum Beispiel 1976 durch CH-53G-Besatzungen des HFlgRgt 25 Laupheim geleistet und eine Luftbrücke in das Erdbebenkatastrophengebiet um Udine in Italien hergestellt. Die dort als Katastrophenhelfer eingesetzten deutschen Pioniere wurden versorgt und tonnenweise Hilfsgüter für die betroffene Bevölkerung eingeflogen. Im Jahre 1980 waren Hubschrauber des HFlgRgt 20 aus Neuhausen ob Eck bei der Erdbebenkatastrophe in Avellono bei Neapel über drei Monate im Hilfseinsatz. Auch beim Grubenunglück in Lassing/Österreich waren deutsche CH-53-Hubschrauber zur Bergung eingesetzt.

Oderbruch

Anhaltende Regenfälle verursachen Anfang Juli 1997 in Tschechien und Polen ein Jahrhunderthochwasser, das

Das Hochwasser im Jahre 1997 an der Oder bewies das hervorragende Zusammenspiel aller zur Verfügung stehenden Kräfte. Unermüdlich waren dabei unter anderen auch die Sikorsky CH-53G der Heeresflieger im Einsatz.

Viele Waldbrände konnten durch diese Art des Feuerlöschens bekämpft werden.

anschließend zur Katastrophe zu werden drohte. Die große Flut erreicht am 17. Juli Brandenburg. Über 15 000 freiwillige Helfer und 30 000 Soldaten versuchten von nun an fieberhaft, die Wassermassen der Oder zu bändigen.

Auch die Heeresfliegertruppe unterstützte im Zeitraum vom 17. Juli bis 11. August 1997 die an der Oder eingesetzten zivilen und militärischen Kräfte. Hauptsächlich wurden Sandsäcke zur Deichverstärkung transportiert, Erkundungen geflogen und Personentransorte durchgeführt.

Geführt wurde der Heeresfliegereinsatzverband »Hochwasser« vom Kommandeur des Heeresfliegerregimentes 10, Oberstleutnant Bund.

Bereits bei Ankunft des Leitverbandes aus Faßberg und organisiert durch die Staffel 400 in Cottbus zeichnete sich ein erfolgreiches Zusammenwirken der Kräfte ab. Eine bereitgestellte Luftfahrzeughalle, Diensträume und Unterkünfte gewährleisteten ein reibungsloses Anlaufen der Aktion. Die ersten Einsätze bis zum 23. Juli waren vornehmlich Deicherkundungen.

In dieser Zeit – vom 23. Juli bis 12. August – wurden von allen Heeresfliegerverbänden, die im Einsatz waren, insgesamt 4600 Tonnen Material (vor allem Sandsäcke) durch 14 CH-53G MTH aller drei Regimenter sowie der Heeresfliegerwaffenschule transportiert. Die UH-1D LTH waren zunächst ebenfalls mit dem Transport von Sandsäcken beauftragt, dann aber vornehmlich mit dem Rücktransport der Außenlastnetze sowie der Versorgung zweier gefährdeter Deichabschnitte mit dem wertvollen Dichtmaterial.

Die Bo 105 VBH waren hauptsächlich für den Personentransport eingesetzt. Sie stellten auch die problematische Verbindung zwischen den Kräften am Deich und den in Bereitschaft stehenden Luftfahrzeugen her.

Tonnenweise wurden Sandsäcke aufgenommen und an die bedrohten Deiche geflogen.

Mit den Einsatzkräften des Technischen Hilfswerk wurde auf dem Bodensee Landungen auf Pontons geübt.

Internationale Katastropheneinsätze und humanitäre Hilfe

Seit Aufstellung der Bundeswehr bis zum Jahre 1990, dem Zeitpunkt der Wiedervereinigung, fanden Einsätze im Auftrage der Vereinten Nationen bedingt durch die besondere Situation der geteilten Nation praktisch nicht statt.

Doch humanitäre Leistungen wurden, wo erforderlich, weltweit in über 120 Hilfseinsätzen in mehr als 50 Ländern erbracht. Die Rahmenbedingungen wurden bilateral mit den jeweiligen Empfängerstaaten abgesprochen und entsprechende Verträge geschlossen.

Um so intensiver wurden nach der Wiedervereinigung Hilfs- und Katastropheneinsätze wie zum Beispiel im Irak, in der Türkei und in Griechenland oder bei dem verheerenden Lawinenunglück in Österreich von den Heeresfliegern durchgeführt.

Um die größte Hungersnot der aus dem Irak flüchtenden Kurden zu lindern, wurden Hubschrauber aus Laupheim, Mendig, Rheine und Faßberg in die fast unerreichbaren Bergregionen der Türkei und des Iran entsandt, um sie mit Hilfsgütern zu versorgen.

Kurdenhilfe in der Türkei und im Iran

Nach Beendigung der Kampfhandlungen im Süden des Irak und nach der vermeintlichen Niederlage der irakischen Armee begann diese jedoch im Norden des Landes die gegen Saddam Hussein revoltierenden Kurden zu verfolgen. So flohen zwei Millionen Kurden über die Berge aus dem Irak in die benachbarten Staaten – die Türkei und den Iran.

Als Reaktion darauf verabschiedete der Sicherheitsrat der UN am 05. April 1991 eine Resolution, in der die Unterdrückung der Kurden im nördlichen Irak verurteilt und die Völkergemeinschaft zur Hilfe aufgerufen wurde. Unterdessen ging die Flucht von kurdischen Flüchtlingen aus dem Irak weiter. Viele Menschen starben dabei an Hunger und Kälte.

Um die größte Hungersnot zu lindern, wurden auch Hubschrauber der Heeresflieger eingesetzt. Sikorsky CH-53-Hubschrauber vom HFlgRgt 25 in Laupheim und vom HFlgRgt 35 in Mendig drangen damit in schwer erreichbare Bergregionen in Ostanatolien vor und versorgten rund 250 000 Flüchtling in vier Lagern mit 800 Tonnen Hilfsgütern wie Decken, Zelten und notwendigsten Lebensmitteln, während Hubschrauber aus Rheine und Faßberg vom Iran aus die Hilfskräfte vor Ort unterstützten. Über drei Monate waren die Hubschrauber im Dauereinsatz.

UNSCOM Einsatz im Irak

Noch im selben Jahr erfolgte ein weiterer Einsatzbefehl für die Heeresflieger, der ebenfalls den Irak betraf und auf Anforderung der Vereinten Nationen zustande kam.

Hierbei handelte es sich hauptsächlich um den Transport von UN-Inspektoren, die im Irak die Vernichtung von Waffen, vor allen Nuklear- und Chemiewaffen sowie Scud-Raketen zu überwachen hatten.

Der Transport von Gepäck und Material des UN-Personals gehörte ebenfalls zur übernommenen Aufgabe.

Nach dem Golfkrieg, Anfang 1991, übernahmen Heeresflieger den Transport von UN-Inspektoren, die die Vernichtung aller Waffen des Iraks überwachen sollten.

Dafür wurden 30 Soldaten, in der Hauptsache Besatzungen und technisches Personal der Heeresfliegerregimenter 15, 25 und 35 sowie sieben Soldaten der Luftwaffe abgeordnet. Durch die hohe Belastung wurde das Kontingent im Vier-Wochen-Turnus ausgewechselt. Geleitet wurde der gesamte Einsatz vom HFlgRgt 35 in Mendig.

Staubige Angelegenheit: Leider standen zu diesem Zeitpunkt die bei der WTD 61 erprobten Sand- und Schmutzfilter für die Triebwerke der CH-53 noch nicht zur Verfügung.

Für diese Aktivitäten wurden ab August 1991 eine Transall C-160 der Luftwaffe in Bahrain und drei Sikorsky CH-53G der Heeresflieger in Bagdad stationiert.

Bis zum September 1996 absolvierte man mit diesen Hubschraubern 805 Flüge in 3982 Flugstunden.

Nach Beginn der Hubschrauber-Flugeinsätze im Rahmen der NATO 1996 in Ex-Jugoslawien beendeten die deutschen Hubschrauber den UNSCOM-Einsatz im Irak, der dort nahtlos von Hubschraubern der chilenischen Armee weitergeführt wurde.

UNOSOM II Einsatz in Somalia

In Somalia tobte Anfang der 90er-Jahre ein grauenhafter Bürgerkrieg, der hauptsächlich durch den Machtanspruch unterschiedlicher Volksstämme hervorgerufen wurde. So versank auch dieses Land in hoffnungsloser Armut. Mindestens zwei Millionen Menschen waren hier vom Hungertod bedroht.

So beschlossen die Vereinten Nationen am 13. August 1992 eine umfangreiche Hungerhilfe, bei der allein die US-Regierung 145 000 Tonnen Lebensmittel bereitstellte. Um dieses sicherzustellen, gab US-Präsident Bush am 04. Dezember 1992 den amerikanischen Truppen den Auftrag, die Verteilung der Lebensmittel selbst vorzunehmen.

Der Einsatz in Somalia stellte an Personal wie Gerät hohe Anforderungen. Mit MG bewaffnet flogen die UH-1D im Tiefflug über den Wüstensand.

Am 04. Mai 1993 traten die USA das Oberkommando über die internationalen Streitkräfte an die UN wieder ab, doch der interne Machtkampf unter den verfeindeten Stämmen in Somalia setzte sich fort. In der Folgezeit wurden mehrere UN-Mitarbeiter getötet. Daraufhin griffen UN-Truppen mit Kampfhubschraubern die Kommandozentrale des Milizchefs Aidid an und töteten dabei mehr als 50 Somalier. Nun erhielt auch die Bundeswehr den Befehl, logistisch die UN-Truppen in Somalia zu unterstützen. Über eine Luftbrücke und auf dem Seeweg erreichten Soldaten des Heeres den Ort Belet Uen an der Grenze zu Äthiopien. Am 01. August 1993 war das 1700 Mann starke Kontingent komplett.

Bis zum 23. März 1994, dem Ende des Einsatzes, wurden über 650 Hilfsflüge, an denen sich auch die Heeresflieger mit ihren Bell UH-1D beteiligten, durchgeführt. Als Leitverband fungierte hierbei das HFlgRgt 10 aus Faßberg.

Lawinenkatastrophe in Österreich

Es war Dienstag, der 23. Februar 1999: Lawinen waren in das Paznauntal gestürzt, hatten Häuser verschüttet und Tausenden von Urlaubern den Rückweg abgeschnitten – Lawinenkatastrophe in Galtür im Paznauntal.

Nach 16.00 Uhr waren fast gleichzeitig zwei mächtige Lawinen abgegangen und hatten das Dorf Galtür fast verschüttet. Neun Häuser wurden ganz zerstört und dabei 38

Keine Sicht nach unten. So landet man auf Anweisung.

Auf dem Weg nach Galtür: majestätisch der Anblick der schneebedeckten Berggipfel – und dahinter die Lawinenkatastrophe!

Menschen getötet. An anderen Stellen hatten sich auch Lawinen gelöst, alle Zufahrtsstraßen blockiert und somit das ganze Paznauntal von der Außenwelt abgeschnitten. Die österreichischen Behörden erklärten den Notstand und ordneten die Evakuierung des ganzen Tals an. Dieses aber war nur durch einen massiven Einsatz von Hubschrauber-Kräften möglich.

Nachfolgend eine kurze Chronik der Ereignisse:

Mittwoch, 24. Februar
Beim morgendlichen Briefing des HFlgRgt 25 in Laupheim wurde die Lage im österreichischen Katastrophengebiet erörtert und eine eventuelle Unterstützung vorbereitet.

Um 11.30 Uhr kam der Einsatzbefehl mit dem Auftrag, ein Erkundungskommando mit einer CH-53 nach Innsbruck zu verlegen. Der Flug war schnell vorbereitet, das Außenlastgeschirr wurde aufgenommen, und bald schon war man in der Luft in Richtung Katastrophengebiet. In Innsbruck fand im Beisein aller Beteiligten und des österreichischen Koordinators eine Lagebesprechung über den Einsatz der CH-53-Hubschrauber statt. Eine Wetterverschlechterung ließ anschließend keinen Erkundungsflug mehr zu.

Donnerstag, 25. Februar
07.00 Uhr – die Schneefront war vorübergezogen, und ein Hochdruckgebiet sorgte für gutes Wetter. An der Besprechung nahmen nun auch amerikanische Soldaten des US-Heeres teil, die am Vortag mit zehn UH-60 Blackhawk gelandet waren. Eine einheitliche Frequenz, eine Höhenstaffelung nach Größe der Hubschrauber und Rechtsverkehr wurden nun verbindlich für alle festgelegt.

Hunderte Urlauber warten auf die Hilfe von oben. Nacheinander schweben die CH-53 Kolosse ein. Binnen kurzer Zeit werden die verängstigten Menschen aus dem Katastrophengebiet ausgeflogen.

Ein Teilstück der Oberinn-Autobahn, bei Imst durch die Polizei für den gesamten Straßenverkehr gesperrt, fungierte als Basislandeplatz für die Großraumhubschrauber.

Nachdem alle Vorbereitungen getroffen waren, konnte um 08.15 Uhr der erste Evakuierungsflug mit dem CH-53-Hubschrauber beginnen. Die Flugzeit zwischen Autobahn, Galtür und zurück betrug 25 Minuten. Am Vormittag trafen weitere Laupheimer Hubschrauber in Imst ein, um sich an der Evakuierung zu beteiligen. Die Transportkapazität der mittlerweile fünf CH-53 wuchs somit auf 180 Personen pro Umlauf. Nur durch Tankpausen unterbrochen, wurde bis zum Abend mit den insgesamt 15 Großraumhubschraubern Galtür komplett evakuiert.

Doch der Tag war noch nicht zu Ende. Mit Restlichtverstärkerbrillen befahl man zwei CH-53 nach Ischgl, um in einem Nachtflug noch Menschen, die auf einer Tiefgarage ausgeharrt hatten, zu bergen.

Freitag, 26. Februar
Nach einer Wetterbeurteilung setzten die Rettungsflieger bei aufgehender Sonne die Evakuierung in Ischgl und Umgebung fort. Im Minutentakt befreiten die Hubschrauber-Crews Urlauber aus der weißen Hölle.

Bis zum Abend waren alle 5000 Ausreisewilligen aus Ischgl ausgeflogen.

An dieser Evakuierung waren auch zwei UH-1D-Hubschrauber aus Niederstetten beteiligt. Das »Go« für ihren Einsatz erhielten sie am 25. Februar. Um 09.10 Uhr starteten der erste und um 09.15 Uhr der zweite Hubschrauber in Richtung Imst. Nach ihrem ersten Einsatz in Feichten erhielten sie den Auftrag, die Ortschaften Mathon, Kappel und Holderbach zu evakuieren.

Am 26. Februar und nach über sieben Stunden in der Luft wurden auch von diesen beiden Besatzungen die letzten ausgeflogenen Urlauber in Landeck abgesetzt.

Am Samstag, den 27. Februar, war die Rettungsaktion im Paznauntal weitgehend abgeschlossen. Als kleines Dankeschön verabschiedete man die Besatzungen der 28 Hubschrauber aus USA, Frankreich, der Schweiz und Deutschland mit einem Festakt.

Krisenreaktionskräfte (KRK) der Heeresflieger und deren Auslandseinsätze

Angepasst an die weltweit veränderte politische Lage wurde im Rahmen einer Strukturveränderung innerhalb der Bundeswehr Anfang der 90er-Jahre insbesondere innerhalb des Heeres einen neue Struktur geschaffen, die nun hauptsächlich aus der militärischen Grundorganisation (MGO), den Hauptverteidigungskräften (HVK) und den Krisenreaktionskräften (KRK) bestand.

Dies hatte zur Folge, dass auch die Heeresfliegertruppe umgegliedert wurde. So stellte man zunächst die Heeresfliegerbrigade 3 in Mendig auf, der drei MTH-Regimenter und zwei LTH-Regimenter unterstanden. Anschließend wurde die Luftmechanisierte Brigade in Fritzlar mit einem LTH-Regiment und zwei PAH-Regimentern aufgestellt. Sie sollten in der Lage sein, auf weltweite sicherheitspolitische Entwicklungen bei Bedarf schnell und flexibel zu reagieren.

Wird ein solcher Einsatz im Rahmen der Rechtsgrundlage politisch angewiesen, bestimmt das Heeresführungskommando in Koblenz als Leitführungskommando ein Korps als Leitkommando. Das Korps beauftragte nun eine seiner Divisionen mit der Wahrnehmung der Aufgaben eines Leitkommandos. Als einzige Konstante fungieren hierbei die Heeresfliegerbrigaden, die den Auftrag direkt vom Heeresführungskommando erhalten. Die beauftragte Brigade stellt für solche Einsätze grundsätzlich einen Vorbereitungs- und Unterstützungsstab, beauftragt wiederum ein Regiment mit der Funktion als Leitverband und unterstützt dieses in Auftrag und Einsatz. Das beauftragte Regiment richtet eine Operationszentrale ein, die den Regimentskommandeur bei seiner Führungsaufgabe unterstützt. Im Einzelnen ist der Leitverband für folgende Aufgaben verantwortlich:
- Aufstellung des Einsatzkontingents
  ANMERKUNG: Bo 105 waren bis jetzt von Auslandseinsätzen ausgeschlossen, werden aber ab 2001 zunehmend die Bell UH-1D in Ex-Jugoslawien ablösen
- Ausbildung
- Herstellen der Verlegefähigkeit
- Verlegung, Rückverlegung und anschließende Auflösung des entsprechenden Heeresfliegerkontingentes

Während eines Einsatzes im Rahmen von KRK unterstehen die eingesetzten Heeresflieger (Staffel oder Abteilung) zwar nicht dem Leitverband, trotzdem wird die Staffel – wo immer erforderlich – durch den Leitverband unterstützt. Außerdem erfolgt im Leitverband die Überwachung des luftfahrzeugtechnischen Instandsetzungsplanes und des Flugstundenprogramms.

Bei SFOR und KFOR wechselt der Leitverband alle sechs Monate, wobei das Kontingent bis auf das Führungspersonal alle zwei Monate ausgetauscht wird.

IFOR-Einsatz: eine Sikorsky CH-53G bei der Bergung einer Bell UH-1D.

Der jugoslawische Bürgerkrieg

IFOR-Einsatz in Bosnien-Herzegowina

Nach dem Zerfall der Sowjetunion und des Warschauer Paktes und der darauf folgenden Unabhängigkeitserklärung der Teilrepubliken Slowenien und Kroatien am 25. Juni 1991 begann es im Vielvölkerstaat Jugoslawien zu brodeln.

Prompt reagiert die Bundesarmee mit Einmarsch und massiven Luftangriffen. Trotz intensiver Vermittlungsbemühungen von EG und KSZE kam es zu einem der brutalsten Bürgerkriege auf europäischem Boden nach Ende des Zweiten Weltkriegs.

Serbien hatte mittlerweile die komplette Kontrolle über die Armee übernommen und eine Teilmobilmachung angeordnet. Tausende Menschen wurden in die Flucht getrieben.

Auch ein im Frühjahr 1992 in Bosnien-Herzegowina ausgehandelter Waffenstillstand war zum Scheitern verurteilt. Überall flohen die Menschen, auch aus Sarajevo, wo bis zu 5000 Frauen und Kinder von serbischen Freischärlern festgehalten wurden. Auch UN-Blauhelme konnten die verfeindeten Parteien nicht trennen.

Endlich, am 26. Juni 1992, reagierten die Staatschefs der EG und erklärten sich bereit, die Stadt Sarajevo mit Hilfe des Militärs vor serbischen Gewalttaten zu schützen. Eine internationale Luftbrücke – auch mit Beteiligung der Bundeswehr – wurde von Deutschland aus organisiert. Hunderte Tonnen Hilfsgüter gelangten so in das stark aus-

Mit MG und Haifischmaul: deutsche Heeresflieger im IFOR-Einsatz.

geblutete Land. Doch serbische Truppen rückten immer weiter vor. Bosnien-Herzegowina klagte nun vor dem Internationalen Gerichtshof in Den Haag Serbien des systematischen Völkermordes an. Am 16. November 1992 verschärfte der UN-Sicherheitsrat die Sanktionen gegen Restjugoslawien, und zur Überwachung des Waffenembargos wurde die NATO damit beauftragt, dieses auch militärisch durchzusetzen (von deutscher Seite hauptsächlich mit Marine-Einheiten).

Ab Anfang 1993 war die NATO mit ihren Überwachungsflugzeugen E-3A AWACS und Kampfflugzeugen im jugoslawischen Luftraum präsent. Im Januar 1994 setzte die NATO den Belagerern von Sarajevo eine Frist, alle schweren Waffen bis zum 09. Februar 1994 abzuziehen. Zu Unterstützung dieser Forderung wurden erstmals NATO-Kampfflugzeuge eingesetzt.

Ein britisch-französischer »Schneller Einsatzverband« wurde aufgestellt, um die immer stärker unter Druck geratenen UNPROFOR Friedenstruppen in Bosnien-Herzegowina zu entlasten. Eine deutsche Beteiligung wurde zugesagt, und am 08. August 1995 übernahm ein ausgewähltes Truppenkontingent den Schutz des »Schnellen Einsatzverbandes«. Das Heereskontingent wurde in Trogir/Kroatien stationiert und war für den Betrieb eines deutsch-französischen Feldlazaretts mit allen wichtigen Facharzt-Abteilungen sowie einem beweglichen Arzttrupp auf gepanzerten oder ungepanzerten Fahrzeugen für den Verwundetentransport verantwortlich. Durch die massiven Luftangriffe der NATO wurde der Vormarsch der serbischen Truppen gebremst und schließlich sogar gestoppt. Auf politischer Ebene wurde ein Waffenstillstand vorbereitet und mit der Bosnien-Konferenz und der Paraphierung des Friedensabkommens in Dayton am 21. November 1995 besiegelt. Am 06. Dezember stimmte der Deutsche Bundestag der deutschen Beteiligung an militärischen Maßnahmen zur Absicherung des Friedensvertrages zu, und am 14. Dezember ratifizierten die Präsidenten von Bosnien, Serbien und Kroatien diesen in Paris.

In der UN-Resolution 1031 vom 15. Dezember 1995 erhielt die NATO das Mandat zur Führung der Bosnien-Herzegowina »Implementation Force« (IFOR).

Mit fast 4000 Soldaten aller Teilstreitkräfte beteiligte sich die Bundeswehr ab dem 20. Dezember 1995 mit dem Auftrag, die IFOR-Truppen im ehemaligen Jugoslawien auf der Basis des Dayton-Abkommens wirkungsvoll zu unterstützen. Das Heereskontingent hatte eine Personalstärke von durchschnittlich 2600 Soldaten und hatte hauptsächlich die Aufgabe, die Zivilbevölkerung zu unterstützen: Straßen- und Brückenreparaturen, medizinische Versorgung. Das wiederum setzte Luftunterstützung voraus, die hauptsächlich von den Heeresfliegern zu erbringen war.

In diesem Zusammenhang wurde Anfang 1996 das Heeresfliegerregiment (HFlgRgt) 15 durch die Heeresfliegerbrigade (HFlgBrig) 3 beauftragt, für den beginnenden IFOR-Einsatz die Aufgaben eines Leitverbandes MTH (mittlerer Transporthubschrauber) mit Sikorsky CH-53G zu übernehmen. Zur Unterstützung der Regimentsführung richtete man in Rheine eine Operationszentrale ein, die aus einem Stabsoffizier (Major) und Unterstützungspersonal bestand und zunächst lediglich den Beitrag der MTH-Regimenter zur gemischten Heeresfliegerabteilung (gemHFlgAbt) »German Contingent IFOR Land« (GECONIFOR (L)) sicherzustellen hatte. Leitverband für die gemischte Heeresflieger Abteilung (gemHFlgAbt) war das HFlgRgt 10.

Ein Kontingent von fünf CH-53G und zwölf Bell-UH-1D-Hubschraubern wurde nun zusammengestellt, um von der Küstenstadt Zadar in Kroatien aus die NATO-Friedenstruppe mit Nachschub zu versorgen und im Bedarfsfall Verwundete und Kranke aus dem Krisengebiet zu evakuieren.

Ein »Kroatisches Tagebuch«

Hauptmann Friedrich Deininger, CH-53-Pilot des Heeresfliegerregiments 25 in Laupheim, begleitete diesen heiklen Auslandseinsatz der Heeresflieger von Anfang an. Sein »Kroatisches Tagebuch« beschreibt die Erlebnisse und Er-

Flugvorbereitungen: CH-53-Piloten Hauptmann Friedrich Deininger und Oberleutnant Stefan Liedtke bei der Routenfestlegung von Laupheim nach Zadar.

fahrungen seines dreimonatigen Aufenthalts an der dalmatinischen Küste:

»... Heeresflugplatz Laupheim, es ist Mittwoch, der 31. Januar 1996, 14.00 Uhr: Soeben sind zwei CH-53-Hubschrauber aus dem westfälischen Rheine gelandet. Ein Unimog schleppt die 5882 kW (8000 PS) starken Ungetüme, von denen eines als fliegendes Lazarett für maximal zehn Patienten ausgestattet ist, in den Hangar. Dort überprüft Friedrich Deininger ein letztes Mal die Ausrüstung seiner Maschine, die auf den Namen »GAM 8464« hört. Verzurrseile, Außenlasthaken, eine Notausrüstung fürs Gebirge sowie persönliche Gegenstände hat er vorschriftsmäßig verstaut.

Wahlweise sechs Tonnen oder bis zu 36 Personen kann die CH-53 in ihrem voluminösen Bauch transportieren; außen dürfen bis zu neun Tonnen Nutzlast befestigt werden. Rechtzeitig für den Einsatz in Kroatien wurden satellitengestützte Navigationssysteme der neuesten Generation eingebaut. Dagegen konnte die geforderte Spezialpanzerung aus Aramid und Kevlar nicht mehr rechtzeitig montiert werden. Dieser handgefertigte, rund 200 000 Mark teure Schutz soll vor Infantriebeschuss auf bosnischem Territorium schützen. Ein Nachrüsten wurde für Zadar vorgesehen.

Major Helmut Meyer aus Rheine, dessen Hubschrauber gemeinsam mit den Laupheimern am Donnerstagmorgen Kurs auf Kroatien nehmen, bestellt alle Piloten und Bordmechaniker zu einem Briefing. Eine fünfte Maschine aus Mendig, die sich dem Schwarm anschließen soll, trifft wegen technischer Probleme verspätet ein.

Karten werden ausgeteilt, Funkfrequenzen, Reisehöhe und Flugroute festgelegt. Die aktuelle Wetterlage gestattet den kürzesten Weg über Bozen und die italienische Luftwaffenbasis Aviano, verlangt aber zwei Tankstopps, weil ein kräftiger Gegenwind bläst. Take-off: Donnerstag 08.00 Uhr »Zulu« (09.00 Uhr Ortszeit).

Donnerstag, 01. Februar 1996

Eine Stunde vor Start werden die fünf CH-53-Kolosse auf die Rollbahn gezogen. Die Sonne geht auf und hängt als orangerote Scheibe am Himmel. Bei »Kaiserwetter« verabschiedet Oberst Dieter Kratz, Kommandeur der Laupheimer Heeresflieger, mit den besten Wünschen auf eine gesunde Heimkehr die Hubschrauberbesatzungen.

Pünktlich um 09.00 Uhr starten die fünf Sikorsky-CH-53-Transporthubschrauber aus den Standorten Rheine (2), Mendig (1) und Laupheim (2).

Vergessen von Raum und Zeit. Über die Dolomiten führt der Weg in das vom Bürgerkrieg heimgesuchte Bosnien.

Das Camp des deutschen Heeresfliegerkontingents auf dem militärisch genutzten Teil des Flughafens von Zadar _ nach dessen Erbauer, Oberstleutnant Werner Hünnefeld, liebevoll »Hünnefeldhausen« genannt.

Bei herrlichem Wetter führt die Flugroute nun Richtung Österreich, vorbei an Mittenwald, Innsbruck, dem Brenner-Pass direkt nach Bozen. Nach einer guten Stunde Flugzeit wird hier gelandet: die Maschinen werden nachbetankt. Der Weiterflug führt auf direktem Weg nach Aviano in Norditalien. Nach einem weiteren Tankstopp und einer Einweisung in die Flugverfahren beim Einflug in den slowenischen und kroatischen Luftraum heißt es wieder »Take-off«. An Rivolto und Udine vorbei fliegen die fünf Hubschrauber über Triest und Rijeka nach Zadar.

Schon im Anflug sehen wir am Rande des Flugplatzes die Spuren des Krieges: Bombenkrater, Ruinen und völlig zerstörte Ortschaften führen uns den Sinn unseres Auftrages vor Augen, noch bevor wir gelandet sind.

Nach Landung und Begrüßung durch unsere Kameraden, die bereits seit Weihnachten hier sind, werden wir »eingecheckt«. Containerverteilung, Geldumtausch, IFOR-Ausweis und Weiteres folgen.

Neugierig wird die neue Behausung unter die Lupe genommen. Es handelt sich dabei um einen etwa 12 m² großen Container, der mit Betten, Spinden, Tisch und Stühlen ausgestattet ist. In diesem Kasten werde ich nun zusammen mit einem anderen Offizier wohnen. Wenigstens ist eine Heizung eingebaut, und für den Sommer ist eine Klimaanlage vorgesehen. Im Sanitärcontainer befinden sich Toiletten, Waschbecken und Duschen.

Einige Tage verbleiben der Hubschrauberbesatzung, um sich zu »akklimatisieren«, die Gegend kennen zu lernen und sich auf die neue Aufgabe einzustellen.

Montag, 05. Februar
Heute steht mein erster Flugeinsatz in Kroatien an. Der Auftrag lautet, Material nach Split zu fliegen und auf dem Rückflug Ersatzteile mitzubringen.

Dienstag, 06. Februar
Die Engländer weisen uns Piloten heute in das Flugverhalten und die Verfahren ein, die im bosnischen Luftraum beachtet werden müssen. Nebenbei bilden wir uns im Gebirgsflug, Navigation und Kartenkunde weiter.

Am Abend kommen unsere restlichen Sicherungssoldaten von der Gebirgsjägertruppe an. Jetzt ist unser Camp mit über 400 Soldaten voll belegt.

Wenn nicht geflogen wird, stehen Schulungen oder andere Aufgaben im Lager an, sodass überhaupt keine Langeweile aufkommt.

Samstag, 10. Februar
Ein Erkundungsflug führt mich heute wieder in die Krajina. Wieder sehe ich nur Trümmer und Ruinen, wohin man nur schaut. Viele dieser Häuser sind nicht durch Kriegshandlungen zerstört worden, sondern bewusst gesprengt, um zu verhindern, dass die Bewohner zurückkehren. Häufig wird

Brückenbauarbeiten in minenverseuchtem Gebiet – eine sehr gefährliche Arbeit für die deutschen Pioniere.

dazu im ersten Stock des Gebäudes eine Kerze aufgestellt und im unteren Stock der Gashahn aufgedreht: Das Gas steigt langsam nach oben und explodiert, sobald es die Kerze erreicht hat. In diesen Häusern fehlen später sämtliche Türen und Fenster. Auch das Dach ist meist abgehoben. Der Flug führt uns weiter über die alte Kaserne Benkovac nach Trogir. Hier befinden sich der Stab von GECONIFOR (German Contingent Implementation Force) und das deutsch-französische Feldlazarett.

Sonntag, 11. Februar
Heute ist Stippvisite angesagt. Uns besucht der Kommandeur des Heeresführungskommandos, Generalleutnant Dr. Klaus Reinhardt.

Die nächsten Tage verlaufen ohne besondere Vorkommnisse. Ich habe zwar Bereitschaft, aber keinen Flugeinsatz.

Donnerstag, 15. Februar
Mein erster Flugeinsatz nach Bosnien. Beim Morgengrauen steigt unsere Maschine in den blauen kroatischen Himmel.

Sarajevo – nichts deutet mehr auf die Schäden des Krieges hin.

Zunächst fliegen wir Richtung Split. Mit der dalmatinischen Hafenstadt lassen wir auch das gute Wetter hinter uns. Die Bora, ein Fallwind, der hier zu dieser Jahreszeit mit starken Böen vom Gebirge abwärts bläst, hat uns voll erwischt. Wir haben Mühe, den schweren Hubschrauber zu steuern. Erst ein extremer Tiefflug in 30 m Höhe außerhalb der Küstenlinie bringt etwas Besserung. Nach 90 Minuten Flugzeit landen wir in Mostar bei unseren französischen Freunden zum Betanken der Maschine. Anschließend setzen wir unseren Flug nach Sarajevo fort.

Nach den milden Temperaturen am Meer kommen wir nun im Hochgebirge in tiefsten Winter. Im Anflug auf Sarajevo sehen wir unter uns wieder deutliche Spuren des Krieges. Gut zwei Stunden nach unserm Start in Zadar setzen wir als erster deutscher Sikorsky-Hubschrauber in Sarajevo auf, wo wir nicht nur von einem eisigen Wind, sondern auch von unserem Befehlshaber General Friedrich Riechmann empfangen werden. Innerhalb kurzer Zeit sind zwei Geländefahrzeuge im Bauch unserer Maschine verschwunden, und wir treten den Rückflug an. Über Split geht es zurück nach Zadar.

Die nächsten Tage sind wieder ausgefüllt mit Arbeiten in der Etappe und Bereitschaftsdienst mit dem Großraum-Rettungshubschrauber.

Dienstag, 20. Februar

Der heutige Auftrag lautet: Aufnehmen von zwei Fahrzeugen, eines nach Zagreb und das andere nach Split fliegen. Wie in der Vorwoche soll uns der Flug über Mostar und das anschließende Gebirge auf den Flugplatz von Sarajevo führen.

Kurz nach 05.00 Uhr klingelt der Wecker. Noch ein bisschen müde wälze ich mich aus meiner Koje in unserem Zwei-Mann-Container und versuche, wenig Lärm zu machen und meinem Kameraden im Stockbett über mir noch ein bisschen Ruhe zu gönnen. Ich schleiche mich im Schlafanzug mit Gummistiefeln und Wintermütze und dem Waschzeug unter dem Arm – welch ein Anblick! – Richtung Sanitärcontainer: Dieser liegt sinnigerweise auf der gegenüberliegenden Seite unserer Unterkunft und kann auf Grund von knöcheltiefem Schlamm nur in Stiefeln erreicht werden. Dort angekommen, bin ich mittlerweile putzmunter und treffe hier auch meinen Kameraden Stefan Liedtke, mit dem ich zusammen nachher den Einsatz nach Sarajevo fliegen soll. Wir sind nicht unter Zeitdruck, da wir die navigatorische Flugvorbereitung gestern Abend schon durchgeführt hatten, das heißt: Vorbereitung des Kartenmaterials, Eingabe von Überflugpunkten und Landepunkten in unsere Satellitennavigationsgeräte (GPS), Aufgabe des Flugplanes

Vor allem bei schlechtem Wetter war es gefährlich, das Fliegen in den Bergen nahe Sarajevo. Vielerorts überspannten Stromleitungen die engen Täler.

und Bestellung einer Wetterberatung. Wir schultern unseren vollbepackten Überlebensrucksack, die Splitterschutzweste, die Rettungsweste, die ABC-Schutzausrüstung und den Gefechtshelm und marschieren zu unserem CH-53G-Hubschrauber. Dort treffen wir schon unsere fleißigen Bordmechaniker Peter Nölte und Markus Hauser bei der Vorflugkontrolle. Sie sind schon etwas länger auf den Beinen als wir, denn die Vorflugkontrolle beginnt zwei Stunden vor dem Start. Nachdem wir unser Gepäck verstaut und uns vergewissert haben, dass auch die Gebirgsüberlebensrucksäcke, Notverpflegung und entsprechendes Verzurrmaterial an Bord sind, begeben wir uns zum Gefechtstand.

Inzwischen hat die Morgendämmerung eingesetzt, und ein Blick in Richtung Dinarische Alpen zeigt uns, dass es vom Wetter her heute kein angenehmer Flug werden wird. Tiefe Wolken hängen über den Berghängen und lassen uns erahnen, wie es im Landesinneren sein könnte. So führt uns der erste Weg zum Wetterberater – ein Weg, den wir uns hätten ersparen können. Denn eine aktuelle Wetterinformation für den Raum Mostar-Sarajevo kann er uns nicht bieten, und die Vorhersage für heute ist von gestern und kommt vom deutschen Wetterdienst in Traben-Trarbach. Eine telefonische Verbindung nach Sarajevo existiert zu unserem Bedauern noch nicht. Auf dem Gefechtstand erwartet uns schon unser Einsatzstabsoffizier mit unserem Flugauftrag und den aktuellen Daten. Hinweise über bestehende Schieß- und Sperrgebiete, Krisengebiete, Betankungspunkte, die neuesten Daten (geheim) für CSAR (Combat Search and Resque). Wichtig auch der IFF-Code, den wir während des Fluges ständig zu senden haben und anhand dessen uns die AWACS-Flugzeuge, die ständig alle Flugbewegungen im Einsatzland überwachen und koordinieren, identifizieren können. Dieser Code wechselt täglich. Zum Schluss empfangen wir noch die Munition, 16 Schuss, für unsere Pistole P1, die wir ständig am Mann tragen müssen. Dann geht es wieder mit Gepäck in Richtung Hubschrauber. Alles dabei? Fliegerhelm, Navigationstasche, Fotoausrüstung, GPS, Gore-Tex-Jacke, Kampfjacke, Wintermütze! O.k.

Im Hubschrauber angekommen, wird erst einmal das GPS angeschlossen und eingeschaltet, um so früh wie möglich einen Satelliten-Empfang zu bekommen. Falls wir die GPS erst einschalten, wenn sich der Rotor schon dreht, kann es sein, dass die Antenne lange braucht, bis sie Satellitensignale empfängt. Dann beginnt die Aufgabenverteilung an Bord. Stefan Liedtke, als Pilot eingeteilt, beginnt mit der Außenkontrolle. Eine Sichtkontrolle, wo der Schwerpunkt auf Undichtigkeiten, Arretierung aller Schnellverschlüsse, Kontrolle der Notausstiege, des Fahrwerkes und der Ölstände liegt. Inzwischen überprüfe ich als AC (Aircraft-Commander) das Bordbuch. Hier liegt der Schwerpunkt bei den Eintragungen von Beanstandungen an der Maschine, bespreche diese mit dem Bordmechaniker und überprüfe, ob sie einen Einfluss auf den Flugeinsatz haben könnten. Nach dem Eintrag der Besatzung in das Bordbuch wird noch der Laderaum inspiziert. Ein Hauptaugenmerk ist hier die Sicherung der Notausstiege und der Druck im Stickstoffdruckbehälter für den Anlassvorgang der Hilfsturbine.

Alles scheint für den bevorstehenden Start in bester Ordnung zu sein. Nun legen wir unsere Splitterschutzweste an, die Rettungsweste mit diversen Taschen zum Überleben einschließlich Notfunkgerät und Signalpistole, das Schulterhalfter mit unserer P1 und zwängen uns mit Helm und Kartentasche ins Cockpit. Endlich auf unseren Sitzen, Stefan Liedtke als Pilot auf dem rechten, ich als Aircraft Commander auf dem linken, richten wir es uns »häuslich« ein. Auf meinen linken Oberschenkel schnalle ich mir meine GPS-Halterung mit Gerät, Strom- und Antennenanschluss, auf den rechten Oberschenkel mein Kniebrett mit den aktuellen Unterlagen für den Flug: Anflugverfahren der verschiedenen Flugplätze, benötigte Frequenzen, aktuelle Angaben über Sperrgebiete und dergleichen. Auf der Ablagefläche des Instrumentenbretts lege ich meine erforderlichen Flugkarten parat. Das GPS ist mittlerweile auf Empfang, der Anlassvorgang kann erfolgen. Stefan Liedtke hat sich inzwischen im Rahmen des Interior-Checks vergewissert, dass alle Schalter auf Stellung »OFF« und alle Frequenzen für den Flugplatz Zadar gerastet sind. Auch haben wir gleich zu Beginn im Cockpit überprüft, dass alle Sicherungen gedrückt sind. Nun heißt es anschnallen und Helm auf, denn gleich wird es laut. Inzwischen hat sich unser Bordmechaniker Peter mit Helm und Sprechfunkkabel vor den Hubschrauber positioniert und wartet auf das »GO« zum Start der Hilfsturbine (APP). Dies geschieht mittels Handzeichen. Nach gegenseitiger Verständigung mittels Daumen bringt der Pilot den APP-Starthebel in Startstellung und die Hilfs-Turbine beginnt sich durch den Druck des Stickstoffes im Druckbehälter, der dadurch freigegeben wird, zu drehen. Kraftstoff wird bei einer bestimmten Drehzahl automatisch hinzugefügt, das Triebwerk zündet und erreicht nach etwa zehn Sekunden seine volle Drehzahl. Eine Kupplung wird automatisch aktiviert, und die Turbine treibt jetzt das Hilfsgerätegetriebe mit einem Generator und drei Hydraulikpumpen an. Jetzt kann der Generator Nr. 2 aufgeschaltet werden, die Instrumente beginnen zu arbeiten, und Sprechfunkverbindung innerhalb der Besatzung ist jetzt vorhanden; sie wird jetzt von jedem überprüft. Alle Instrumente werden dann auf Funktion überprüft, und nachdem nun auch Hydraulikdruck der Anlage 2 verfügbar ist, kann der Pilot die Freigängigkeit der Steuerorgane überprüfen: Stick (Steuerknüppel), Pitch (Blattverstellhebel) und Pedale. Ich schalte die Positionslichter und das Anti-Collision-Light ein sowie sämtliche Funk- und Navigationsgeräte und natürlich auch die Heizung. Die Sitze und die Pedale werden entsprechend eingestellt, und der Pilot überprüft die Funktion der Kraftstoffvorratsanzeige und das Funktionieren aller Warn- und Arbeitslichter im Cockpit. Die Vorbereitungen für den Start der Turbinen und des Rotors sind hiermit abgeschlossen.

Es erfolgt die Überprüfung der Zündanlage, die Kraftstoffwahlhebel werden geöffnet, und nachdem der Bordmechaniker von draußen gemeldet hat, dass die AREA CLEAR ist für den Start, betätigt der Pilot den Starter des Triebwerkes Nr. 2. Die Triebwerkstart-Hydraulikanlage wird aktiviert, und das Triebwerk beginnt sich zu drehen. Bei 20 Prozent Drehzahl wird der Leistungshebel (Throttle) auf GROUND IDLE gestellt, Kraftstoff wird jetzt eingespritzt, bei etwa 25 Prozent erfolgt die Zündung, und die Gasgeneratorturbine dreht schneller. Die Rotorbremse wird gelöst, die Arbeitsturbine beginnt zu rotieren, Antriebswellen, Getriebe und Rotoren beginnen zu drehen. Bei etwa 55 Prozent Turbinendrehzahl schaltet der Starter automatisch ab, das Triebwerk läuft selbstständig und stabilisiert sich bei ungefähr 65 Prozent Drehzahl. Nun beginnt derselbe Ablauf beim Start des Triebwerks Nr.1. Nachdem sich beide Turbinen im Leerlauf stabilisiert haben, hat der Rotor eine Drehzahl von etwa 30 Prozent erreicht, und die Hydraulikanlage 1, die vom Hauptgetriebe angetrieben wird, liefert jetzt auch vollen Druck. Der Hubschrauber ist mit zwei Hydraulikanlagen zur Steuerung ausgerüstet, die in Redundanz arbeiten, es kann also eine Anlage ausfallen, ohne dass eine Beeinträchtigung in der Steuerung erfolgt. Fallen beide Anlagen aus, ist der Hubschrauber nicht mehr steuerbar. Dieses Verfahren wird jetzt überprüft, indem eine Anlage elektrisch abgeschaltet wird. Der Hubschrauber darf keine Beeinträchtigungen in der Steuerung aufweisen. Nachdem dies abgeschlossen ist, werden die Kraftstoffwahlhebel auf CROSSFEED gestellt, um zu überprüfen, ob auch das linke Triebwerk vom rechten Haupttank versorgt werden kann und umgekehrt. Jetzt werden die Triebwerke mittels Leistungshebeln langsam auf 100 Prozent gefahren. Bei etwa 60 Prozent Rotordrehzahl meldet der Bordmechaniker nach Sichtkontrolle DROP STOPS OUT, das bedeutet, die Durchhangsbegrenzer, die bei Stillstand oder langsamem Drehen des Rotors verhindern, dass die Blätter nach unten schlagen, sind ausgefahren, der Rotor ist nach oben und unten frei beweglich. Dies ist auch im Hubschrauber spürbar, denn der Rotor läuft jetzt ruhiger. Bei 100 Prozent Drehzahl wird jetzt auch der Generator Nr.1 hinzugeschaltet, der ebenfalls vom Hauptgetriebe angetrieben wird. Nun kann auch die Hilfsturbine (APP) wieder abgeschaltet werden: Sie wird jetzt nicht mehr benötigt, denn das Hilfsgerätegetriebe wird jetzt ebenfalls vom Hauptgetriebe angetrieben. Jetzt werden die Turbinen auf volle Leistung gebracht, etwa 106 Prozent Drehzahl, um die elektrische Anlage für den Überdrehzahlschutz zu überprüfen. Diese verhindert bei Wellenbruch oder Kraftstoffreglerfehler ein Überdrehen der Turbine und deren Zerstörung. Danach werden die Triebwerke wieder auf 100 Prozent Drehzahl gebracht, die Kraftstoffwahlhebel wieder in normale Position gestellt – der Anlassvorgang ist beendet.

Inzwischen haben die Bordmechaniker die Sicherungsstifte an den drei Fahrwerken gezogen, eine letzte Sichtkontrolle auf Undichtigkeiten durchgeführt und den Hubschrauber bestiegen. Im Cockpit werden die letzten Maßnahmen und Checks durchgeführt: Funktion des Kompasses, Einschalten der Triebwerkenteisungsanlage (es ist Winter), Einstellen des IFF-Codes, richtige Einstellung des Autopiloten und des künstlichen Horizontes, Eingabe des ersten Checkpunktes ins GPS, Aktivieren der Frequenzen der nächstgelegenen Funkfeuer und dergleichen.

Nachdem mir von der Besatzung alle Positionen »klar« gemeldet wurden, der 1. Bordmechaniker auf dem Mittelsitz im Cockpit seinen Platz eingenommen hat, hole ich vom Tower die Freigabe zum Rollen auf die Startbahn. Die Bremsen werden gelöst. Der Pilot bewegt den Steuerknüppel etwas nach vorne, dadurch neigt sich die gesamte Rotorebene nach vorne, betätigt den Blattverstellhebel ein bisschen nach oben, dadurch wird der Anstellwinkel an den Rotorblättern verstellt, der Hubschrauber beginnt jetzt zu rollen. Gesteuert wird er mit dem Heckrotor über die Pedale. Worauf der Pilot hier in Zadar sehr achtet, ist, dass er immer auf der betonierten Fläche bleibt und nicht ins Gras abdriftet, denn dieses Areal ist noch voll von Minen. Auf der Startbahn werden ein letztes Mal die Instrumente überprüft (alle im grünen Bereich), und ich hole mir vom Tower die Freigabe zum Start ein. Mit der Freigabe erhalten wir auch den aktuellen Luftdruck, der am Höhenmesser eingestellt wird, sowie den momentanen Wind mit Richtung und Geschwindigkeit. Der Pilot geht in eine leichte Vorwärtsfahrt über und zieht am Blattverstellhebel, bis der Hubschrauber vom Boden abhebt. Bei leerer Maschine passiert das bei etwa 40 – 50 Prozent Leistung. Es wird weiter Leistung hinzugefügt bis etwa 70 Prozent, und man lässt diese stehen, bis die Reiseflughöhe erreicht ist. Wir haben uns entschlossen, erst einmal in einer Höhe von rund 300 Fuß über Grund (100 m) zu fliegen. Nachdem wir die 60 Knoten Geschwindigkeit durchflogen haben, fährt der Bordmechaniker das Fahrwerk ein und meldet uns deren Verriegelung. Bevor der normale Reiseflug mit etwa 120 Knoten beginnt, wird ein letzter Check durchgeführt: Drehzahl, Außentemperatur, Autopilot, künstlicher Horizont – keine Warnlichter. Der Pilot bekommt jetzt von mir die Informationen über den Kurs und die Flugstrecke, die einmal vom GPS angezeigt und von mir auf der Karte mitgeplottet werden. Des Weiteren informiere ich ihn über die Anzeigen der verschiedenen Navigationsgeräte. Unser Flug führt uns erst einmal in Richtung dalmatinische Küste und diese Küste entlang bis Sibenik. Hier melden wir uns über Funk in Zadar beim Tower und bei unserer Einsatzsteuerung ab. Ich schalte um auf die Frequenz von Split Radar und lasse mir den Durchflug der Kontrollzone freigeben. Nach Überflug des Flugplatzes Split sind wir wieder über dem offenen Meer und gehen in den Tiefflug von 100 Fuß (30 m) über, bis wir bei Makarska wieder die Küste erreichen werden. Obwohl wir es heute nicht mit einer kräftigen Bora zu tun haben, machen uns die Fallwinde der steilen Berge sehr zu schaffen, und unser Hubschrauber hat kräftig dagegen anzukämpfen. Wir können die Turbulenzen etwas abdämpfen, indem wir in einen extremeren Tiefflug übergehen. So fliegen wir etwa zehn Meter über den Wellen mit einer Geschwindigkeit von 220 km/h und kommen uns wie in einem Schnellboot vor. Höchste Konzentration ist natürlich in dieser Höhe unbedingt erforderlich, und alle Augen starren nach draußen, denn immer ist in Küstennähe auch mit Wasservögeln zu rechnen, denen es schnell auszuweichen gilt. Wir fliegen entlang der Küste bis Ploce und steuern von hier entlang der Neretwa ins Landesinnere, nachdem ich mir von Ploce Tower die Freigabe für den Überflug des Platzes geholt hatte. Jetzt heißt es, genauer zu navigieren: Zwischen Ploce und Mostar liegen zwei Schießgebiete und ein Drohnenabschussgebiet, die nicht überflogen werden dürfen. Das Wetter ist nach wie vor sehr bescheiden, aber hier in Küstennähe mit etwa 3 km Sicht doch noch annehmbar.

Stefan Liedtke beginnt jetzt einen Steigflug auf etwa 1000 Fuß über Grund, und ich versuche, Mostar Tower zu rufen. Ich gebe unsere Position durch, bitte um Landeerlaubnis und um Betankung. Wir bekommen die Freigabe und den Hinweis, welche Teile des Flugplatzes auf Grund von Minensprengungen nicht überflogen werden dürfen. Nachdem der Platz in Sicht kommt, reiht sich Stefan in die Platzrunde ein, und ich informiere ihn über die Örtlichkeiten. Jetzt wird die Heizung abgestellt, damit sie bis zum Abstellen der Maschine noch genügend Zeit hat, sich abzukühlen. Stefan verringert die Fahrt, der Bordmechaniker fährt die Landescheinwerfer und das Fahrwerk aus, und Stefan landet mit leichter Vorwärtsfahrt auf dem Rollweg parallel zur Landebahn. Der Tower gibt uns zum Rollen frei, und wir rollen Richtung Abstellplatz, wo schon ein Einweiser zu sehen ist, der uns auf unseren Platz lotst. Der Pilot betätigt mit den Pedalen die Bremse, und der Bordmechaniker arretiert die Parkbremse: Wir sind SAFE ON GROUND.

Unsere Bordmechaniker verlassen den Hubschrauber, um die Sicherungsstifte an den Fahrwerken einzustecken und somit ein Einknicken der Räder zu verhindern, wenn der Hubschrauber abgestellt ist. Triebwerkvereisungs-Schutzanlage und Landescheinwerfer werden abgeschaltet. Wir beobachten unsere Triebwerktemperaturen und schalten das Triebwerk Nr.1 ab, nachdem es unter eine Abgastemperatur von 420 °C gesunken ist. Anschließend starten wir wieder unser APP, das uns jetzt die nötige Energie liefert, wenn unser Hauptrotor abgestellt ist. Nachdem es seine volle Drehzahl erreicht hat, wird der Generator Nr.1 abgeschaltet. Jetzt wird das Triebwerk Nr. 2 auf GROUND IDLE gestellt, der Rotor beginnt, langsamer zu drehen, und wenn der Bordmechaniker durch Sichtkontakt bestätigt hat, dass die Durchhangbegrenzer wieder eingerastet sind, wird es ganz abgestellt. Bei etwa 30 Prozent Rotordrehzahl bremst der Pilot den Rotor mit der weichen Rotorbremse langsam ab, bis er zum Stehen kommt.

Ich sage dem Tower, dass wir jetzt für eine Weile den Hubschrauber abstellen und ich mich wieder melde, bevor wir den Rotor starten. Nun können wir sämtliche Funk- und Navigationsgeräte abschalten. Nachdem der Bordmechaniker gemeldet hat, dass er keinen Strom mehr benötigt, schalten wir den Generator Nr.2 und anschließend unser

APP ab. Ruhe herrscht jetzt im Cockpit, nur das Auslaufen der elektrischen Kompasskreiselanlage ist noch eine Weile zu hören. Nachdem ein französischer Tankwagen uns mit 1500 Liter Kerosin versorgt hat, starten wir unsere Turbinen wieder und heben mit unserem Hubschrauber ab in Richtung Sarajevo.

Wir landen bei starkem Regen pünktlich um 10.00 Uhr in Sarajevo. Während wir auf die Autos warten, verwandelt sich der Regen in Schnee und die Sicht lässt rapide nach. Um 13.00 Uhr treffen endlich unsere Fahrzeuge ein und werden verladen. Doch die veränderten Wetterverhältnisse lassen keinen Start mehr zu.

Nun ist guter Rat teuer. Jetzt heißt es mit viel Geduld telefonieren, um Unterstützung zu erhalten. Nach langer Zeit sagt uns jemand vom Deutschen Militärbevollmächtigten an der Deutschen Botschaft seine Hilfe zu. Gegen Abend werden wir in die Stadt gefahren, dazu setzen wir unseren Gefechtshelm auf und legen unsere beschusssicheren Westen an. Der Fahrer beschleunigt seine Fahrt durch die Stadt – vorbei an ausgebrannten Häusern und kaputten Panzern – auf über 100 km/h. Er sagt uns, dass wir jetzt auf der berüchtigten »Sniper-Avenue« (Scharfschützenstraße) Richtung Botschaft fahren. Bei dieser Geschwindigkeit bieten wir kein Ziel, fügt er nüchtern hinzu. Das Büro befindet sich im fünften Stock eines Hochhauses. Die oberen Stockwerke haben keine Außenwände mehr. Die Fenster der Botschaft in Richtung serbischer Teil der Stadt sind mit Sandsäcken verbarrikadiert. Man reicht uns einen Imbiss und begleitet uns zu einem nahe gelegenen Hotel. Diese Nacht werden wir im Holiday Inn für einen Preis von 350 DM untergebracht. Dafür bekommen wir ein Zimmer ohne Fensterglas und nur kaltes Wasser geboten. Vor dem Fenster hängt als Windschutz eine Plastikplane. Große Hotelnachfrage und geringes Angebot bestimmen halt den Preis. Es schneit immer noch, und wir hören auf den Straßen Maschinengewehrsalven.

Mittwoch, 21. Februar
Es schneit noch immer. Trotzdem fahren wir zum Flughafen und erkundigen uns nach dem Wetter. Es wird besser, und so befreien wir unseren Hubschrauber erst einmal von einer dicken Schneeschicht. Am Mittag lässt der Schneefall nach, und wir wagen einen Start. Doch bereits etwa 15 Kilometer vom Platz entfernt erwischt uns der nächste Schneesturm und zwingt uns zur Umkehr. Eine weiter grauenvolle Nacht in Sarajevo erwartet uns. Die Gewehrsalven stören unseren Schlaf nicht mehr.

Donnerstag, 22. Februar
Der Tag beginnt wie der letzte: Immer noch Schnee. Doch am Nachmittag hellt es auf. Wir analysieren noch einmal genau das Satellitenbild und erkennen für uns eine kleine Möglichkeit zu entfliehen. Im Eiltempo starten wir den Hubschrauber und heben voller Zuversicht ab. Wiederum nach 15 Kilometern wird die Sicht schlechter, und wir schleichen mit langsamer Fahrt durch die Täler. Alle im Cockpit spähen angestrengt nach draußen, denn hier gibt es sehr viele Hochspannungsleitungen. Vor denen fürchten wir uns mehr als vor Beschuss. In wenigen Meter Höhe fliegen wir über die Häuser hinweg. Mit der Zeit wird das Wetter besser, und wir kommen allmählich aus dem Gebirge in flachere Regionen. Wir drehen Richtung Split, um endlich das erste Fahrzeug auftragsgemäß zu entladen.

Und nun haben wir es geschafft. Mit dem letzten Büchsenlicht treffen wir in Zadar ein. Hier werden wir wie verlorene Söhne empfangen, und noch mehrmals müssen wir unsere Eindrücke dieser Odyssee schildern.

Samstag, 24. Februar
Heute habe ich Bereitschaftsdienst und bekomme nur mit, dass mein Container-Mitbewohner »Jo« Freudenmann sehr früh nach Gornij Vakuf aufgebrochen ist. Dort liegt das Hauptquartier des britischen Einsatzverbandes. Meine Kameraden haben den Auftrag, britische Soldaten mit ihrem Gerät aufzunehmen und auf einen 2000 Meter hohen bosnischen Berggipfel zu fliegen. Dort wollen sie eine Funk-Relais-Station betreiben. Aber auch da sind Minen verlegt. Zum Glück gibt es eine gesicherte Landemöglichkeit.

Teil für Teil wird herbeigeflogen.

Seit heute fliegen wir mit unseren CH-53 einmal wöchentlich eine feste Flugverbindung zwischen mehreren kroatischen und bosnischen Städten.

Die weiteren Tage werden damit verbracht, Kartenmaterial zu sichten und zu sortieren.

Mittwoch, 28. Februar

In den frühen Morgenstunden starten wir mit zwei Hubschraubern in Richtung Gorazde. Unsere Maschinen sind mit vier Fahrzeugen und einem Erkundungstrupp der Pioniere voll beladen: Die Pioniere sollen eine zerstörte Brücke erkunden, die von ihnen im Auftrag der NATO wieder aufgebaut werden soll. Außerdem werden wir von unserem SAR-Hubschrauber und einer Bell UH-1D mit einer Sicherungstruppe begleitet.

Um 11.00 Uhr landen alle vier Hubschrauber auf einem Sportplatz in Gorazde. Die ehemals stark umkämpfte Stadt liegt in einer scheinbaren Idylle. Aber auch hier ist das Stadtbild von Trümmern und Ruinen geprägt. Nach dem Entladen beginnt der Rückflug über Mostar, wo wir tanken müssen. Dabei stellen wir fest, dass ein mit Stickstoff gefülltes Rotorblatt undicht ist. Ein Rotorwechsel ist damit unausweichlich. Wir lassen die Maschine deshalb bei den Franzosen stehen und treffen als Passagiere in der zweiten CH-53 bei Dunkelheit wieder in Zadar ein.

Donnerstag, 29. Februar

Nachdem gestern mein Hubschrauber mit einem beschädigten Rotorblatt in Mostar ausgefallen war, galt es heute, die Maschine schnell zu reparieren. Mit einer anderen Sikorsky CH-53G fliegen mehrere Techniker und Prüfer Werkzeug und ein Rotorblatt zu dem bei den Franzosen zurückgelassenen Hubschrauber. In der Rekordzeit von nur einer Stunde machen sie die Maschine wieder startklar. Nach Rückkehr unternehme ich noch einige Prüfflüge, damit das neue Rotorblatt auf die Spur der anderen Blätter fein abgestimmt werden kann. Um 16.00 Uhr erstatten wir Meldung, dass die Maschine wieder voll einsatzklar ist.

Freitag, 01. März

Der Freitag ist ausgefüllt mit Prüfflügen anderer Maschinen.

Samstag, 02. März

Nach einem Monat ein Zwischenfazit.

Die Unterbringung in den Containern ist angenehmer, als wir es uns vorgestellt hatten. Obwohl sich unsere Heeresflieger-Transportabteilung aus Soldaten der Standorte Itzehoe, Faßberg, Rheine, Mendig, Niederstetten, Regensburg, Mittenwald und Laupheim zusammensetzt, klappt die Kooperation problemlos. Erst seit dem 18. Februar sind wir alle voll einsatzbereit. Davor haben wir die Aufnahme der Hauptkräfte und des Materials im Hafen von Sibenik vorbereitet. So ist beispielsweise unser Camp – 178 Wohn-, 19 Büro- und 14 Sanitärcontainer – in nur 29 Tagen entstanden. Trotz dieser Arbeit haben wir in dieser Zeit Aufträge für die IFOR durchgeführt. Bis heute haben unsere Transporteure 16 Konvois über insgesamt 171 000 Kilometer unter zum Teil schwierigen winterlichen Bedingungen in Bos-

Der Winter in Bosnien hat auch seine Reize.

nien mit 2000 Tonnen Fracht gefahren. Die Streckenerkundung, für die Sicherheit unabdingbar, umfasst eine Gesamtstrecke von über 20 000 km.

Die nächsten Tage sind geprägt vom Erstellen von Flugplänen und Transportflügen für unsere Pioniere.

Montag, 11. März
Am Morgen versuchen unsere Techniker, den Fehler an den Navigationsgeräten einer CH-53G zu beheben. Nach der Reparatur führen wir einen Überprüfungsflug durch. Hier funktionieren die Geräte wieder einwandfrei, obwohl wir mit dem Hubschrauber auch extreme Flugmanöver fliegen. So fliegen wir im Tiefstflug über das Meer und steigen innerhalb von zwei Minuten auf 2000 Meter – und sind im Hochgebirge.

Dienstag, 12. März
Heute bin ich wieder zur technischen Staffel als Prüfpilot abgestellt. Für mich wird es ein ruhiger Tag.

Nicht so für meine Laupheimer Kameraden Jo Freudenmann und Stefan Liedtke. Bereits vor Sonnenaufgang starten sie nach Bosnien. Bei tief hängenden Wolken und starkem Schneefall haben sie den Auftrag, nördlich von Mostar Personen aufzunehmen, die einen Konvoi begleitet haben. Neben dem Landeplatz ist an einer Passstraße eine rund 20-köpfige Pioniergruppe stationiert. Die deutschen Pioniere halten dort die Straße mit ihrem Spezialgerät für den Verkehr offen und räumen Minen, Eis und Schnee. Die armen Kerle sind abenteuerlich untergebracht: In leer stehenden Häusern haben sie eine Bleibe ohne Toilette, Heizung, Warmwasser und Küche gefunden. So ist die Freude groß, wenn sie von einem Flugpassagier eine Tafel Schokolade geschenkt bekommen. Auf dem Rückflug gilt es für meine Kameraden noch eine kritische Situation zu meistern: Beim Landeanflug auf Sarajewo werden sie vom Kontrollturm aufgefordert, die eigentliche Flugroute zu verlassen – unmittelbar zuvor wurden zwei französische Hubschrauber aus den noch serbischen Stadtteilen beschossen. Über eine andere Flugroute erreicht unsere Maschine ohne Zwischenfälle den Flugplatz. Im Nachttiefflug mit Bildverstärkerbrille kehren unsere Kameraden wohlbehalten zurück.

Mit Prüfflügen oder Arbeiten im Camp werden die nächsten Tage verbracht. Natürlich wird auch ein Geburtstag kräftig gefeiert. Doch der Alltag kehrt schnell zurück mit der Nachricht, dass ein deutscher Offizier bei Visoko auf eine Schützenabwehrmine getreten sei. Er gehörte zu den Pionieren, die gerade dabei waren, eine zerstörte Brücke wieder aufzubauen. Unsere Rettungshubschrauber in Trogir werden informiert. Mit einem Rettungsarzt an Bord kommt der Verwundete sofort in das Feldlazarett.

Montag, 18. März
Mit zwei CH-53 sollen wir heute Morgen britische Soldaten bei Banja Luka aufnehmen und nach Split fliegen. Doch das anhaltend schlechte Wetter in dieser Region lässt keinen Flug zu.

Aber eine andere Aufgabe wartet auf mich: Vor vier Wochen wurde ein Hubschrauber durch den Fallwind Bora stark beschädigt. Seither stand er im Dock zur Reparatur. Heute kam er das erste Mal wieder aus der Halle, und ich konnte die ersten Bodenläufe durchführen.

Dienstag, 19. März
Der Prüfflug mit unserem »Langzeitkranken« ist ordnungsgemäß verlaufen: Alle Systeme arbeiteten normal. Somit haben wir wieder einen Klarstand von 100 Prozent, das heißt, alle fünf Hubschrauber sind einsatzklar.

Mittwoch, 20. März
Auch VIP-Transporte werden von uns gelegentlich durchgeführt. Unsere Gäste sind heute die Wehrbeauftragte des Deutschen Bundestages, Claire Marienfeld, und unser Befehlshaber, General Friedrich Riechmann – sie werden zu unseren Pionieren nach Visoko geflogen. Auf dem Rückweg steigt der General zu uns um. Er möchte sich mit zwei Geländefahrzeugen und einigen Begleitern einem Konvoi nach Bosnien anschließen. Während des Fluges hören wir, dass der Konvoi die Stadt Gornij Vakuf bereits passiert hat. So folgen wir mit unserem Hubschrauber der Route des 30 Fahrzeuge umfassenden Transports. Die Straße verläuft parallel zu einem Fluss in einem wildromantischen Tal. Aber auch hier hat der Krieg seine Spuren hinterlassen: Ortschaft für Ortschaft wurde dem Erdboden gleich gemacht.

Etwa 25 Kilometer südlich der serbischen Stadt Banja Luka sichten wir unseren nicht zu übersehenden Konvoi. Nördlich der Stadt landen wir auf »britischem Territorium«. Wir setzen unseren General ab und treten den Rückflug an.

Samstag, 23. März
Am Morgen starten ich und Thomas Hager zu unserem Shuttle-Flug. Wir fliegen dabei in der »Box« (NATO-Sprachgebrauch für Bosnien) mehrere Flugplätze und Stationierungsorte an. Heute sind Techniker aus Zadar mit an Bord, die einen unserer Hubschrauber reparieren müssen. Er ist vor zwei Tagen mit defektem Ölkühler in Gornij Vakuf ausgefallen. Als wir am Abend erschöpft in Zadar landen, ist der reparierte Hubschrauber schon eingetroffen. Thomas wird in der nächsten Woche nach Deutschland zurückkehren. Die Sehnsucht nach meiner Familie lässt bei mir ein wenig Neid aufkommen.

Montag, 25. März
Beim morgendlichen Briefing gibt unser Staffelkapitän die Termine für unsere Ablösung bekannt: Der Wechsel soll zwischen dem 6. und 9. Mai stattfinden. Ein Blick auf den Kalender zeigt mir, dass es noch ungefähr 44 Tage sind.

Für die Laupheimer war es eine große Herausforderung, einen notgelandeten französischen Puma zu bergen.

Dienstag, 26. März
Im Auftrag des Flüchtlingswerkes der Vereinten Nationen sollen wir zwei Sanitärcontainer als Außenlast auf eine Insel fliegen. Dort ist bereits vor vier Jahren ein Camp eingerichtet worden, in dem sich zurzeit 400 Flüchtlinge befinden. Die Vorbereitungen gehen den ganzen Tag.

Kurz vor Mitternacht – ich war gerade eingeschlafen – werde ich durch ein Erdbeben wach; der ganze Wohncontainer wackelt. Nach fünf Minuten dasselbe noch einmal. Mit einem flauen Gefühl im Magen schlafe ich trotzdem wieder ein.

Mittwoch, 27. März
Heute früh wird bekannt gegeben, dass das Beben keinen nennenswerten Schäden angerichtet hat.

Bei Regenwetter starten Stefan Liedtke und ich mit unseren Bordmechanikern Roland Trekle und Lars Hinrichs. Im Hafen von Sibenik warten auf uns die beiden jeweils 2,6 Tonnen schweren Container. Zuerst muss das Außenlastgeschirr angebracht und mit einem Kran ein Hängeversuch durchgeführt werden. Durch den anhaltenden Regen ist die Sicht stark eingeschränkt. Mit dem zwölf Meter unter uns pendelnden Container können wir nicht lange manövrieren. Deshalb warten wir, bis die Sicht sich etwas gebessert hat. Der Haken wird am Hubschrauber eingehängt, und wir nehmen Kurs auf die Insel Obonjan. Dort steht eine Crew von uns parat, den Container mit Hilfe von Seilen an den vorgesehenen Platz zu ziehen. Dank der Professionalität der verschiedenen Teams ist der Einsatz bis Mittag abgeschlossen. Mit der Gewissheit, eine gute Tat vollbracht zu haben, kehren wir nach Zadar zurück.

Leider habe ich mir beim Treppenspringen das rechte Knie verstaucht, sodass ich für ein paar Tage an das Feldlazarett in Togir gefesselt bin.

Montag, 1. April
Es ist kein Aprilscherz! Heute feiere ich meinen 47. Geburtstag. Die erste freudige Überraschung erlebe ich, als mir das gesamte fliegerische Personal beim morgendlichen Briefing ein Ständchen bringt – Jo Freudenmann hatte mit ihnen »Happy Birthday« auf Kroatisch eingeübt. Ich bin tief gerührt und freue mich über diese Kameradschaft.

Und noch ein Geburtstag liegt an: Heute vor 25 Jahren wurden die Heeresflieger-Transportregimenter der Bundeswehr aufgestellt. Dieses Jubiläum wird auch in Zadar mit einem Appell gewürdigt, und verdiente Soldaten werden bei dieser Feierlichkeit geehrt.

Dienstag, 2. April
Um 07.00 Uhr besteigen wir unseren Hubschrauber. Mit einem sorgenvollen Blick nehmen wir die tief hängenden Wolken, den Regen und die heftigen Böen zur Kenntnis: Dies lässt nichts Gutes erahnen. In den »Devulje-Barracks« bei Split nehmen wir Brückenteile des britischen Heeres auf. Unser Flugziel heißt Bosanska Gradiska und liegt an der bosnisch-kroatischen Grenze. Die Flugroute verläuft quer durch Bosnien. Bereits hinter den Bergen nach Split beginnen die Schwierigkeiten, denn deren Gipfel sind in dichte Wolken gehüllt. Mit äußerster Vorsicht – abweichend von der Flugroute immer die Täler entlang – erreichen wir Sipovo. Hier legen wir einen Tankstopp ein. Vorbei an Banja Luka kommen wir nach Bosanska Gradiska, der Grenzstadt an der Save. Wir werden bereits von ungarischen Pionieren erwartet, um den Bau von zwei zerstörten Brücken fortzusetzen.

Durch das schlechte Wetter sind wir gezwungen, uns von den freundlichen Ungarn frühzeitig zu verabschieden. Das »Flugverhinderungswetter« zwingt uns, auf dem Rückflug nach Süden auszuweichen. Auf dem Flug durch die

Auch hoch gelegene Regionen wurden bisweilen angeflogen.

Schluchten des Balkan schütteln uns die starken Turbulenzen mächtig durch. Wir müssen ständig nach den vielen Hochspannungsleitungen Ausschau halten. Im Schleichflug erreichen wir Mostar. Hinter den Ruinen der Stadt beginnt das Gelände zum Meer hin flacher zu werden. Über dem Meer angekommen, atmen wir tief durch: Jetzt haben wir bis Split kein Hindernis mehr zu erwarten. In Zadar beschließen wir, nach diesem Flug zum Abgewöhnen unseren ständigen Kroatischkurs ausfallen zu lassen.

Gründonnerstag, 4. April

Der bedauerliche Absturz der amerikanischen Militärmaschine vom Typ Boeing B.737 steht im Mittelpunkt des beginnenden Tages. Bei dem Unfall sind neben dem Handelsminister Ron Brown 34 weitere Personen ums Leben gekommen. Ich erfahre, dass wir mit unserem Großraumhubschrauber nicht mehr zum Einsatz kommen. Ein anderer Hubschrauber ist derweil schon über Split nach Dubrovnik unterwegs, um Soldaten und Bergegerät zu transportieren. Sie erreichen bei schlechtem Wetter mit Müh´ und Not den Flughafen der südkroatischen Hafenstadt. Die Absturzstelle kann nach wie vor nicht angeflogen werden, da der gesamte Bergrücken in dichte Wolken gehüllt ist und Regen die Sicht stark behindert. Das ausgeprägte Tiefdruckgebiet lässt auch alle anderen Flüge nach Bosnien ausfallen. Unser Camp verwandelt sich dabei wieder in eine Schlammwüste.

Karfreitag, 5. April

Um 05.00 Uhr wirft mich mein Wecker aus den Federn. Noch in völliger Dunkelheit gehe ich zum Hubschrauber. Vollbepackt mit Helm, Kartentasche und der obligatorischen Überlebensausrüstung treffe ich den zweiten Piloten mit den Bordmechanikern und etwa 30 Gebirgsjägern beim Morgenplausch. Die bayerischen Infanteristen sollen

Flagge zeigen! Der Berg Igman war taktisch wichtig. Von französischen Soldaten eingenommen, wurde deren Versorgung durch das deutsche Kontingent sichergestellt.

Auch solche Stahlbehälter werden von einer CH-53 als Außenlast mühelos transportiert.

die Absturzstelle bei Dubrovnik weiträumig absperren. Auf dem Flug erleben wir zwischen Zadar und Split den ersten Sonnenaufgang in der Luft: Es ist ein fantastisches Gefühl. Bei strahlendem Sonnenschein überfliegen wir die Altstadt von Dubrovnik. Doch gleich hinter der Stadt ist die Freude im Nu verflogen: Wir erreichen den Berg, an dem vorgestern die Passagiermaschine zerschellt ist. Die Absturzstelle ist von weitem durch die amerikanischen Rettungshubschrauber auszumachen. Um sie nicht bei ihrer Arbeit zu stören, landen wir etwa vier Kilometer entfernt auf dem Flughafen von Dubrovnik. Unsere Gebirgsjäger werden bereits erwartet. Sie sollen französische Soldaten bei der Sicherung der Unfallstelle ablösen. Mit einer Gruppe britischer Soldaten und ihrem Bergegerät treten wir den Rückflug an.

Ostersamstag, 6. April

Nach über 50 Tagen Dauerdienst mein erster komplett freier Tag.

Ostersonntag, 7. April

Ostern in Kroatien – für uns ein ganz normaler Arbeitstag. Es ist halt »Mittwoch«: Durch den siebentägigen Dienst pro Woche verliert man den Bezug zu den Wochentagen, so ist für uns immer »Mittwoch«.

Wenn nicht geflogen wird, ist Hausarbeit angesagt. Am späten Nachmittag packe ich wieder meinen Schlafsack und ziehe als Offizier vom Gefechtsstand (OvG) in die Operationszentrale um. Hier werden noch die morgigen Flugeinsätze geplant, vorbereitet und angemeldet. Alle eingeteilten Besatzungen erscheinen noch zu einem letzten »Update-Briefing« für ihren Flug.

Dienstag, 9. April

Um 7 Uhr beende ich meinen Dienst »ohne besondere Vorkommnisse« als OvG.

Die nächsten Tage verbringe ich hauptsächlich im Camp. Noch immer gibt es eine Ungleichheit bei den absolvierten Flugstunden der CH-53-Piloten: Mit über 50 Flugstunden im Einsatz liegen Jo Freudenmann und ich weiter an der Spitze.

Montag, 15. April

Wieder gilt es, einen Transport für unsere Pioniere nach Visoko durchzuführen. Über Benkovac fliegen wir nach Split, wo die Bordmechaniker Peter Nölte und Markus Hauser den Hubschrauber mit Brückenteilen beladen. Die Pioniere äußern den Wunsch, das Gerät nicht in der Kaserne, sondern in unmittelbarer Nähe der Brückenbaustelle bei Visoko zu entladen. Dort sei ein minenfreier Platz vorhanden. Beim Anflug auf die Brücke können wir dann auch einen anscheinend geeigneten Platz neben der Straße ausmachen. Wir wollen gerade den Hubschrauber weich ins Gras setzen, als wir uns doch entschließen, zunächst in der Kaserne zu landen. Durch die vielen Minenvorfälle sensibilisiert, steigen wir rasch wieder auf und setzen die Maschine in der Kaserne ab. Hier erfahren wir, dass wir uns beinahe das einzige nicht minenfreie Gelände zur Landung ausgesucht hätten – wir hatten einen Schutzengel! Nicht nur auf Grund dieses Vorfalls, sondern auch wegen der starken Turbulenzen und winterlichen Verhältnisse sind wir wieder heilfroh, abends wohlbehalten in Zadar zu landen.

Mittwoch, 17. April
Wir lassen es uns nicht nehmen, unsere ersten Heimkehrer um 05.00 Uhr morgens zu verabschieden. Der und die weiteren Tage sind ausgefüllt mit Prüfflügen und Bodenstandläufen.

Mittwoch, 24. April
Über 80 Tage bin ich nun in Kroatien. Gestern musste ein leichter Transporthubschrauber (LTH) vom Typ Bell UH-1D mit technischem Schaden in Solaris abgestellt werden. Da eine Reparatur vor Ort nicht möglich ist, bekommen wir den Auftrag, mit einer CH-53 die ausgefallene Maschine als Außenlast nach Zadar zurückzubringen. Nachdem die Rotorblätter abgebaut und das Außengeschirr angelegt waren, nehmen wir sie an den Haken. Die Piloten Burkhard Schulz und Jo Freudenmann setzten die Bell sanft auf dem Hallenvorfeld in Zadar ab.

Donnerstag, 25. April
Ein Teil unserer leichten Transporthubschrauber fungiert als Begleithubschrauber. Hierfür sind sie an den Seiten zusätzlich mit einem Maschinengewehr ausgerüstet. Den MG-Schützen steht ein unter britischer Kontrolle befindlicher Schießplatz, 100 km ostwärts von Zadar in Bosnien gelegen, zur Verfügung.

Beim heutigen Übungsschießen in Glamoc sind auch wir mit unseren Sikorsky gefordert. 20 Soldaten und mehrere Kisten Munition werden verladen und zum Flugplatz Glamoc geflogen. Dichter Nebel liegt in den Tälern – nur mit Hilfe unseres Satellitennavigationssystems finden wir den Schießplatz, sehen durch ein Loch in der Wolkendecke die Rollbahn und landen. Es handelt sich dabei, wie wir später feststellen, um eine nur mit Schranken abgesperrte Landstraße.

Samstag, 27.April
Heute findet im Hafen von Sibenik ein Appell statt, bei dem der Kommandeur des Heeresführungskommandos, General Dr. Reinhard, die Kommandogewalt über das deutsche Kontingent GECONIFOR vom bisherigen Befehlshaber General Riechmann an dessen Nachfolger General Brümmer übergibt.

Sonntag, 28. April
Auch in Zadar heißt es »Antreten zum Appell«. Aus der Hand unseres Kommandeurs Oberstleutnant Burckhard Bartels erhalten wir die IFOR-Medaille an die Brust geheftet: Sie wird allen Soldaten verliehen, die hier über einen längeren Zeitraum im Einsatz gewesen sind.

Montag, 29. April
Am Vormittag erhält unsere Operationszentrale die Meldung, dass ein Schwerlasttransporter der Bundeswehr auf dem Weg nach Banja Luka bei Kupres mit Motorschaden liegen geblieben ist. Stefan Liedtke und seine Crew fliegen unverzüglich Ersatzteile und Mechaniker aus Sibenik dorthin. Am Nachmittag ist der Schaden behoben, und der Konvoi kann seine Fahrt fortsetzen.

Überall an den deutschen Standorten vollzieht sich in den nächsten Tagen ein Kontingentwechsel. Schwerpunkt unserer Arbeit ist dabei die Einweisung neuer Kameraden – und das Bewachen unseres Maibaums, den aufzustellen wir nicht versäumt haben.

Donnerstag, 2. Mai
Heute steht uns ein langer Flug bevor. Die Crew – ausschließlich Laupheimer Soldaten – ist heute größer als gewöhnlich: Außer den Bordmechanikern Peter Nölte und Markus Hauser zählen die Piloten Michael Manderscheid, Jan Stührmann und Helmut Busch zur Besatzung. Ich weise sie in die »Box«, den Luftraum über Bosnien, ein.

Nach der ersten Zwischenlandung haben wir mit schlechtem Wetter zu kämpfen. Wolken in den Bergen und Regen zwingen uns nach einer Stunde vergeblicher Mühe, ein »Loch« zu finden, zur Rückkehr nach Split. Der Spritvorrat geht zur Neige. Bei einem zweiten Versuch erreichen wir mit Schwierigkeiten Gornji Vakuf. Ab hier wird das Wetter etwas besser, und wir können problemlos unsere Runde über Sarajewo, Tuzlar und Banja Luka drehen. Dort bin ich froh, nach mehr als fünf Stunden das Cockpit kurzzeitig verlassen zu können, bevor wir die ganze Strecke wieder zurückfliegen.

Mein längster Flug ist auch mein letzter Einsatz hier in einem landschaftlich sehr reizvollen, vom Krieg jedoch weitgehend zerstörten Land.

Für mich beginnt nun das »Ausschleusen«: Eine Vielzahl von Dingen steht mir bevor, die bis zum Abflug nach Deutschland noch zu erledigen ist.

Dienstag, 7. Mai
Die Heimreise beginnt um 06.45 Uhr mit dem Verladen der Rucksäcke, der Abgabe von Bettwäsche und Zimmerschlüsseln. Dann heißt es viele, viele Hände schütteln. Um 07.30 Uhr verlassen 95 Soldaten, über die ich als Ältester das Kommando innehabe, mit zwei Bussen »Hünnefeldhausen«, das für über drei Monate unsere Heimat war. Nach zwei Stunden erreichen wir den Flughafen Split. Um 12.30 Uhr starten wir mit einer Boeing B 707 der Flugbereitschaft in den kroatischen Himmel Richtung Heimat.

SFOR

Im Dezember 1999, vier Jahre nach der Unterzeichnung des Friedensabkommens von Dayton in Paris, ist die militärische Operation zur Sicherung des Friedens in Bosnien-Herzegowina in ihre nächste Phase getreten.

Aus IFOR wurde der Langzeit-SFOR-Einsatz (SFOR = Stabilisation Force).

Die Aufgabe besteht hauptsächlich aus der Verhinderung neuer Feindseligkeiten, dem Schutz der internationalen Hilfsorganisationen und der Überwachung der Rüstungskontrollabkommen. Das Mandat des Deutschen Bundestages für SFOR sieht den Einsatz von bis zu 3000 Soldaten vor. Der derzeitige Umfang des deutschen Gesamtkontingents liegt bei etwa 2400 Mann. Das deutsche Heereskontingent in Bosnien-Herzegowina mit rund 1900 Soldaten wird weiterhin im Bereich der multinationalen Division Südost eingesetzt. Es umfasst im Kern Panzeraufklärung und Infanterie sowie Führungs-, Aufklärungs- und Sicherungskräfte, einen Sanitätsverband und Anteile zur Einsatzunterstützung.

Der Wechsel von IFOR zu SFOR brachte im Zuge der Reduzierung des Heeresfliegeranteils von einer gemHFlgAbt (LHT/MTH) zur heute noch im Einsatz befindlichen mittleren Heeresfliegertransportstaffel auch den Wechsel der Leitverbandsfunktion zum HFlgRgt 15 mit sich.

Im Rahmen der Umgliederung zu SFOR verlegten die deutschen Heeresfliegerteile im Januar 1997 von Zadar nach Rajlovac bei Sarajevo.

Mit der »Operation Libelle« vom 13. bis 15. März. 1997 führte das deutsche Heer seinen ersten Kampfeinsatz durch. Dabei evakuierten deutsche Truppen des SFOR-Kontingents mit insgesamt sechs CH-53G-Hubschraubern deutsche Botschaftsangehörige und Flüchtlinge anderer Nationen aus der umkämpften albanischen Hauptstadt Tirana.

Von Rajlovac aus wurden von 141 Soldatinnen und Soldaten allein im Jahre 2000 über 1000 MTH-Flugstunden absolviert.

KFOR – Einsatz im Kosovo

Mittlerweile entbrannte im südlichen Teil des ehemaligen Jugoslawien der nächste Bürgerkrieg, hier zwischen den Volksgruppen der Albaner und der Serben. Tausende Flüchtlinge wurden vom serbischen Heer vertrieben oder als

Deutsche Soldaten werden mit einer CH-53G in das Einsatzgebiet geflogen.

Geiseln fest gehalten. Auch hier konnte die internationale Völkergemeinschaft nicht tatenlos zuschauen, sondern musste handeln.

Die Lage spitzte sich immer weiter zu, sodass die NATO am 23. März 1999 den Befehl zum Luftangriff auf Jugoslawien gab. Knapp 24 Stunden später starteten die ersten Kampfbomber von den Fliegerbasen Aviano und Istrano in Norditalien.

Doch schon vor Beginn der NATO-Luftoperationen gegen Rest-Jugoslawien beteiligte sich das deutsche Heer mit Drohnen und etwa 350 Soldaten im Rahmen der Operation »Eagle Eye« an der Überwachung des Kosovo aus der Luft. Die Führung dieser Kräfte oblag dem Wehrbereichskommando V und der 10. Panzerdivision. Oberst Hollmann führte diese Kräfte als 1. Kontingentführer und nationaler Befehlshaber im Einsatzgebiet Mazedonien. Sie bildeten den Kern für das im Laufe des Sommers aufwachsende deutsche KFOR-Kontingent (KFOR = Kosovo Force).

Der deutsche Beitrag bestand aus einer Einsatzbrigade, dem ein gemischtes mechanisiertes Bataillon mit je zwei Panzer- und zwei Panzergrenadierkompanien (ausgestattet mit Kampfpanzer Leopard 2 und Schützenpanzer Marder) sowie ein gemischtes Infanteriebataillon (ausgestattet mit Spähpanzer Luchs und Transportpanzer Fuchs) unterstanden. Am 6. März 1999 übernahm Brigadegeneral Harff das Kommando als Kontingentführer und nationaler Befehlshaber.

Die Luftwaffe beteiligte sich seit Juli 1999 am deutschen Heereskontingent durch das Abstellen von vier bis sechs leichten Transporthubschraubern vom Typ Bell UH-1D zum gemischten Heeresfliegerverband sowie einer Objektschutzstaffel.

Am 10. Juni 1999 – nach 79 Tagen der Luftangriffe im Kosovo – wurden diese ausgesetzt, und die serbische Armee begann mit ihrem Rückzug aus dem Kriegsgebiet. Am 12. Juni rückten die ersten KFOR-Soldaten in das geschundene Land ein.

Am 03. August 1999 übernahm Brigadegeneral Sauer das Kommando über die Einsatzbrigade, und am 28. August konnte der Kontingentwechsel vom 1. zum 2. Kontingent abgeschlossen werden. Neuer Kommandeur wurde am 28. August Generalmajor Riechmann. Leitverband für das neue Kontingent war die 14. Panzergrenadier-Division in Neubrandenburg.

Am 10. September wurde der deutsche General Klaus Reinhardt in Brüssel zum neuen Befehlshaber der internationalen Kosovo-Friedenstruppe KFOR ernannt. Er trat am 8. Oktober die Nachfolge des Briten Mike Jackson an.

Seit Dezember 1999 befindet sich nun das 3. KFOR-Kontingent im Einsatzgebiet. Am 15. Dezember 1999

Eine Bell UH-1D des deutschen KFOR-Kontingents.

übernahm Brigadegeneral Kather das Kommando als Kommandeur des deutschen Heereskontingents, geführt vom Wehrbereichskommando VII und der 13. Panzergrenadierdivision.

Dieses 3. Kontingent übernahm nun folgenden Aufgaben:
- Auftragserfüllung in der neuen Gliederung fortsetzen
- Sicherheitslage im Verantwortungsbereich konsolidieren
- Wiederaufbau wichtiger Infrastruktur und sozialer Einrichtungen unterstützen
- Im Rahmen des Einsatzes als Reserve für COMKFOR (Command KFOR) zur Stabilisierung der Lage in den Brennpunkten des Kosovo beitragen

Hierbei sind wiederum gemischte Heeresfliegereinheiten im Einsatz. Zunächst standen vom mazedonischen Flugplatz Ohrid aus seit Mitte Oktober 1999 Hilfsleistungen für die Flüchtlinge aus dem Raum um das kosovarische Prizren im Vordergrund. Mittlerweile sind sie in Toplicane stationiert und versorgen und unterstützen in erster Linie die deutschen KFOR-Truppen. Mit einer Stärke von 244 Soldatinnen und Soldaten (davon 28 der Luftwaffe) absolvierten sie im Jahre 2000 mit ihren acht LTH rund 1000 Flugstunden und mit den drei MTH 924 Flugstunden. Daneben laufen die Einsätze in Bosnien zurzeit in vollem Umfang weiter.

Die Typen
Schwergewicht

Mittlerer Transporthubschrauber Sikorsky CH-53G

Mitte der 60er-Jahre zeichnete es sich ab, dass die Heeresflieger die hohen Anforderungen des Heeres bezüglich luftbeweglicher Transportkapazität nur noch unzureichend erfüllen konnten. Als Konsequenz musste ein deutlich größeres Gerät als Nachfolger der Vertol H-21 und der Sikorsky H-34 gefunden werden.

Im Rahmen eines Auswahlverfahrens zwischen der Sikorsky CH-53A und der Boeing-Vertol CH-47A Chinook wurde im März 1966 zunächst die CH-47A in Fort Rucker erprobt. Anschließend wurde von einem 14-köpfigen Team, bestehend aus Flug- und Wartungsspezialisten, die Truppentauglichkeit der Sikorsky CH-53A (S65) untersucht.

Unter Führung von Oberst Gerhard Granz, dem Leiter des Sonderstabes für die Einführung der Hubschrauber beim Heer, wurden auf dem Marine-Fliegerhorst in Quantico/Virginia und in den Bergen von Santa Ana/Kalifornien mit einer CH-53A der US-Marines Flugerprobungen durchgeführt.

Von beiden Hubschraubertypen schien die Sikorsky ausgereifter und für den Bedarf der Heeresflieger das geeignetere Gerät zu sein. So erteilte der Verteidigungsausschuss des Bundestages am 27. Juni 1968 seine Zustimmung, die mit zwei Turbinen ausgerüstete, 240 km/h schnelle und mit einem Ladevermögen von sechs Tonnen ausgestattete Sikorsky CH-53A zu bestellen. Grünes Licht wurde am 04. November 1968 durch den Haushaltsausschuss des Deutschen Bundestages für den Ankauf von 135 Sikorsky CH-53A gegeben. Der Kauf schlug mit 382,5 Millionen Dollar

Der Erstflug der ersten für die Bundeswehr gebauten Sikorsky CH-53D erfolgte am 31. März 1969 in Stratford/Connecticut, USA. Bemerkenswert, dass man damals auf die Außentanks aus Kostengründen verzichtete – und sie heute aufgrund der veränderten Aufgabenstellung für ein Mehrfaches wieder einbaut.

Abendstimmung im Verbandsflug.

zu Buche. Allerdings wurde die Anzahl der zu beschaffenden Hubschrauber später von 135 auf 112 reduziert. Es war vorgesehen, 2 CH-53D und 20 CH-53G bei Sikorsky zu erwerben und die restlichen Hubschrauber in Deutschland in Lizenz herstellen zu lassen.

Am 31. März 1969 fand der Jungfernflug des ersten von zwei bei Sikorsky umgebauten CH-53D (84+01 und 84+02) in Stratford/Connecticut statt. Die Hubschrauber wurden anschließend an die US-Marines übergeben, die sie wiederum am 25. September 1969 in einer Feier im Sikorsky-Werk an die Vertreter der deutschen Bundesregierung weitergaben. Beide Hubschrauber wurden dann nach New York überführt und per Schiff nach Bremen zu VFW verfrachtet. In Lemwerder erfolgte der Zusammenbau beider CH-53D, und am 03. November 1969 erreichten sie die Erprobungsstelle 61 in Manching.

Ab 1971 baute VFW-Fokker als Hauptauftragnehmer 110 CH-53G im Werk Speyer in Lizenz. Die Fertigung der Triebwerke erfolgte bei MTU in München.

Der erste in Deutschland gefertigte CH-53G-Hubschrauber absolvierte am 11. Oktober 1971 seinen Erstflug und wurde am 01. Dezember 1971 dem Auftraggeber übergeben.

Am 26. Juli 1972 erfolgte dann im VFW-Fokker-Werk Speyer die offizielle Übergabe des ersten in Deutschland gefertigten Serienhubschraubers CH-53G an die Heeresflieger. Der damalige Verteidigungsminister Georg Leber und der Inspekteur des Heeres Generalleutnant Ferber nahmen an der feierlichen Übergabe teil.

Die in acht Takten ablaufende Endmontage begann bei VFW-Fokker im Februar 1971. Am Bau der Zelle waren die Firmen Messerschmitt-Bölkow-Blohm in Augsburg und Donauwörth sowie die Dornier AG in München beteiligt. Die dynamischen Komponenten lieferte Sikorsky, und die Triebwerke wurden in Lizenz der Firma General Electric von der Motoren-Turbinen-Union (MTU) gefertigt.

Im August 1975 wurde mit Auslieferung der letzten der 110 in Lizenz gefertigten CH-53G die Produktion im VFW-Fokker-Werk in Speyer eingestellt.

Entwicklungsgeschichte

Die Entwicklung dieses schweren Sikorsky-Hubschraubers mit der Bezeichnung S-65 begann auf Grund einer Bedarfsformulierung des US-Marineskorps Anfang der 60er-Jahre. Auf der Basis des fliegenden Lastkranes S-64 wurde der neue Transporthubschrauber mit seinen beweglichen Teilen, einem neuen wasserdichten Rumpf und zwei Wellentriebwerken des Typs T64 von General Electric bei Sikorsky entwickelt. Den Zuschlag für die Serienfertigung erhielt der Hubschrauberhersteller am 27. August 1962. Das erste von 72 Exemplaren für das US-Marineskorps, nun als CH-53A Sea Stallion bezeichnet, flog am 14. Oktober 1964.

Seine Rumpflänge beträgt 20,49 und seine Höhe 7,60 Meter. Er besitzt einen Rumpf aus einer Leichtmetall-Legierung mit selbsttragender Titan-Beplankung und ist wasserdicht ausgeführt. Das geräumige Rumpfinnere reicht bis zur Heckluke und Laderampe für sperrige Fracht oder Fahrzeuge. Die Kabine ist für den Transport von 30 bis 63 voll ausgerüsteten Soldaten, 24 Tragbahren oder 4000 kg Fracht über 370 km ausgelegt. Die dreiköpfige Besatzung ist in einem geräumigen Cockpit mit guter Rundumsicht untergebracht.

Die zwei Wellenturbinen von General Electric des Typs T64-GE-6 entwickeln je 2126 kW. Der sechsblättrige Hauptrotor hat einen Durchmesser von 21,95 m. Die CH-53A erreicht eine Höchstgeschwindigkeit von 314 km/h und eine Reisegeschwindigkeit von 277 km/h. Das maximale Schrägsteigevermögen beträgt 9,24 m/s, und die

Schwebehöhe mit Bodeneffekt liegt bei 3519 m. Die Dienstgipfelhöhe ist mit 5100 m und die normale Einsatzreichweite mit 450 km angegeben.

Aus dieser ersten Version wurden für verschiedene Aufgabengebiete unterschiedliche Varianten abgeleitet, wie zum Beispiel die HH-53B Super Jolly als Such- und Rettungsversion der US-Luftwaffe, die HH-53 als Transportversion, die CH-53D Sea Stallion als verbesserter Kampfzonentransporter des US-Marinecorps, die CH-53E als vergrößerte Ausführung der CH-53D Sea Stallion mit einem dritten Triebwerk, verstärkter Transmission und sieben anstelle der sechs Rotorblätter und vergrößertem Rotordurchmesser (24,08m). Als Basismodell der Heeresfliegerversion CH-53G gilt die CH-53D.

Technischer Aufbau der Sikorsky CH-53G

Der Hubschrauber CH-53G wird primär für den Transport von Lasten und Gerät sowie die Beförderung von Truppen und Verwundeten (auf Feldtragen) eingesetzt. Er wird von einer dreiköpfigen Besatzung – bestehend aus Pilot, Copilot und einem Bordwart – geflogen.

Die Zelle ist eine Schalenkonstruktion mit Spanten und Längsprofilen. Die tragenden Teile sind aus Aluminiumlegierungen gefertigt. Der Rumpf besteht aus den Segmenten Rumpfbug, Rumpfmittelteil, Rumpfheck und Heckrotorträger.

Bei mechanisch und thermisch hoch belasteten Teilen wurden Titan- und Stahllegierungen eingesetzt, wie zum Beispiel beim Rotorkopf oder dem Brandschott.

Die Schwimmerstummel an beiden Rumpfseiten dienen als Hauptkraftstofftank und als Fahrwerkschächte für das einziehbare Hauptfahrwerk. Der Hubschrauber ist mit zwei Gasturbinentriebwerken des Typs General Electric T64-7 ausgerüstet, die oben am Rumpf – seitlich links und rechts vor dem Hauptgetriebe – eingebaut sind. Das von den beiden Triebwerken erzeugte Drehmoment wird über das entsprechende Frontgetriebe und über Antriebswellen in das Hauptgetriebe eingegeben und von dort auf den Hauptrotor übertragen. Über den sechsblättrigen Hauptrotor werden Vorwärts-, Rückwärts-, Seitwärts- und Vertikalflug gesteuert, während der vierblättrige Heckrotor zum Ausgleichen des Hauptdrehmoments und zur Seitensteuerung im Kurvenflug dient. Hauptrotor und Heckrotorträger können automatisch gefaltet oder angeklappt und wieder in Flugstellung gebracht werden. Beim Heckrotorträger ist dies auch manuell möglich.

Das Hauptgetriebe ist mit zwei Freilaufkupplungen ausgerüstet, sodass man jedes Triebwerk bei Ausfall oder zu

Mittlerweile erhielten auch die ersten CH-53G-Hubschrauber des Laupheimer Regiments den neuen Tarnanstrich.

niedriger Drehzahl gegenüber der Hauptrotordrehzahl einzeln auskuppeln kann. Das im Rumpfaufsatz eingebaute Hilfstriebwerk liefert elektrische und hydraulische Energie für das Anlassen der Triebwerke am Boden und für den Bodenbetrieb bestimmter hydraulischer, elektrischer und elektronischer Anlagen.

Die Hydraulik-Versorgung für Flugsteuerungs- und Flugregler-Arbeitszylinder, Fahrwerk, Ladetor und Laderampe, Triebwerk- und Hilfstriebwerkanlassanlage, Ladewindenanlage, Hauptrotorfaltanlage und Heckrotorträger-Klappanlage sowie Rotorbremse wird durch vier hydraulisch unabhängige Anlagen gewährleistet.

Der Bordstrom wird von zwei am Hilfsgerätegetriebe befestigten Drehstromgeneratoren erzeugt und für einen Teil der Flugüberwachungsinstrumente, die Beleuchtung und die Mehrzahl der Steuerkreise auf 28 Volt umgeformt. Die Elektronikausrüstung des Hubschraubers ist im Wesentlichen im Führerraum und in den Elektronikräumen im Rumpfvorderteil untergebracht.

Zum Schutz gegen Waffenwirkung sind die Sitze von Pilot und Copilot gepanzert. Außerdem sind strukturelle Einrichtungen zum Anbringen einer Panzerung für Triebwerke und Hydraulikbehälter vorhanden.

Eine Erweiterung der Hubschrauber-Einsatzaufgaben ist möglich, da die strukturellen hydraulischen und elektrischen Einrichtungen für die Ausrüstung des Hubschraubers mit einer Bergungswinde zur Rettung von Personen vorgesehen sind. Der Lasthaken unter dem Rumpf ermöglicht das Bergen von Flugzeugen und das Mitführen von Außenlasten.

Das geräumige Cockpit einer CH-53G.

Zum Zeitpunkt der Einführung der CH-53G führten diese Regimenter alledings noch die Bezeichnung »mittleres Heeresfliegertransportregiment« (mHFlgTrspRgt).

Einsatz bei den Heeresfliegern

Die Hubschrauber führen die Werknummern V65-001 bis V65-110 und erhielten die Kennungen 84+03 bis 85+12 zugeteilt. Die Heeresfliegerwaffenschule in Bückeburg erhielt die erste CH-53G (84+04) am 26. Juli 1972. Den Angehörigen der Technischen Schule der Luftwaffe 3 (TSLw3) in Faßberg stand jedoch bereits seit dem 30. November 1971 eine CH-53G (84+03) für Ausbildungszwecke zur Verfügung. Neben der WTD 61 (früher ESt 61), die zwei CH-53D (84+01 und 84+02) einsetzt, und der Heeresfliegerwaffenschule wurden das HFlgRgt 15 in Rheine-Bentlage, das HFlgRgt 25 in Laupheim und das HFlgRgt 35 in Mendig mit je 32 CH-53G ausgerüstet. Das HFlgRgt 25 übernahm seinen ersten Hubschrauber im Oktober 1973, das HFlgRgt 35 (84+22 und 84+23) am 27. Februar 1973.

Zukunftssicherung

Mitte der 80er-Jahre erkannte man auf der Hardthöhe, dass auf absehbare Zeit kein Nachfolger des großen Transporthubschraubers zu erwarten war, und so fasste man erstmals eine Modifizierungprogramm ins Auge, welches eine Einsatzverlängerung bis in das Jahr 2010 sicherstellen sollte. Dabei standen hauptsächlich die Verstärkung der Zelle und ein umfangreicher Korrosionsschutz im Vordergrund.

Zwischen 1984 und 1988 wurden diese Modifikationen durchgeführt.

Um jedoch für die weiteren Aufgaben im Hinblick auf KRK- und UN-Einsätze gerüstet zu sein, entschied sich Anfang 1996 der Inspekteur des Heeres zur Durchführung umfangreicher Maßnahmen zwecks Nutzungsdauerverlängerung und Kampfwertsteigerung.

Ende August 1996 begann die integrierte Erprobung einer CH-53 mit dem automatischen oder manuellen Ausstoß von Flare-Täuschkörpern (IR-Köder).

Im Einzelnen umfasste das Programm weitere Strukturmaßnahmen, das Anpassen des Tarnanstrichs an die gesamte Hubschrauberflotte des Heeres, Maßnahmen zur Reichweitenerhöhung und Verbesserung der Nachttiefflugfähigkeit (RWE/NTF) sowie ballistischen Schutz und EloKa-Schutzausstattung von insgesamt 20 CH-53G-Hubschraubern.

Das umfangreiche Modifizierungsprogramm für die 20 CH-53G, die danach die Bezeichnung CH-53GS erhalten, übernahm die Firma Eurocopter in Donauwörth.

Im August 1999 wurde die erste CH-53GS, die folgenden Bauzustand aufweist, von Eurocopter übernommen:

Für die Reichweitenerhöhung wurden an den seitlichen Auslegern für externe Zusatztanks entsprechende Halterungen angebracht und Versorgungsleitungen sowie Kraftstoffpumpen eingebaut. Der zusätzliche Kraftstoff von 4920 Litern steigert die Reichweite auf 1300 km.

Für das Betreiben von diversen Systemen am Boden musste immer die Hilfsturbine (APP) laufen. Durch den Einbau von zwei Batterien spart man deren Betrieb ein.

Zusätzlich erfolgte der Einbau des in Israel gebauten ELISRA-Systems zur Erfassung von radar- oder lasergeführten Fliegerabwehrwaffen sowie eines Flugkörperwarnsystems von LORAL. Dabei wertet ein zentraler Rechner alle Daten aus und zeigt dem Piloten auf zwei Anzeigen die Art und die Anflugrichtung von Lenkflugkörpern an. Automatisch oder von Hand werden dann Düppel oder IR-Köder ausgestoßen.

Für den Einsatz von Bildverstärker-Brillen (BiV) wurden Cockpitbeleuchtung und Außenbeleuchtung ausgetauscht beziehungsweise deren Leuchtkraft verändert.

Erfahrungen aus KRK-Einsätzen in Bosnien und dem Kosovo führten dazu, weitere Steigerungen im Kampfwert durchzuführen. So soll zum Beispiel die Einrüstung einer Area-Nav-Anlage, bestehend aus GPS und 5X5-Zoll-SMFD (Multifuktionsbildschirm), eines X/Y-kanalfähigen DME-Geräts und eines zweiten VHF-Geräts vorangetrieben werden. Auch weitere Maßnahmen im Bereich der Zellenstruktur, der dynamischen Komponenten und des Dichtsystems sollen dazu führen, diesen zuverlässigen Hubschrauber der Heeresflieger für die nächsten Jahre fit zu halten.

Technische Daten Sikorsky CH-53G/GS

Verwendung:	Mittlerer Transporthubschrauber
Triebwerke:	2 x General Electric / MTU T64-7
Triebwerksleistung:	2 x 2890 kW
Besatzung:	3 (4)
Länge mit laufenden Rotoren:	26,87 m
Rotordurchmesser:	22,02 m
Rotorblattzahl:	6
Höhe:	7,59 m
Leergewicht:	10 700 kg
Betriebsgewicht:	12 250 kg bei GS
Max. Startgewicht:	19 050 kg
Max. Außenlasten:	9070 kg
Höchstgeschwindigkeit:	296 km/h
Reisegeschwindigkeit:	240 km/h
Steiggeschwindigkeit:	9,25 m/s
Dienstgipfelhöhe:	6400 m
Reichweite:	450 km, 1440 km bei GS
Kabine:	38 Soldaten / 24 Tragbahren mit 4 Sanitätern

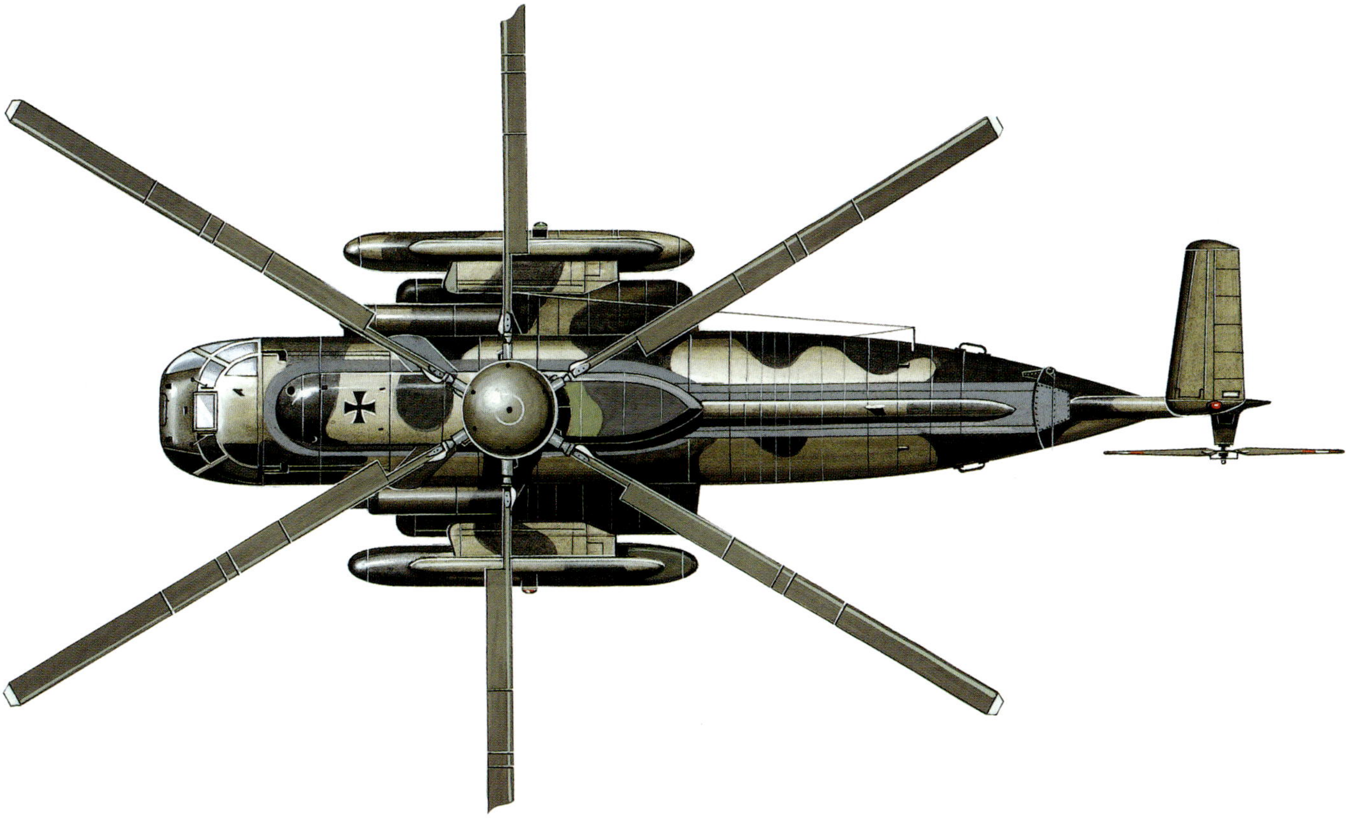

Sikorsky CH-53GS

Leichtgewicht

Bell UH-1D Iroquois

Seit vielen Jahren im Einsatz, ist die Bell UH-1D Iroquois – liebevoll auch »Huey« genannt – ein vertrauter Anblick am Himmel über Deutschland. Die Maschine spielt als leichter Transporthubschrauber (LTH) für das Heer eine wichtige Rolle.

Entwicklungsgeschichte

Begonnen wurde die Entwicklung bei Bell schon im Jahre 1955, als die US Army einen leichten Transporter für ihre Bodentruppen forderte. Der Vorschlag, den Bell kurz darauf der US Army unterbreitete – die Bell-204 –, überzeugte. Auch die als Antrieb der zwei Rotorblätter vorgeschlagene Wellenturbine von Avro Lycoming des Typs T53 mit 566 kW (770 WPS) wurde akzeptiert. Diese Turbine wurde übrigens maßgeblich von Dr. Anselm Franz entwickelt, der im Zweiten Weltkrieg das revolutionäre Jumo-004-Triebwerk (später im Einsatz bei der Me 262) konstruiert hatte.

Die Bell-204, nun als XH-40 bezeichnet, hob am 22. Oktober 1956 zu ihrem Jungfernflug ab.

Das Testprogramm lief sehr erfolgreich, und so konnten schon am 30. Juni 1959 die ersten Maschinen der Vorserie (insgesamt neun Hubschrauber) der US Army übergeben werden. Der Auftag umfasste insgesamt 100 als HU-1A – daher auch der Spitzname »Huey« – bezeichnete Maschinen.

Weitere verbesserte Versionen folgten, so die HU-1B und C. Das nächste Muster aus Bells Entwicklungsabteilung erhielt eine deutlich längere Kabine, um nun bis zu zwölf Soldaten oder sechs Tragbaren Platz zu bieten. Zusammen mit dem leistungsfähigeren T53-11-Triebwerk mit 810 kW (1100 WPS) entstand das Modell Bell-205, das am 16. August 1961 erstmals flog. In dieser Zeit wurde das Bezeichnungssystem der US-Streitkräfte verändert, und der neue Hubschrauber wurde UH-1D Iroquois getauft, wobei dieser offizielle Name allerdings selten benutzt wird. Mit insgesamt 2008 bei Bell produzierten Einheiten und weiteren Lizenzfertigungen war dieser Typ vor allem durch den massiven Einsatz während des Vietnam-Krieges der erfolgreichste innerhalb der UH-1-Familie.

Technischer Aufbau der UH-1D

Die Konstruktion dieses Hubschraubers ist denkbar einfach.

Der Rumpf fügt sich zusammen aus zwei Hauptsektionen, dem vorderen Kabinenteil und dem hinteren Heckausleger. Der Kabinenteil besteht aus zwei Längsträgern mit Querspanten. Die Längsträger sind dabei die tragenden Elemente, an denen das Landegestell, das Triebwerk mit Getriebe, der Lasthaken und der Heckausleger befestigt sind. Darin integriert ist der interne Kraftstofftank. In Halbschalenbauweise ist der Heckausleger ausgeführt. Er trägt unter anderem den Heckrotor, die Antriebswellen, die Seitenflosse und die Höhentrimmflosse.

Die auf dem Rumpf montierte Turbine treibt über eine Freilaufkupplung und ein Getriebe den Haupt- und Heckrotor an. Beide sind zweiflüglig ausgelegt und haben leicht auswechselbare Blätter. Die Motorverkleidung ist als ein Stück gefertigt und leicht abnehmbar.

Die Besatzung bestehen aus zwei Piloten und einem Bordmechaniker. Bis zu 13 Personen können in der geräumigen Kabine Platz finden. Ein- und Ausstieg sind innerhalb kürzester Zeit durch zwei seitliche Schiebetüren möglich. In der Kabine sind Befestigungspunkte für die Aufnahme von bis zu sechs Tragbahren vorhanden. Das Cockpit ist geräumig und verfügt über eine übersichtliche Instrumentierung.

Einsatz bei den Heeresfliegern

So attraktiv die UH-1D für die US Army war, so war sie es auch für viele westliche Streitkräfte – auch für die Bundeswehr.

Luftwaffe, Marine und Heer wollten ab dem Jahre 1964 ihren veralteten Hubschrauberpark – bestehend aus vielen verschiedenen Typen wie Bell 47 G2, Alouette II, Bristol Sycamore, Sikorsky H-34 und Vertol H-21 – harmonisieren und modernisieren. Die UH-1D von Bell war neben der Aerospatiale SA 330 Puma in die engere Wahl gekommen, vor allem deswegen, weil Bell einer Lizenzfertigung bei Dornier in Oberpfaffenhofen zustimmt hatte.

Im Jahre 1963 begann eine umfangreiche Erprobung bei Luftwaffe, Marine, Heer und der Erprobungsstelle 61 (jetzt WTD 61).

Bei den Heeresfliegern wurde die Brauchbarkeitsuntersuchung an der Heeresfliegerwaffenschule durchgeführt.

Zunächst wurde die Bell UH-1D als Waffenträger für Panzerabwehr-Lenkflugkörper des Typs SS-11 und für Maschinengewehre getestet, später dann als leichter Transporthubschrauber. Eine Bewaffnung des Luftfahrzeugs bewährte sich damals wegen zu geringer Reichweite der Waffen noch nicht.

Anfänglich wurden an der Bell UH-1D noch die unterschiedlichsten Waffen erprobt, wie hier ein Raketenwerfer und ein fest eingebauter MG-Stand. All dies hat sich jedoch nicht bewährt, und so besteht heute die Bewaffnung aus einem MG, das bei geöffneter Seitentür bedient wird.

Das Transportieren von Außenlasten muss regelmäßig geübt werden. Im Schulungsprogramm der Heeresfliegerschule ist dies Pflicht.

Das übersichtliche Cockpit einer Bell UH-1D.

Nach umfangreichen Erprobungen, die ab Sommer 1963 im Rahmen von 275 Flugstunden stattfanden, wurde am 05. April 1965 die Entscheidung über die Beschaffung von 204 Bell UH-1D Hubschraubern für die Heeresflieger bekannt gegeben.

Innerhalb der Heeresfliegertruppe wurde die Aufgabe des neuen Hubschraubers wie folgt beschrieben:
- Truppentransport
- Verwundetentransport
- Materialtransport per Innen- und Außenlast
- Erkundung und ABC-Aufklärung
- Such- und Rettungsdienst
- Feuerlöscheinsatz

Zu dieser Zeit war die Marine schon von ihrer Absicht abgerückt, die UH-1D zu beschaffen, und auch die Luftwaffe reduzierte ihre Bestellung. Statt der ursprünglich geplanten 406 UH-1D sollten nun nur noch 352 beschafft werden. Zwei Versuchsmaschinen, noch von Bell gefertigt, trafen 1965 bei der Erprobungsstelle 61 in Manching für Flugtests ein. Hierauf folgten weitere vier UH-1D aus amerikanischer Produktion, die aber schon bei Dornier endmontiert worden waren. Ab 1967 begann die Oberpfaffenhofener Firma mit dem Lizenzbau der restlichen 344 Hubschrauber, der am 19. Januar 1971 mit der feierlichen Übergabe der letzten UH-1D (73+84) an das Bundesamt für Wehrtechnik und Beschaffung (BWB) endete.

Die ersten der 204 für die Heeresflieger vorgesehenen UH-1D trafen am 20. August 1967 bei der HFlgWaS (Heeresfliegerwaffenschule) in Bückeburg ein. Es folgte die Auslieferung an folgende Bataillone:
- HFlgBtl 6 (Itzehoe)
- HFlgBtl 8 (Oberschleißheim)
- HFlgBtl 12 (Niederstetten)

Eine ab dem 01. April 1971 greifende Heeresstrukturänderung bedeutete auch eine Anpassung der Ausrüstungsplanung. Neu aufgestellte leichte Hubschraubertransportregimenter (leHFlgTrsptRgt) sollte nun den Hauptanteil der Hueys betreiben. So wurden das leHFlgTrsptRgt 10 in Celle, das leHFlgTrsptRgt 20 in Roth und das leHFlgTrsptRgt 30 in Frizlar mit jeweils 48 Hueys ausgerüstet. Diese drei Regimenter mussten in der Zwischenzeit umziehen, und zwar das leHFlgTrsptRgt 10 nach Faßberg, das leHFlgTrsptRgt 20 nach Neuhausen ob Eck und das leHFlgTrsptRgt 30 nach Niederstetten. Die Heeresfliegerbataillone 8 und 12 gaben inzwischen ihre Hueys wieder ab, das Heeresfliegerbataillon 6 dagegen betreibt – nun als Regiment bezeichnet – eine größere Anzahl UH-1D und deckt den nördlichen Teil der Bundesrepublik ab. Außer in diesen vier Verbänden ist die UH-1D auch bei der Heeresfliegerwaffenschule in Bückeburg im Einsatz.

Zukunftssicherung

Auf Grund des Alters der UH-1D wurde ab 1988 eine Nutzungsdauerverlängerung (NDV) an 124 Hubschraubern durchgeführt. Im Einzelnen sah dieses Programm eine Verstärkung der Zelle (Einsatz von Verbundwerkstoffen, NC-gefräste Integralplatten, die die Wabenbauteile des Fußbodens und der Getriebeseitenwände ersetzen), einen Austausch der Aluminium-Gussteile durch Magnesium-Gussteile, wartungsfreundliche Komponenten und den Einbau von neuen Rotorblättern vor.

Unverkennbar ist das vom Zweiblattrotor verursachte Drehgeräusch.

1993 leitete man weitere kampfwertsteigernde Maßnahmen ein. An 88 Hubschraubern dieses Typs erfolgte ein Cockpitumbau. Die Instrumentenbeleuchtung wurde für den Einsatz mit Bildverstärkerbrillen geändert und ein neues Kartenlesegerät mit LDNS eingebaut.

Nach nun fast 30 Jahren Dienst bei den Heeresfliegern sind trotz umfangreicher Modifizierungen Ermüdungserscheinungen bei der UH-1D zu beobachten, die zum Beispiel eine Verringerung der Nutzlast auf nur noch 800 kg zur Folge hatten. Diese Begrenzung macht den schnellen Zulauf eines Nachfolgemusters dringend nötig. Mit der NH Industries NH90 steht derzeit ein modernes Gerät in der Erprobung; es soll ab 2004/2005 der Heeresfliegertruppe übergeben werden.

Somit ist klar, dass die UH-1D noch einige Jahre ihren wertvollen Dienst für die Heeresflieger leisten und ihr charakteristisches Rotorgeräusch noch lange am Himmel zu vernehmen sein wird.

Technische Daten Bell UH-1D

Verwendung:	Leichter Transporthubschrauber
Triebwerk:	Lycoming T53-L13B
Triebwerksleistung:	1029 kW
Besatzung:	2 (3)
Länge mit laufenden Rotoren:	17,39 m
Rumpflänge mit Heckausleger:	12,69 m
Hauptrotordurchmesser:	14,63 m
Heckrotordurchmesser:	2,59 m
Rotorblattzahl:	2
Höhe über alles:	3,95 m
Rumpfhöhe mit Landewerk:	2,37 m
Breite:	2,54 m
Leergewicht:	2315 kg
Max. Startgewicht:	4310 kg
Höchstgeschwindigkeit:	222 km/h
Reisegeschwindigkeit:	200 km/h
Dienstgipfelhöhe:	10 175 m
Reichweite:	450 km
Flugzeit:	2,15 h
Kabine:	13 Soldaten

Bell UH-1D

Multitalent

Eurocopter Bo 105M/P

Der Entwurf des leichten Mehrzweckhubschraubers Bölkow Bo 105 in der 2000-kg-Klasse mit einer Reichweite von 650 km entstand im Jahre 1962. Die Gelder entstammten hauptsächlich einem zehn Millionen DM umfassenden Entwicklungsauftrag für einen gelenklosen Rotor. Der Presse wurde die Entwicklung von der Bölkow GmbH (später Messerschmitt-Bölkow-Blohm = MBB) im Mai 1963 bekannt gegeben. Es handelte sich dabei um einen leichten fünfsitzigen Hubschrauber mit einer Länge von 8,56 m, einer Höhe von 2,95 m und einem faltbaren Vierblattrotor von 9,84 m sowie zwei MAN-6022-Turbinen von je 184 kW (250 PS). Die Rotorsteuerung (zyklisch und kollektiv) ist als Stangensteuerung ausgebildet. In jedem der Steuerkanäle ist eine hydraulische Servosteuerung direkt unter der Taumelscheibe eingebaut. Die Heckrotor-Steuerung erfolgt ohne hydraulische Servohilfe durch Gestänge. Die Rotorblätter sind aus GFK gefertigt.

Der stark verglaste Rumpf bietet im vorderen Bereich Platz für einen Piloten und einen Passagier und auf der hinteren Sitzbank für drei Personen. Durch zwei Hecktüren wurde Zugang zu einem großen Stauraum geschaffen.

Während der Entwicklung der Bo 105, zu der Siat als Hersteller der Zelle und MAN-Turbo als Hersteller der Triebwerke beitrugen, wurden der Standlauf und später auch die Flugversuche des neuen Rotors mit einer Alouette durchgeführt. Nachdem der Bund 60 Prozent der Entwicklungskosten sicherstellte, stand dem Bau von fünf Prototypen nichts mehr im Wege.

Der erste Prototyp, die Bo 105 V1, wurde von zwei Allison-250-Wellenturbinen angetrieben und besaß noch den konventionellen Gelenkrotor des Westland Scout. Dieser Hubschrauber wurde auf Grund von Bodenresonanzen im September 1966 zerstört. Der zweite Prototyp, die Bo 105 V2 (D-HECA), erhielt bereits den Bölkow-Rotor, besaß auch zwei Allison-Triebwerke und startete mit Testpilot Wilfried von Engelhardt und Copilot Glöckler am 16. Februar 1967 zum Erstflug. Die V3 unterschied sich durch den Einbau der beiden 276 kW (375 PS) starken MAN-6022-Wellentriebwerke und die Erprobung des Titan-Rotorkopfes. Mit der V4 wurden fast alle Musterzulassungsflüge durchgeführt, und die V5 schließlich, die man an Boeing-Vertol verkauft hatte, stürzte am 03. Juni 1970 in Newport/USA bei einer Demonstrationstour ab.

Man sah vor, einen Prototyp, der sowohl bei der Bundeswehr, der Polizei, im Rettungsdienst aber auch privat

Das Erreichen der millionsten Flugstunde aller Bo 105 Hubschrauber (VBH sowie PAH-1) gab am 22. Mai 2001 in Bückeburg Anlass zum Feiern.

Bei dieser Bo 105 VBH wurden die Konturen der Tarnbemalung hervorgehoben.

einsetzbar war, dem Bundesgrenzschutz und dem Roten Kreuz zur Erprobung für deren Belange zur Verfügung zu stellen. Die Auslieferung sollte ab 1969 beginnen.

Nach der Musterzulassung durch das Luftfahrt-Bundesamt im Oktober 1970 begann MBB mit der Serienfertigung der Bo 105. Das Verteidigungsministerium tat sich zuerst schwer, diesen kleinen robusten Hubschrauber zu beschaffen, obwohl sich ein Exporterfolg durch den Auftragsbestand bereits abzeichnete. So gab es Bestellungen unter anderem aus den USA (Boeing-Vertol übernahm den Vertrieb), aus Argentinien (für die Polizei) und Brasilien. Auch das holländische Heer zeigte starkes Interesse, die Bo 105 als Verbindungshubschrauber einzusetzen.

Bei der Bundeswehr wurden erst ab 1970 die ersten Untersuchungen angestellt, die Bo 105 militärisch zu nutzen. Man dachte dabei an einen unbewaffneten Verbindungshubschrauber (VBH) und besonders an einen bewaffneten Panzerabwehrhubschrauber (PAH).

Die militärische Variante für die deutschen Heeresflieger wurde aus der zivilen Version Bo 105CB abgeleitet. Von der unbewaffneten Variante mit der Bezeichnung Bo 105M wurden 1976 für die Heeresflieger 100 Maschinen bestellt. Diese Version kommt als Ausbildungs-, Verbindungs- und Beobachtungshubschrauber zum Einsatz.

Von der Panzerabwehr-Version PAH-1 wurden 212 Stück bestellt. Die Auslieferung erfolgte zwischen Dezember 1979 und September 1984.

Einsatz bei den Heeresfliegern MBB Bo 105M (VBH)

Die Bo 105M VBH führen die Kennzeichen 80+01 bis 81+00. Folgende Heeresfliegerverbände setzen beziehungsweise setzten den VBH ein:
- HFlgWaS in Bückeburg
- StStffHFlg Kdo 2 in Laupheim
- StStffHFlg Kdo 3 in Mendig
- HFlgStff 4 in Mitterharthausen
- HFlgStff (Geb) 8 Landsberg
- HFlgStff 10 in Neuhausen ob Eck
- HFlgRgt 6 in Itzehoe
- HFlgRgt 15 in Rheine-Bentlage
- HFlgRgt 16 in Celle
- HFlgRgt 25 in Laupheim
- HFlgRgt 26 in Roth

In einer Waldlichtung schwebend wartet eine Bo 105 PAH-1, ausgerüstet noch mit HOT-1 auf eine günstige Gelegenheit eines unerkannten Abfluges.

- HFlgRgt 35 in Mendig
- HFlgRgt 36 in Fritzlar
- HFlgVbdgAufkStff 400 in Cottbus

Eine Bo 105 (D-HABV) wurde mit einer auf einem Mast montierten Ophelia-Plattform mit TV-Anlage, Wärmebildsensoren und Laser-Entfernungsmesser als Gefechtsfeldaufklärer erprobt. Diese als Kampfwertsteigerung gedachte Modernisierung der Bo 105 VBH kam jedoch nicht zum Tragen.

MBB Bo 105P (PAH-1)

Aus dem Zwang zur weiteren Steigerung der Beweglichkeit des Heeres ergab sich die Notwendigkeit, die dritte Dimension auch unmittelbar für das Gefecht zu nutzen. Unter Berücksichtigung der entscheidenden Rolle des Feindpanzers auf dem Gefechtsfeld musste die Entwicklung zwangsläufig zum Panzerabwehrhubschrauber führen. Bereits in den Jahren 1961 bis 1963 wurden erste praktische Versuche der Heeresfliegertruppe mit dem Hubschraubermuster Alouette II und dem Lenkflugkörper SS-11 durchgeführt. Untersuchungen bewiesen die Wirksamkeit des Einsatzes von Panzerabwehrhubschraubern. Auch Truppenversuche mit Lenkflugkörpern des Typs TOW am Hubschrauber UH-1B brachten im Jahre 1971 sehr gute Ergebnisse und die Bestätigung dafür, dass der PAH dem Panzer im Gefecht weit überlegen ist. Nach den Vorstellungen der Heeresflieger sollte der PAH folgende Bedingungen erfüllen:

- Instrumentenflugfähigkeit zur Durchführung von Flügen bei Nacht und schlechtem Wetter, hohe Manövrierfähigkeit
- Hohe Plattformruhe durch moderne Rotortechnik
- Verwendung von besonderen Materialien zur Reflexions- und Emissionsunterdrückung, niedriger Lärmpegel
- Elektronische Warn- und Störsysteme
- Freund-Feind-Kennungsgerät
- Kreiselstabilisierte Optronik mit Nachtkampffähigkeit, die ein Erfassen von Zielen ab 10 km Entfernung durch 1:13 Vergrößerung ermöglicht
- Zwei Triebwerke mit hohen Leistungs- und Sicherheitsreserven
- Bewaffnung mit acht Panzerabwehr-Lenkwaffen, halbautomatisch lenkbar mit Reichweiten von 4000 m, einsetzbar am Boden oder im Schwebe- und Vorwärtsflug

Doch die Truppenerprobung mit einer Bo 105 begann

erst im November 1973. Ein mit den Lenkflugkörpern »HOT« ausgestatteter Hubschrauber (Werknummer S7 / D-9574 / 98+09) wurde auf dem Schießplatz bei der Erprobungsstelle der Bundeswehr in Meldorf eingesetzt. Die offizielle Erprobung bei der E-Stelle 61 begann im Jahre 1974.

Die Bo 105P unterscheiden sich von den zivilen Modellen vor allem durch verstärkte Komponenten im Bereich des Antriebs, ein selbstabdichtendes Kraftstoffsystems und verbesserte Landekufen. Ebenso wurden Elektronik und Avionik modifiziert.

Bevor es jedoch zur Bestellung kam, wurde am 01. April 1973 in Celle die »Versuchsstaffel PAH« aufgestellt. Die Staffel verfügte über zehn Bo 105C, die die Zulassung D-9581 bis D-9590 führten. Die Versuche dauerten bis zum Jahre 1977. In diesem Zeitraum wurden über 10 000 Flugstunden geflogen. Als erste für den Abschuss des HOT-Lenkflugkörpers ausgerüstete Bo 105 PAH kam D-9574 (98+09) zum Einsatz. Der Prototyp des PAH-1 flog im Spätsommer 1977 zum ersten Mal.

Die Bundeswehr bestellte am 13. Dezember 1978 für die Heeresflieger 212 Panzerabwehrhubschrauber der ersten Generation, die Bo 105 PAH-1.

Der erste PAH-1 wurde Ende 1979 ausgeliefert, der Letzte am 07. September 1984. Den Bo-105-PAH-Hubschraubern wurden die Kennzeichen 86+01 bis 88+12 (Werknummer 6001 bis 6212) zugeteilt.

Die Heeresfliegerwaffenschule in Bückeburg übernahm als erster Verband Ende 1979 die ersten zwölf PAH-1 und nahm damit ab Januar 1980 die Schulung auf.

Das HFlgRgt 16 in Celle erhielt als erster Einsatzverband ab dem 04. Dezember 1980 die ersten PAH. Weitere Heeresfliegereinheiten mit PAH-1 sind beziehungsweise waren:
- HFlgRgt 6 in Itzehoe
- HFlgRgt 26 in Roth
- HFlgRgt 36 in Fritzlar

Jedes der Regimenter verfügt über 56 Bo 105 PAH-1, die auf jeweils zwei Staffeln verteilt sind. Eine Ausnahme bildete das HFlgRgt 6, das bis zur Abgabe dieses Typs nur

Ohne die HOT-1-Hülsen geht es im schnellen Tiefflug in den Bereitschaftsraum.

Die Zieloptik eines PAH-1 ist für den Schützen heruntergeschwenkt.

de. Ein 3000 Meter entferntes Ziel wird 13 Sekunden nach dem Abfeuern getroffen. Bei der HOT-2 beträgt die Geschwindigkeit 280 Meter pro Sekunde.

Die Zielansprache erfolgt über das optische Direktsichtvisier APX M397 der Firma SFIM, welches durch den Hubschrauberkommandanten auf dem linken Platz bedient wird. Das Visier ist mit einem Infrarot-Ortungsgerät verbunden, das die jeweiligen Abweichungen des LFK-Kurses in Bezug auf die optische Achse vom Hubschrauber misst. Diese Ausrüstung ist auf den Einsatz bei Tage beschränkt.

Der PAH-1 verfügt als Waffenplattform über Vibrations-

Technische Daten Eurocopter Bo 105M/P

Verwendung:	VBH Verbindungshubschrauber PAH-1 Panzerabwehrhubschrauber
Triebwerke:	2 x Allison-250-C-20B-Wellenturbinen
Triebwerksleistung:	2 x 313 kW Startleistung
Besatzung:	1 + 4 Passagiere VBH, 2 PAH-1
Länge mit laufenden Rotoren:	11,87 m
Rumpflänge mit Heckausleger:	8,56 m
Hauptrotordurchmesser:	9,84 m
Heckrotordurchmesser:	1,90 m
Rotorkreisfläche:	75,74 m²
Rotorblattzahl:	4
Höhe über alles:	3,80 m
Rumpfhöhe mit Landewerk:	2,95 m
Breite:	2,53 m
Leergewicht:	1276 kg VBH 1673 kg PAH-1
Max. Startgewicht:	2100 kg VBH 2400 kg PAH-1
Höchstgeschwindigkeit:	270 km/h VBH 241 km/h PAH-1
Reisegeschwindigkeit:	210 km/h VBH 219 km/h PAH-1
Steiggeschwindigkeit:	8,7 m/s VBH 9,8 m/s PAH-1
Dienstgipfelhöhe:	5120 m VBH 4267 m PAH-1
Reichweite:	575 km VBH 570 km PAH-1
Flugzeit:	3,5 h
Bewaffnung:	PAH-1 6 drahtgelenkte HOT-Flugkörper
Waffenzuladung:	PAH-1 500 kg

über 21 Panzerabwehrhubschrauber verfügte. Außerdem fliegen noch einige Bo 105 PAH bei der Heeresfliegerwaffenschule in Bückeburg und der zweite Prototyp Bo 105 PAH V2 bei der WTD 61 in Manching. Anfang Juni 1986 wurden die PAH-Regimenter der NATO unterstellt.

Ausgerüstet sind die Hubschrauber mit sechs drahtgelenkten Panzerabwehrraketen der deutsch-französischen Gemeinschaftsentwicklung HOT. Mit diesen von Euromissile hergestellten Lenkflugkörpern können Panzer auf eine Entfernung von bis zu 4000 Metern wirksam bekämpft werden. Die Feuergeschwindigkeit beträgt etwa drei Schuss pro Minute. Der Lenkflugkörper ist 1,30 Meter lang. Seine Fluggeschwindigkeit beläuft sich auf 240 Meter pro Sekun-

Eurocopter (MBB) Bo 105P (PAH-1)

Eine PAH-1 mit HOT-2 schwebt ein.

dämpfer. Dies sind Flatterdämpfer, die an den Hauptrotorblättern beweglich angeschlossen sind. Sie werden durch die Fliehkraft der rotierenden Rotorblätter aufgerichtet und wirken somit den destabilisierenden Blattschwingungen entgegen.

Da sich die Indienststellung des PAH-2 Tiger von Eurocopter immer mehr verzögert, wurde am Bo 105 einige kampfwertsteigernde Maßnahmen (KWS) durchgeführt. So kam bereits ab 1983 der Radarwarnempfänger AN/APR-39 zum Einbau. Am 27. Dezember 1987 wurde der Vertrag zur Kampfwertsteigerung unterzeichnet. Dieser sollte in zwei Stufen durchgeführt werden.

In der ersten Phase der kampfwertsteigernden Maßnahmen, ab 1990 durchgeführt, wurde das Lenkwaffensystem HOT-1 durch HOT-2 mit digitalisierter Feuerleitanlage ersetzt und der PAH mit einem auf dem Kabinendach montierten Visier ausgerüstet. Damit ist der Einsatz der Lenkflugkörpern zu jeder Tageszeit gewährleistet.

Die zweite Maßnahme der ersten Phase war der Einbau leistungsstärkerer Triebwerke (Allison/MTU 250-C-20R/3) sowie von Rotorblättern neuer Technologie. Die umgerüsteten Bo 105 werden mit PAH-1A1 bezeichnet. Die zweite Phase, die ab 1993 zum Tragen kam, umfasste den Einsatz des Nachtsichtgerätes ELVIS von Leitz Eltro und MBB für beide Besatzungsmitglieder.

High-Tech-Trainer

Eurocopter EC 135

Neue Strukturen und Ausbildungskonzepte innerhalb der fliegerischen Ausbildung der Heeresflieger und der dringende Bedarf nach einem Ersatz der betagten Alouette II machten die Suche eines Nachfolgers erforderlich. Bestens für die Rolle eines Ausbildungshubschraubers geeignet schien der von Eurocopter entwickelte EC 135. Als Weiterentwicklung der Bo 105 verknüpft er deren Einfachheit mit den High-Tech-Systemen des vom selben Hersteller stammenden Tiger.

Basierend auf vielfältigen Erfahrungsberichten anderer Betreiber und einer strengen Kostenkalkulation in Verbindung mit dem neuen Heeresfliegerschulungskonzept wurden insgesamt 15 Eurocopter EC 135 Schulungshubschrauber SHS in einem Gesamtwert von 92 Millionen DM – inklusive aller Entwicklungsleistungen und der Lieferung von Bodenprüfsystemen – bei Eurocopter bestellt. Der Auslieferungstermin war für den 01. Juli 1998 festgesetzt. Leider lief die Beschaffung des Hubschraubers nicht so reibungslos, sodass die ersten EC 135 erst ab September 2000 bei der Heeresfliegerwaffenschule in Bückeburg eintrafen.

Entwicklungsgeschichte

Als reiner Entwicklungs- und Demonstrationshubschrauber für neue Systeme, Technologien und Bauteile wurde bei MBB Mitte der 80er-Jahre die Bo 108 entwickelt, die als Basismuster der EC 135 angesehen werden kann.

Bei der Bo-108-Hubschrauberentwicklung hatte man sich zum Ziel gesetzt, durch Verwendung großer Kunststoffelemente in der Zelle, eines drehlagerlosen Vierblattrotors und eines gelenklosen Heckrotors aus Faserverbundwerkstoffen die Betriebs- und Unterhaltskosten zu senken und

Das modernste Cockpit besitzt zur Zeit das jüngste Kind der Heeresflieger, der Eurocopter EC 135: Alle flugwichtigen Daten werden primär auf Farbmonitoren angezeigt.

Am ummantelten Heckrotor, dem »Fenestron«, erkennt man den französischen Einfluss.

die Flugleistungen zu steigern. Nicht zuletzt sollten die erzielten Ergebnisse in ein Nachfolgemuster der überaus erfolgreichen Bo 105 einmünden. Die erste von zwei gefertigten Bo-108-Prototypen, ausgerüstet mit zwei Gasturbinen des Typs Allison 250-C20R3 von 336 kW und einem Startgewicht von 2400 kg, hob am 15. Oktober 1988 zu ihrem Erstflug ab. Die erzielten hervorragenden Ergebnisse führten in dem neu gebildeten Unternehmen Eurocopter (einem Zusammenschluss der Hubschrauberkontingente von Aérospatiale und MBB) zur Entscheidung, die Bo 108 zur Serienreife zu entwickeln und die bis dahin in rund 1350 Exemplaren gefertigte Bo 105 zu ersetzen.

Technischer Aufbau der EC 135

In Ottobrunn entstand nun aus der Bo 108 der Prototyp EC 135, ein leichter zweimotoriger Mehrzweckhubschrauber. Rein äußerlich nur durch den neuen integrierten Heckrotor – eine Spezialität von Aérospatiale mit dem Namen »Fenestron« – zu erkennen, besitzt die Serienversion Haupt- und Heckrotor aus Faserverbundwerkstoffen ohne jegliche Gelenke und Übertragungswellen mit einer speziellen ARIS-Schwingungsdämpfung.

Der ummantelte Heckrotor bietet mehr passive wie auch aktive Sicherheit dadurch, dass die Verletzungsgefahr durch drehende Rotorblätter vermindert und auf Grund aerodynamischer Vorzüge die Lärmabstrahlung erheblich gemindert wird.

Der Hauptrotorkopf besitzt keine Blattlager mehr. Die Verstellung der einzelnen Rotorblätter geschieht durch elastische Verformung der Kunststoff-Blattwurzeln. Rotornabe und Rotormast sind in einem Stück geschmiedet. Angetrieben wird die EC 135 durch zwei Pratt & Whitney PW206B mit 546 kW (732 WPS) oder Turbomeca Arrius 2B1 mit 560 kW (750 WPS) – bei der EC 135 SHS auf 519 kW reduziert.

Der gesamte Hubschrauber ist zum großen Teil aus Kohlefaser-Kunststoff gefertigt. Dadurch spart man Gewicht und Aufwand in der Instandhaltung.

Das Cockpit ist mit modernster Technologie ausgestattet; der Kunde kann zwischen elektromechanischer Instrumentenausstattung und einem »Glass-Cockpit« wählen. In ihm werden alle wichtigen Flugüberwachungsanzeigen wie zum Beispiel Kompass, Horizont, Höhenmesser sowie alle Triebwerksüberwachungsparameter auf Farbmonitoren dargestellt.

Mit dieser Instrumentenauswahl hat das Unternehmen Eurocopter die Zulassung des LBA (Luftfahrbundesamtes) und der CAA (Civil Aviation Authority) für den Betrieb mit nur einem Piloten unter Instrumentenflugbedingungen – SPIFR: Single Pilot Instrument Flight Rules – erhalten.

Dank der großen Kabine und dem ebenen Boden kann die EC 135 für eine Vielzahl von Missionen ausgelegt werden. In der Standard-Konfiguration bietet die EC 135 Platz für einen Piloten und sechs Passagiere ohne Einschränkung der Frachtraumkapazität. Die besonders breiten Schiebetüren ermöglichen den Passagieren einen einfachen Ein- und Ausstieg. Bei Rettungseinsätzen kann der Hubschrauber zwei Patienten, zwei Rettungssanitäter und zwei Piloten aufnehmen. Durch die hinteren Halbschalentüren können die Patienten bequem an Bord genommen werden.

Seit der Markteinführung wurde kontinuierlich an weiteren technischen Verfeinerungen gearbeitet. So wurde unter anderem das Abfluggewicht um über 200 kg erhöht und auch ein höheres Landewerk entwickelt. Zum Einbau zugelassen wurden unter anderem auch Wärmebildkameras, Suchscheinwerfer und Rettungswinden. In Zusammenarbeit mit DSS (Dornier-Satelliten-Systeme) wird an einem lasergestützten Hinderniswarnsystem gearbeitet, das die EC 135 auch bei widrigsten Wetterbedingungen voll einsatzfähig bleiben lässt.

Der erste EC-135-Prototyp absolvierte am 15. Februar 1994 – mit Turbomeca-TM-319-1B1-Triebwerken ausgerüstet – seinen Erstflug. Es folgte am 16. April 1994 eine zweite – mit Pratt-&-Whitney-Antrieben ausgestattete – Maschine.

Mittlerweile sind mehr als 230 Stück dieses Hubschraubers an über 50 Kunden in aller Welt verkauft und in 17 Ländern zugelassen. Derzeit befinden sich rund 135 Maschinen im Einsatz, die zusammen über 85 000 Flugstunden erreicht haben.

Einsatz bei der Heeresfliegerwaffenschule

Für die Hubschrauberausbildung wählten die Heeresflieger als Nachfolger der Alouette II die EC 135. Hierbei war unter anderem die Verfügbarkeit des digitalen Cockpitsystem (»Avionique nouvelle«), welches ähnlich auch im Militärhubschrauber Tiger und dem NH90 zum Einsatz kommt,

Rein optisch unterscheidet sich die EC 135 von der zivilen Version durch das 35 cm höhere Landewerk.

ausschlaggebend. Damit ist die EC 135 zur Grundausbildung für diese Hubschraubertypen neuester Generation geradezu vorbestimmt.

Auch haben sich im Laufe der Zeit die luftfahrtrechtlichen Bestimmungen so geändert, dass der Einsatz einmotoriger Hubschrauber im Instrumentenflug sowie Nachtflüge unter normalen Sichtbedingungen nicht mehr gestattet sind.

Zu den besonderen Ausstattungsmerkmalen des EC 135 SHS (Schulungshubschrauber) gehören ein digitaler Autopilot, ein Cockpit-Voice-Flight-Data-Recorder, BiV-kompatible Innen- und Außenbeleuchtung, Sandfilter, hohes Landewerk (35 cm höher), verschleißarme Frontverglasung, GPS, taktisches Funkgerät und ein Navigations-Management-System.

Der neue SHS wird dabei als »Prinzipientrainer« fungieren. Die jungen Piloten erlernen hierbei das Fliegen nach Instrumentenflugregeln (IFR) oder auch die Verwendung von

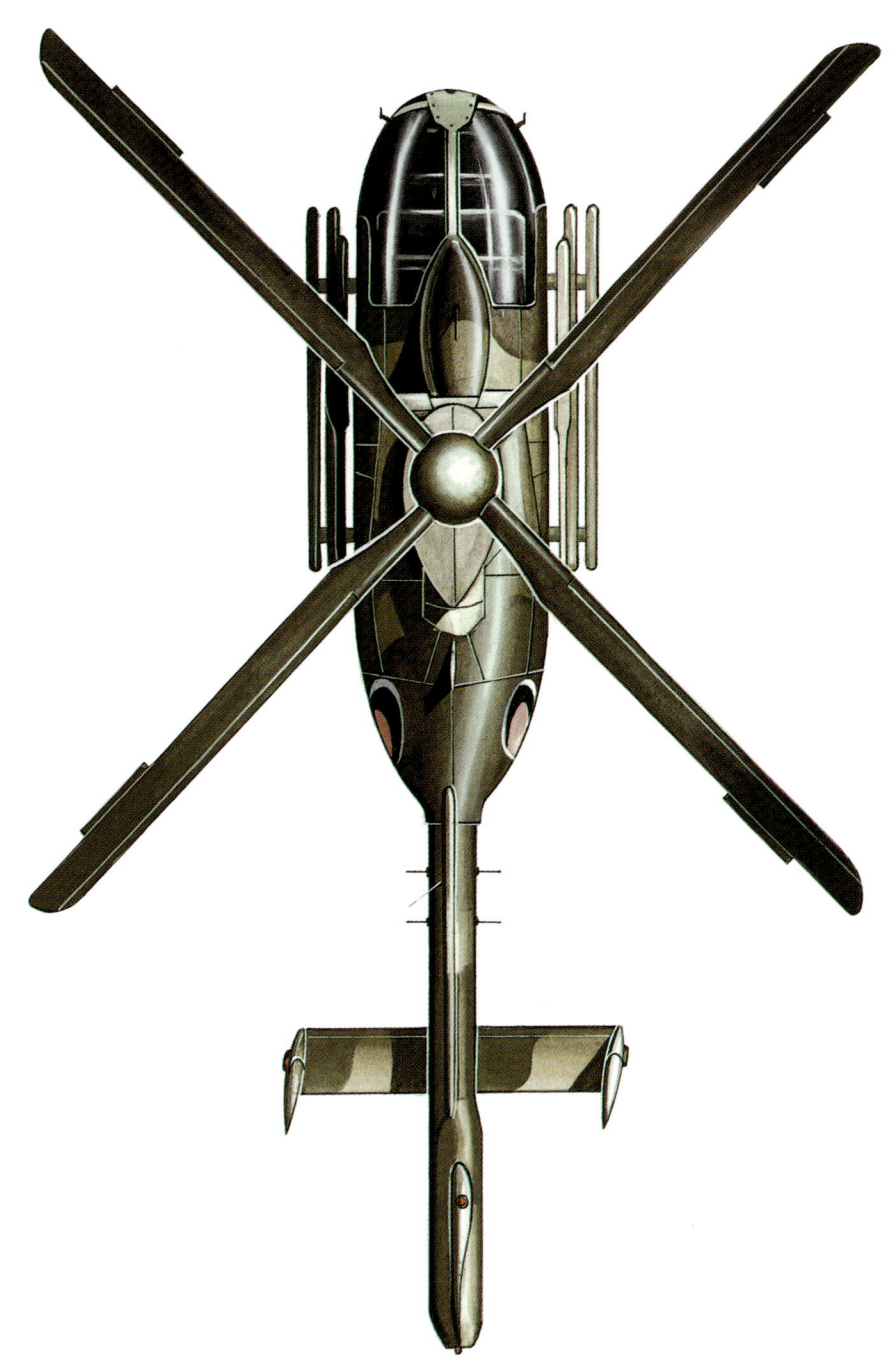

Eurocopter EC 135

Nach und nach werden die Alouette-II-Hubschrauber bei der Heeresfliegerwaffenschule in Bückeburg durch die EC 135 SHS ersetzt.

Nachtsichtbrillen sowie die Arbeit mit digitalen Cockpitsystemen.

Am 13. September 2000 wurde im Rahmen einer Feier die erste EC 135 SHS mit der Kennung 82+54 in Bückeburg an die Heeresfliegerwaffenschule (HFlgWaS) übergeben. Zunächst erhalten die derzeitigen Fluglehrer eine Ausbildung auf diesem modernen Typ. Ab 2001 soll nun – wenn genügend Maschinen und dazugehörige Simulatoren verfügbar sind – die neu aufgebaute Hubschraubergrundausbildung auf EC 135 beginnen.

Vorgesehen ist dabei eine Aufteilung der Hubschraubergrundausbildung auf 140 Stunden im Simulator und 60 Stunden in der EC 135. Um einen vergleichbaren Ausbildungsstand zu erreichen, wären heute mehr als 200 »echte« Flugstunden notwendig.

Die Planung sieht vor, nach Erhalt der 15 EC-135-Hubschrauber und der dazugehörigen Simulatoren bis zu Jahre 2003 das vollständige Ausbildungskonzept umsetzen zu können.

Technische Daten Eurocopter EC 135 SHS

Verwendung:	**Schulungshubschrauber**
Triebwerke:	2 X Turbomeca Arrius 2B
Triebwerksleistung:	2 X 519 kW (red.)
Besatzung:	2
Länge mit laufenden Rotoren:	12,16 m
Rotordurchmesser:	10,20 m
Rotorblattzahl:	4
Höhe:	3,86 m
Leergewicht:	1370 kg
Max. Startgewicht:	2500 kg
Höchstgeschwindigkeit:	278 km/h
Reisegeschwindigkeit:	257 km/h
Dienstgipfelhöhe:	6000 m
Reichweite:	705 km
Flugzeit:	2,6 h

Anhang

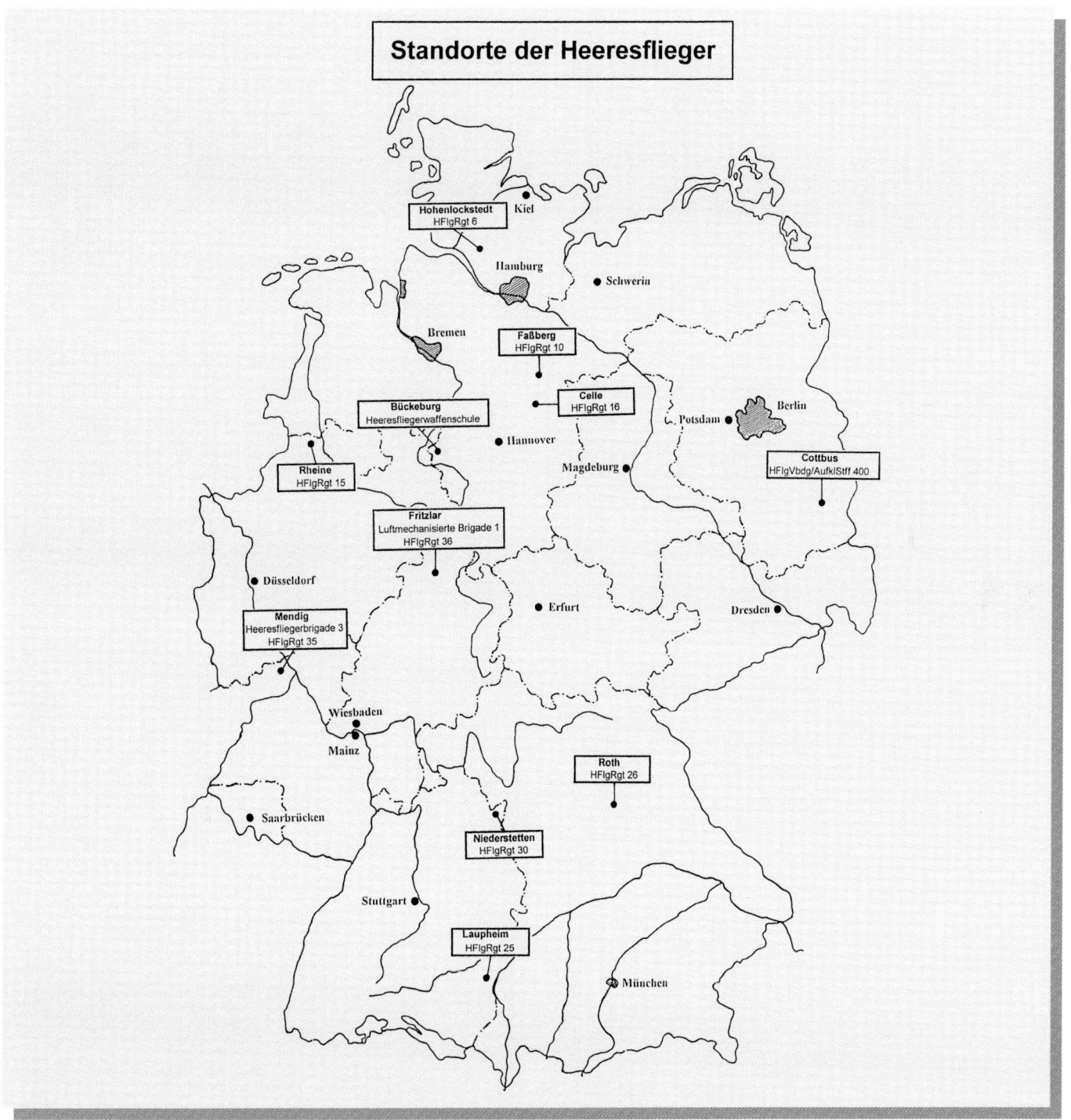

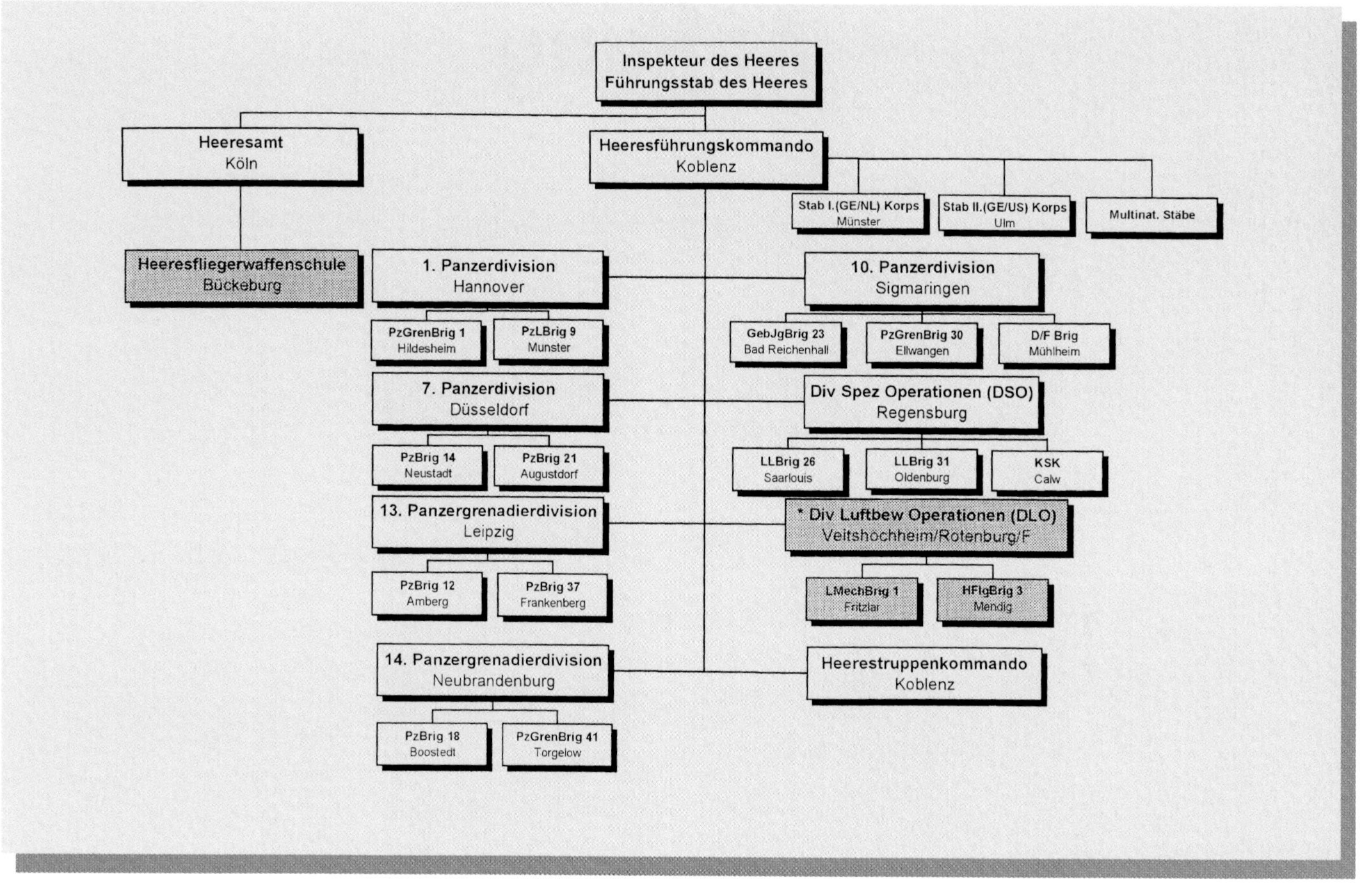

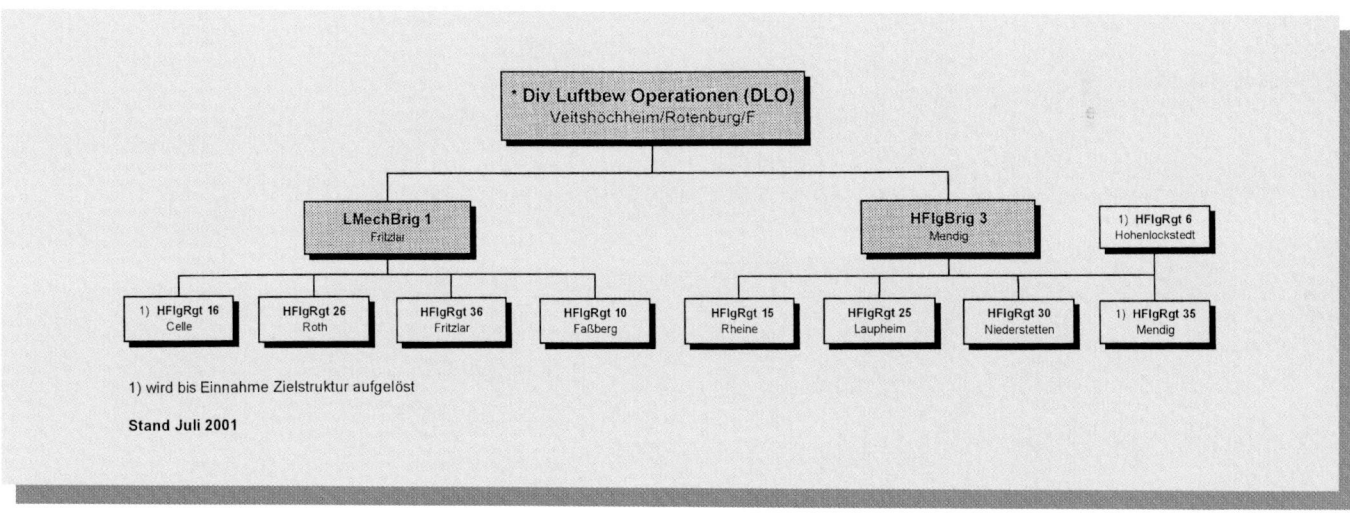

1) wird bis Einnahme Zielstruktur aufgelöst

Stand Juli 2001

Luftfahrzeugbestand der Heeresflieger

Typ	Anzahl	Kennung bei Einführung	Einheit
Bell UH-1D	174	71+81 bis 73+84	HFlgWaS, HFlgRgt 6, HFlgRgt 10, HFlgRgt 30
Eurocopter (MBB) Bo 105M VBH	75	80+01 bis 81+00	HFlgWaS, HFlgRgt 15, HFlgRgt 25, HFlgRgt 35, HFlgVbdg/AufklStff 400
Bo 105P PAH	162	86+01 bis 88+12	HFlgWaS, HFlgRgt 16, HFlgRgt 26, HFlgRgt 36
Eurocopter EC 135 SHS	15	82+51 bis 82+65	HFlgWaS
Sikorsky CH-53D	2	84+01, 84+02	WTD 61
CH-53G	88	84+03 bis 85+12	HFlgWaS HFlgRgt 15, HFlgRgt 25, HFlgRgt 35
CH-53GS	19		
Sud Aviation SE.3130 Allouette II	35	*75+01 bis 77+22	HFlgWaS

* Kennzeichnung nach 1968

Technische Daten Sud-Aviation Alouette II

Verwendung:	Schulungshubschrauber
Triebwerk:	Turbomeca Artouste II B1
Triebwerk-Dauerleistung:	246 kW
Besatzung:	2
Länge mit laufenden Rotoren:	12,05 m
Rotordurchmesser:	10,20 m
Rotorblattzahl:	3
Heckrotor:	1,82 m
Höhe:	2,75 m
Leergewicht:	875 kg
Max. Startgewicht:	1500 kg
Höchstgeschwindigkeit:	170 km/h
Reisegeschwindigkeit:	145 km/h
Dienstgipfelhöhe:	4000 m
Reichweite:	565 km
Flugzeit:	2,6 h
Kabine:	1 Pilot, 4 Passagiere

Technische Daten Sikorsky H-34G

Verwendung:	Leichter Transporthubschrauber
Triebwerk:	Curtis-Wright R 1820-84
Triebwerks-Dauerleistung:	938 kW
Besatzung:	3
Länge mit laufenden Rotoren:	14,28 m
Hauptrotordurchmesser:	17,07 m
Heckrotordurchmesser:	2,84 m
Rotorblattzahl:	4
Höhe über alles:	4,58 m
Breite:	1.73 m
Leergewicht:	3583 kg
max. Startgewicht:	6169 kg
Höchstgeschwindigkeit:	198 km/h
Reisegeschwindigkeit:	158 km/h
Dienstgipfelhöhe:	3200 m
Reichweite:	350 km + 150 km Aktionsradius
Flugzeit:	2,30 h
Kabine:	18 Sitzplätze oder 12 Krankentragen

Technische Daten Eurocopter Tiger UHU

Verwendung:	Unterstützungs- und Panzerabwehrhubschrauber
Triebwerke:	2 MTU / RR / Turbomeca MTR 390
Triebwerksleistung:	2 X 958 kW
Besatzung:	2
Länge mit laufenden Rotoren:	15,80 m
Rumpflänge mit Heckausleger:	14,08 m
Hauptrotordurchmesser:	13,0 m
Rotorblattzahl:	4
Höhe über alles:	5,20 m
Breite:	4,52 m
Leergewicht:	3300 kg
Max. Startgewicht:	6100 kg
Höchstgeschwindigkeit:	315 km/h
Reisegeschwindigkeit:	280 km/h
Dienstgipfelhöhe:	3960 m
Reichweite:	800 km
Max. Flugzeit:	3,25 h
Bewaffnung:	8 Trigat + 4 Stinger, 2 Kanonen + 4 Stinger, Kanone + 22 Raketen + 4 Stinger

Technische Daten NH Industries NH90 TTH

Verwendung:	Mittelschwerer Transporthubschrauber
Triebwerke:	2 RR-Turbomeca RTM322-01/9
Triebwerksleistung:	2 X 1253 kW
Besatzung:	1 (2)
Länge mit laufenden Rotoren:	19,56 m
Rumpflänge mit Heckausleger:	15,97 m
Hauptrotordurchmesser:	16,30 m
Heckrotordurchmesser:	3,20 m
Rotorblattzahl:	4
Höhe über alles:	5,44 m
Breite:	3,63 m
Leergewicht:	5400 kg
Max. Startgewicht:	10.000 kg
Höchstgeschwindigkeit:	300 km/h
Reisegeschwindigkeit:	260 km/h
Dienstgipfelhöhe:	6000 m
Reichweite:	1200 km
Flugzeit:	4 h
Kabine:	20 Soldaten

Verbandswappen

HFlgWaS
Heeresfliegerwaffenschule

HFlgRgt 10
Heeresfliegerregiment 10

HFlgRgt 15
Heeresfliegerregiment 15

HFlgRgt 16
Heeresfliegerregiment 16

Verbandswappen

Heeresfliegerverbindungs-
und Aufklärungsstaffel 400

HFlgRgt 25
Heeresfliegerregiment 25

HFlgRgt 26
Heeresfliegerregiment 26

HFlgRgt 35
Heeresfliegerregiment 35

Verbandswappen

HFlgRgt 30
Heeresfliegerregiment 30

HFlgRgt 36
Heeresfliegerregiment 36

HFlgRgt 6
Heeresfliegerregiment 6

Literaturhinweise

* Kroschel/Stützer: Deutsche Militärflugzeuge 1910–1918. E.S. Mittler.
* Helmut Stützer: Deutsche Militärflugzeuge 1919–1934. E.S. Mittler.
* Heinz J. Nowarra: Die deutsche Luftrüstung 1933–1945. Bernard & Graefe.
* Peter Meyer: Luftschiffe. Bernard & Graefe.
* Kurt Schütt: Heeresflieger. Bernard & Graefe.
* Heinz J. Nowarra: Nahaufklärer 1910–1945. Motorbuch.
* Friedrich Deininger: Kroatisches Tagebuch. Laupheimer Nachrichten.
* Fred Müller-Romminger: Hubschrauberentwicklung.
* Dr. Eberhard Spetzler: Ausarbeitungen Nahaufklärer.
* Fachmedienzentrum HFlgWaS: Nach vorn – Informationen für Heeresflieger. Diverse Jahrgänge.
* Arbeitsgemeinschaft Luftwaffe e.V.: F-40. Diverse Ausgaben.
* Flugzeug-Profile. Flugzeug Verlag, diverse Ausgaben.

Dank

Recht herzlichen Dank allen Dienststellen und Angehörigen der Heeresflieger, von denen wir außergewöhnliche Hilfe erhalten haben. Unser ganz besonderer Dank gilt dem Kommandeur der Heeresflieger, Brigadegeneral Dr. Dieter Budde.

Für die hervorragende Betreuung und Unterstützung danken wir ganz herzlich Oberstleutnant R. Hoins, S1-Stabsoffizier der Heeresfliegerwaffenschule in Bückeburg.

Weiterhin danken wir Oberst H. Bussiek, LMechBrig 1; Oberstleutnant Kneip, Führungsstab des Heeres; Major Wartona, S1 HFlgRgt 36, Oberleutnant Schäfer, HFlgRgt 36; Hauptmann Butterbach, S3 HFlgRgt 30; Hauptmann Eggers, HFlgRgt 25; Oberleutnant Kleber, HFlgRgt 25; Oberleutnant Lenger, Heeresfliegerwaffenschule.

Bei der Aufarbeitung der Geschichte waren uns die Herren Dr. Spetzler, Michael Schmeelke und Fred Müller-Romminger sehr behilflich, wofür wir Ihnen recht herzlich danken.

Hauptmann Friedrich Deiniger hat uns mit seinem »Kroatischen Tagebuch« wertvolle Einblicke in die Auslandseinsätze der Heeresflieger vermittelt. Hierfür unser ganz besonderer Dank!

Weiterhin gilt unser Dank allen hier nicht namentlich genannten Helfern, ohne die dieses Buch nicht zustande gekommen wäre.

Riedstadt, im Juli 2001   Bernd & Frank Vetter

Abenteuer Luftfahrt

monatlich neu am Kiosk

FLIGHTLINE: AIRBUS-ERFOLGSMODELL A320 IM DETAIL AUGUST 2000 DM 8,-

FLUG REVUE
mit LUFTWAFFEN-FORUM

RAUMSTATION
Shuttle-Mission sichert Betrieb

Im Einsatz bei den Marines
Super Stallion: Amerikas größter Hubschrauber

HISTORIE
Die legendäre F4U Corsair

Flugzeuge, Verträge und Rekorde
Grosser Bericht ILA 2000

NH90: Bau genehmigt
F-117: Deutschland-Debüt
Mega-Order für Dornier
mit Super-Gewinnspiel !!!

FLUG REVUE zeigt Ihnen monatlich die ganze Welt der Militär- und Zivil-Luftfahrt mit den Top-News, aktuellen Hintergrundberichten und Reportagen über Raumfahrt, Luftfahrt-Wirtschaft und Technik. Dazu Portraits legendärer historischer Flugzeuge plus Tipps und Infos für Modellbauer.

http://www.flug-revue.rotor.com

Europas große Luft- und Raumfahrt-Zeitschrift

Sparen Sie beim **FLUG REVUE**-Abo – gleich bestellen beim
FLUG REVUE Abo-Service, Postfach 103455, 70029 Stuttgart
Tel. 0711/182-2576, Fax 0711/182-2550
E-Mail abo-service@motor-presse-stuttgart.de